BIM 工程师
职业技能培训丛书

Revit MEP

2020 中文版 管线综合设计

从入门到精通

胡仁喜 刘昌丽 编著

人民邮电出版社
北京

图书在版编目（CIP）数据

Revit MEP 2020中文版：管线综合设计从入门到精通 / 胡仁喜，刘昌丽编著. -- 北京：人民邮电出版社，2020.9（2022.1重印）

（BIM工程师职业技能培训丛书）

ISBN 978-7-115-54122-2

Ⅰ. ①R… Ⅱ. ①胡… ②刘… Ⅲ. ①建筑设计－管线设计－计算机辅助设计－应用软件 Ⅳ. ①TU81-39

中国版本图书馆CIP数据核字(2020)第090795号

内 容 提 要

本书结合具体实例由浅入深、从易到难地讲述了 Revit MEP 2020 的基础知识，并介绍了 Revit MEP 2020 在工程设计中的应用。本书按知识结构分为 14 章，包括 Revit 2020 简介、绘图环境设置、基本绘图工具、族、模型布局、建筑模型、暖通空调设计、电气设计、给水排水设计、碰撞检查和工程量统计以及一家餐厅管线设计综合案例等。

随书网盘中包含了书中所有实例的源文件和结果文件，以及主要实例操作过程的视频讲解文件。

本书适合作为大中专院校和培训机构相关课程的教材和参考书，也可以作为从事建筑设计相关专业的工程技术人员的学习参考书。

◆ 编　著　胡仁喜　刘昌丽

　　责任编辑　颜景燕

　　责任印制　王　郁　马振武

◆ 人民邮电出版社出版发行　　北京市丰台区成寿寺路 11 号

　　邮编　100164　电子邮件　315@ptpress.com.cn

　　网址　https://www.ptpress.com.cn

　　北京天宇星印刷厂印刷

◆ 开本：787×1092　1/16

　　印张：22.25　　　　　　　2020 年 9 月第 1 版

　　字数：608 千字　　　　　　2022 年 1 月北京第 2 次印刷

定价：79.80 元

读者服务热线：(010)81055410　印装质量热线：(010)81055316

反盗版热线：(010)81055315

广告经营许可证：京东市监广登字 20170147 号

当今，复杂的建筑物要求进行一流的系统设计，以便从效率和用途两方面优化建筑物的功能。随着项目变得越来越复杂，确保机械、电气和给排水工程师与其扩展团队在设计和设计变更过程中清晰、顺畅地沟通至关重要。

Revit MEP 是面向机电管道（MEP）工程师的建筑信息模型（BIM）解决方案，具有专门用于建筑系统设计和分析的工具。借助 Revit MEP，工程师在设计的早期阶段就能做出明智的决策，因为他们可以在建筑施工前精确可视化建筑系统。软件内置的分析功能可帮助用户创建持续性强的设计内容并通过多种合作应用共享这些内容，从而优化建筑效能和效率。使用建筑信息模型有利于保持设计数据协调统一，最大程度地减少错误，并能增强工程师团队与建筑师团队之间的协作性。

本书特色

本书具有以下五大特色。

作者专业

本书由 Autodesk 中国认证考试官方教材指定执笔作者、CAD/CAM/CAE 图书出版作家胡仁喜博士领衔编写，所有编者都是在高校从事计算机辅助设计教学研究多年的一线人员，具有丰富的教学实践经验与教材编写经验，前期出版的一些相关图书经过市场检验很受读者欢迎。多年的教学工作使他们能够准确地把握学生的心理与实际需求。本书是编者总结了多年的设计经验以及教学心得体会，在精心准备多年后编写而成，力求全面、细致地展现 Revit MEP 在建筑综合管线设计应用领域的各种功能和使用方法。

知行合一

本书结合大量实例详细讲解 Revit MEP 知识要点，让读者在学习案例的过程中潜移默化地掌握Revit MEP 的操作技巧，同时培养工程设计实践的能力。

由浅入深

本书编者根据自己多年的计算机辅助设计领域工作经验和教学经验，针对初学者学习 RevitMEP 的难点和疑点，由浅入深全面、细致地讲解了 Revit MEP 在建筑综合管线设计应用领域的各种功能和使用方法。

实例专业

书中很多实例取自工程设计项目案例，经过编者的精心提炼和改编，不仅能保证读者学好知识点，还能帮助读者掌握实际的操作技能。

内容全面

本书在有限的篇幅内，讲解了 Revit MEP 的全部常用功能，内容涵盖了 Revit 2020 简介、绘图环境设置、基本绘图工具、族、模型布局、建筑模型、暖通空调设计、电气设计、给水排水设计，以及碰撞检查和工程量统计等知识。本书不仅有透彻的讲解，还有丰富的实例，通过演练这些实例，读者能够找到一条学习 Revit MEP 的有效途径。

本书配套资源

本书提供了极为丰富的学习配套资源，读者可通过多种方式下载，以便在最短的时间学会并精通这门技术。

1. 配套教学视频

编者针对本书实例专门制作了配套教学视频，读者可以先看视频，像看电影一样轻松愉悦地学习本书内容，然后对照本书加以实践和练习，提高学习效率。

为了方便读者学习，本书提供了全书实例的视频教程。扫描"云课"二维码，即可观看全书视频。点击"参与课程"后，就可以将该课程收藏到"我的课程"中，随时观看复盘。

云课

2. 全书实例的源文件和素材

本书包含全书实例的源文件和素材，均存放于电子资源的"源文件"文件夹中。

3. 配套资源获取方式

读者可关注"职场研究社"公众号，回复"54122"获取所有配套资源的下载链接；登录"职场研究社"官网（www.officeskill.cn），搜索关键词"54122"，也可以下载配套资源。

此外，还可以加入福利 QQ 群（1015838604），额外获取九大学习资源库。

本书编写人员

本书由河北交通职业技术学院的胡仁喜博士和石家庄三维书屋文化传播有限公司的刘昌丽老师共同编写，其中胡仁喜执笔编写了第 1~10 章，刘昌丽执笔编写了第 11~14 章。卢园、张亭、王敏、康士廷等人员也参加了部分章节的编写与整理工作。

由于编者水平有限，因此本书若有疏漏之处也在所难免，广大读者可以通过 yanjingyan@ptpress.com.cn 提出宝贵意见，也可以加入 QQ 群（725195807）参与交流和讨论。

编者
2020 年 4 月

目　录
CONTENTS

第二篇　水暖电工程设计篇

第三篇　餐厅管线设计综合实例篇

第一篇
基础知识篇

本篇导读

本篇主要详细介绍了 Revit MEP 2020 的相关基础知识。

内容要点

◆ Revit 2020 简介

◆ 绘图环境设置

◆ 基本绘图工具

◆ 族

◆ 模型布局

◆ 建筑模型

第1章
Revit 2020 简介

知识导引

    Revit 作为一款专为建筑行业 BIM 而设计的软件，帮助了许多专业的设计和施工人员使用协调一致的、基于模型的新办公方法与流程，将设计创意由最初的概念变为现实的构造。本章主要介绍了 Revit MEP 特性、Revit 2020 新增功能、Revit 2020 界面和文件管理。

1.1　Revit MEP 概述

Revit MEP 通过单一、完全一致的参数化模型加强了各团队之间的协作，让用户能够避开基于图纸的技术中固有的问题，提供集成的解决方案。

Revit MEP 中的建模和布局工具支持工程师更加轻松地创建精确的机电管道系统。自动布线解决方案可让用户建立管网、管道和给排水系统的模型，或手动布置照明与电力系统。Revit MEP 的参数变更技术意味着用户对机电管道模型的任何变更都会自动应用到整个模型中。保持单一、一致的建筑模型有助于协调绘图，进而减少错误。

Revit MEP 可生成包含丰富信息的建筑信息模型，呈现实时、逼真的设计场景，帮助用户在设计过程中及早做出更为明智的决定。借助内置的集成分析工具，项目团队成员可更好地满足可持续发展的目标和措施，进行能耗分析、系统负载评估，并生成采暖和冷却负载报告。Revit MEP 还支持导出为绿色建筑扩展标记语言（gbXML）文件，以便应用于 Autodesk Ecotect Analysis 和 Autodesk Green Building Studio 基于网络的服务，或第三方可持续设计和分析应用软件。

Revit MEP 中专用于系统分析和优化的工具能让团队成员实时获得有关机电管道设计内容的反馈，这样，设计早期阶段也能做出性能优异的设计方案。

Revit MEP 自动更新模型视图和明细表，确保文档和项目保持一致。工程师可以创建具有机械功能的 HVAC 系统，并为通风管网和管道布设提供三维建模，也可以通过拖动屏幕上任何视图中的设计元素来修改模型，还可以在剖面图和正视图中完成建模。在任何位置做出修改时，所有的模型视图及图纸都能自动协调变更，因此能够提供更为准确一致的设计及文档。

借助 Revit MEP 中内置的计算器，工程设计人员可根据工业标准和规范［包括美国采暖、制冷和空调工程师学会（ASHRAE）提供的管件损失数据库］进行尺寸确定和压力损失计算。系统定尺寸工具可即时更新风道及管道构件的尺寸和设计参数，无须交换文件或使用第三方应用软件。使用风道和管道定尺寸工具可在设计图中为管网和管道系统选定一种动态的定尺寸方法，包括适用于确定风道尺寸的摩擦法、速度法、静压复得法和等摩擦法，以及适用于确定管道尺寸的速度法和摩擦法。

借助房间着色平面图可直观地展示设计意图。有了色彩方案，团队成员无须再花时间解读复杂的电子表格，也无须用彩笔在打印设计图上标画。对着色平面图进行的所有修改将自动更新到整个模型中。用户可创建任意数量的示意图，并在项目周期内保持良好的一致性。管网和管道的三维模型可让用户创建 HVAC 系统，用户还可通过色彩方案清晰地显示出该系统中的设计气流、实际气流、机械区等重要内容，为电力负载、分地区照明等创建电子色彩方案。

Revit MEP 包含功能强大的布局工具，可让电力线槽、数据线槽和穿线管的建模工作更加轻松。借助真实环境下的穿线管和电缆槽组合布局，协调性将更为出色，并能创建精确的建筑施工图。新的明细表类型可报告电缆槽和穿线管的布设总长度，以确定所需材料的用量。

1.2　Revit 2020 新增功能

（1）PDF 导入支持。Revit 2020 支持导入 PDF 文件，该功能与导入图像非常相似，他们甚至共享"管理图像"对话框。用户可以通过桌面连接器从 BIM 360 导入 PDF。在 PDF 导入过程中，可以选择特定工作表（对于多页 PDF）以及分辨率。

（2）行进路径。另一个全新的功能是行进路径工具。它用来检查一个人如何在你的设计中从 A 点移动到 B 点。可以排除某些 Revit 类别，例如门。可以调节每个行进路径中的要素，包括时间和长度，但不可调节速度。

（3）椭圆形墙。使用椭圆形墙和幕墙绘制功能，可以创建更高级的墙壁几何图形。

（4）跟踪和编辑视图列表中的范围框参数。将范围框参数加入视图列表中，可调整跨越多个视图的剪裁区域，而无须打开每个视图。

（5）在多张图纸之间复制和粘贴图例。图例的增强复制和粘贴功能使用户能够高效复制图例，以便在其他地方使用。

（6）增强的多钢筋注释。对平面平行自由形式钢筋集和混凝土面使用多钢筋注释。

（7）钢结构连接节点的传输。该功能通过传输现有钢结构连接节点，可快速将类似钢结构连接节点添加到项目中。

（8）电气直连布线改进。该功能通过更好地控制箭头和刻度标记，创建更易理解和使用的电气文档。

（9）更改服务改进。更改服务现在支持通过单次操作保存或替换多图形服务。

（10）立面图的标记、安排以及视图筛选器。标记图元的立面图并使用视图筛选器中的那些值，从而简化与属性选项板中图元交互的操作。

（11）使用导入的几何图形创建零件。现在可以将导入的几何图形（直接形状）拆分为多个部分。使用 Revit 的"打开"和"切割"工具可将图形切割并调整为多个部分。

（12）Steel Connections for Dynamo。根据用户定义的规则使用 Dynamo 来加快多个钢结构连接节点的速度。

（13）电气配电盘馈线片连接。通过馈线片模拟配电盘的连接，更加准确地记录系统设计。

（14）Revit Extension for Fabrication 导出。直接在 Revit 中生成在电子表格或其他数据环境中使用的 CSV 文件。

1.3 Revit 2020 界面

在学习 Revit 之前，首先要了解 2020 版 Revit 的操作界面。新版软件更加人性化，不但提供了便捷的操作工具，便于初级用户快速熟悉操作环境，而且对于熟悉该软件的用户而言，操作也将更加方便。

单击桌面上的 Revit 2020 图标，进入图 1-1 所示的 Revit 2020 主页。单击"模型"→"新建"按钮，新建一个项目文件，进入 Revit 2020 绘图界面，如图 1-2 所示。

1.3.1 文件程序菜单

文件程序菜单上提供了常用的文件操作，如"新建""打开"和"保存"等。还允许使用更高级的工具（如"导出"和"发布"）来管理文件。单击"文件"打开文件程序菜单，如图 1-3 所示。文件程序菜单无法在功能区中移动。

要查看每个子菜单的选择项，可以单击其右侧的箭头，打开下一级菜单，单击所需的项进行操作。

可以直接单击文件程序菜单中左侧的主要按钮来执行默认的操作。

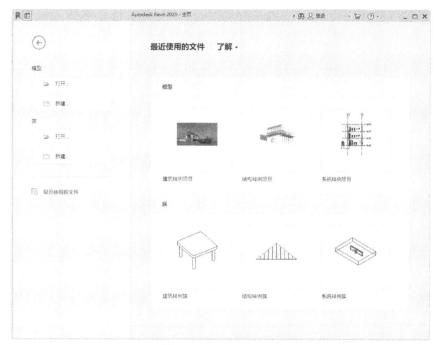

图 1-1   Revit 2020 主页

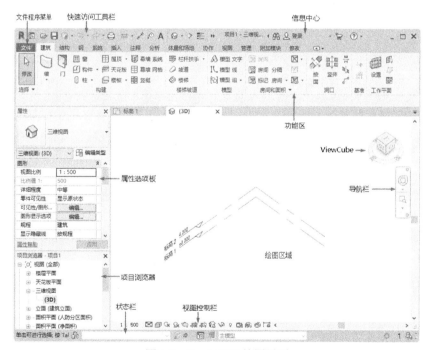

图 1-2   Revit 2020 绘图界面

1.3.2   快速访问工具栏

在主界面左上角图标的右侧，系统列出了一排工具图标，即快速访问工具栏，用户可以直接单击相应的按钮进行操作。

　　单击快速访问工具栏中的"自定义快速访问工具栏"按钮，打开图1-4所示的下拉菜单，可以对该工具栏进行自定义。勾选命令后命令会在快速访问工具栏上显示，取消勾选命令则隐藏。

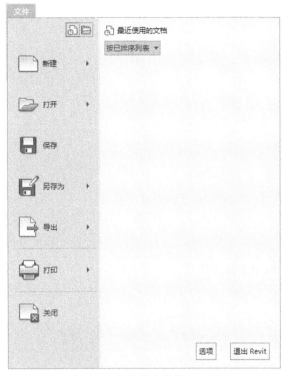

图1-3　文件程序菜单

图1-4　下拉菜单

　　在快速访问工具栏的某个工具按钮上单击鼠标右键，打开图1-5所示的快捷菜单，单击"从快速访问工具栏中删除"选项，将删除选中的工具按钮。单击"添加分隔符"选项，将在工具的右侧添加分隔线。单击"在功能区下方显示快速访问工具栏"选项，快速访问工具栏可以显示在功能区的下方。单击"自定义快速访问工具栏"选项，打开图1-6所示的"自定义快速访问工具栏"对话框，可以对快速访问工具栏中的工具按钮进行排序、添加或删除分隔线操作。

　　"自定义快速访问工具栏"对话框中的选项说明如下。

　　⇧上移或⇩下移：在对话框的列表中选择命令，然后单击⇧（上移）或⇩（下移）将该工具移动到所需位置。

　　⚏添加分隔符：选择要显示在分隔线上方的工具，然后单击"添加分隔符"按钮⚏，添加分隔线。

　　✖删除：从工具栏中删除工具或分隔线。

　　在功能区中的任意工具按钮上单击鼠标右键，打开快捷菜单，然后单击"添加到快速访问工具栏"选项，即可将该工具按钮添加到快速访问工具栏中默认命令的右侧。

注意　　上下文功能区选项卡中的某些工具无法添加到快速访问工具栏中。

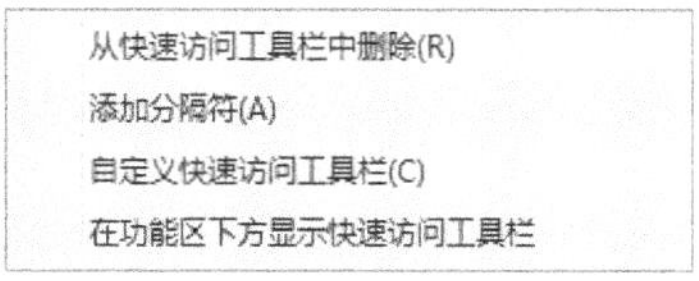

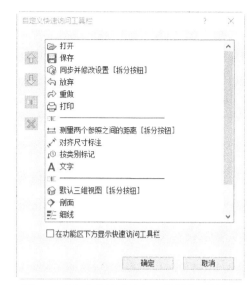

图 1-5　快捷菜单　　　　　　　　　图 1-6　"自定义快速访问工具栏"对话框

1.3.3　信息中心

　　该工具栏包括一些常用的数据交互访问工具，可以访问许多与产品相关的信息源，如图 1-7 所示。

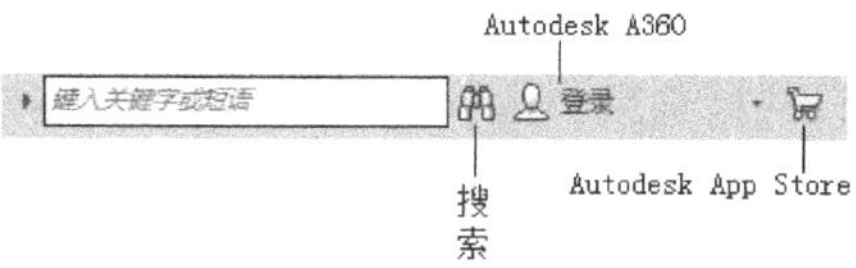

　　（1）搜索。在搜索框中输入要搜索信息的关键字，然后单击"搜索"按钮，可以在联机帮助中快速查找信息。

　　（2）Autodesk A360。使用该工具可以访问与 Autodesk Account 相同的服务，但增加了 Autodesk 360 的移动性和协作优势。个人用户可通过申请的 Autodesk 账户登录自己的云平台。

图 1-7　信息中心

　　（3）Autodesk App Store。单击此按钮，可以登录 Autodesk 官方的 App 网站下载不同系列软件的插件。

1.3.4　功能区

　　功能区位于快速访问工具栏的下方，是创建建筑设计项目所有工具的集合。Revit 2020 将这些命令工具按类别放在不同的选项卡面板中，如图 1-8 所示。

图 1-8　功能区

　　功能区包含功能区选项卡、功能区子选项卡和面板等部分。其中，每个选项卡都将其命令工具细分为几个面板进行集中管理。当选择某图元或者激活某命令时，系统将在功能区主选项卡后添加相应的子选项卡，且该子选项卡中列出了和该图元或命令相关的所有子命令工具，用户不必再在下拉菜单中逐级查找子命令。

创建或打开文件时，功能区会显示系统提供的创建项目或族所需的全部工具。调整窗口的大小时，功能区中的工具会根据可用的空间自动调整大小。每个选项卡集成了相关的操作工具，方便用户使用。用户可以单击功能区选项后面的 按钮控制功能的展开与收缩。

（1）修改功能区。单击功能区选项卡右侧的箭头，系统提供了 4 种功能区的显示方式："最小化为选项卡""最小化为面板标题""最小化为面板按钮"和"循环浏览所有项"，如图 1-9 所示。

图 1-9　下拉菜单

（2）移动面板。面板可以在绘图区"浮动"，在面板上按住鼠标左键并拖曳面板，如图 1-10 所示，将其放置到绘图区域或桌面上即可。将鼠标指针放到浮动面板的右上角，显示"将面板返回到功能区"，如图 1-11 所示。单击此处，使它变为固定面板。将鼠标指针移动到面板上以显示一个夹子，拖曳该夹子到所需位置，从而移动面板。

图 1-10　拖曳面板　　　　　　　　　　图 1-11　固定面板

（3）展开面板。单击面板下方的箭头▼可以展开该面板，以显示相关的工具和控件，如图 1-12 所示。默认情况下单击面板以外的区域时，展开的面板会自动关闭。单击图钉按钮，面板在其功能区选项卡显示期间将始终保持展开状态。

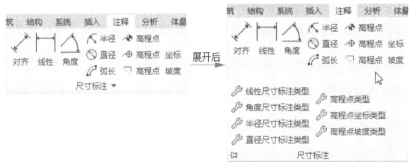

图 1-12　展开面板

（4）上下文功能区选项卡。使用某些工具或者选择图元时，上下文功能区选项卡中会显示与该工具或图元的上下文相关的工具，如图 1-13 所示。退出该工具或清除选择时，将关闭该选项卡。

图 1-13　上下文功能区选项卡

1.3.5　属性选项板

　　"属性"选项板是一个无模式对话框，通过该对话框，可以查看和修改用来定义图元属性的参数。

　　项目浏览器下方的浮动面板即为"属性"选项板。当选择某图元时，"属性"选项板会显示该图元的图元类型和属性参数等，如图 1-14 所示。

1. 类型选择器

　　选项板上面一行的预览框和类型名称即为图元类型选择器。用户可以单击右侧的下拉箭头，从列表中选择已有的合适的构件类型来直接替换现有类型，而不需要反复修改图元参数，如图 1-15 所示。

2. 属性过滤器

　　该过滤器用来标识将由工具放置的图元类别，或者标识绘图区域中所选图元的类别和数量。如果选择了多个类别或类型，则选项板上仅显示所有类别或类型共有的实例属性。当选择了多个类别时，使用过滤器的下拉列表可以仅查看特定类别或视图本身的属性。

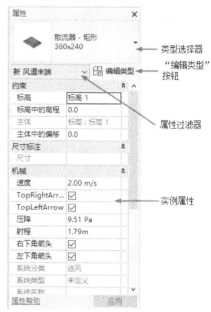

图 1-14　"属性"选项板

3. "编辑类型"按钮

　　单击此按钮，打开相关的"类型属性"对话框，用户可以复制、重命名对象类型，并可以通过编辑其中的类型参数值来改变与当前选择图元同类型的所有图元的外观、尺寸等，如图 1-16 所示。

图 1-15　类型选择器下拉列表

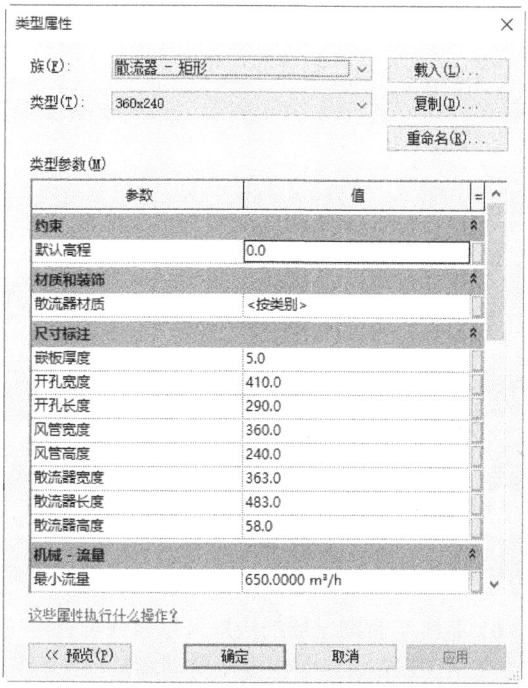

图 1-16　"类型属性"对话框

4．实例属性

在大多数情况下，"属性"选项板中既显示可由用户编辑的实例属性，又显示只读实例属性。当某属性的值是由软件自动计算或赋值，或者取决于其他属性的设置时，该属性可能是只读属性，不可编辑。

1.3.6　项目浏览器

Revit 2020 将所有可访问的视图和图纸等都放置在项目浏览器中进行管理，使用项目浏览器可以方便地在各视图间进行切换操作。

项目浏览器用于组织和管理当前项目中包含的所有信息，包括项目中的所有视图、明细表、图纸、族、组和链接的 Revit 模型等项目资源。Revit 2020 按逻辑层次关系组织这些项目资源，且在展开和折叠各分支时，系统将显示下一层级的内容，如图 1-17 所示。

（1）打开视图。双击视图名称打开视图，也可以在视图名称上单击鼠标右键，打开图 1-18 所示的快捷菜单，单击"打开"选项，打开视图。

（2）打开放置了视图的图纸。在视图名称上单击鼠标右键，打开图 1-18 所示的快捷菜单，单击"打开图纸"选项，打开放置了视图的图纸。如果快捷菜单中的"打开图纸"选项不可用，则要么视图未放置在图纸上，要么视图是明细表或可放置在多个图纸上的图例视图。

（3）将视图添加到图纸中。将视图名称拖曳到图纸名称上或拖曳到绘图区域中的图纸上。

（4）从图纸中删除视图。在图纸名称下的视图名称上单击鼠标右键，在打开的快捷菜单中单击"从图纸中删除"选项，删除视图。

（5）单击"视图"选项卡"窗口"面板中的"用户界面"按钮![图标]，打开图 1-19 所示的下拉列表，勾选"项目浏览器"复选框。如果取消"项目浏览器"复选框的勾选或单击项目浏览器顶部的"关闭"按钮✕，将隐藏项目浏览器。

图 1-17　项目浏览器

图 1-18　快捷菜单

图 1-19　下拉列表

（6）拖曳项目浏览器的边框可以调整项目浏览器的大小。

（7）在 Revit 窗口中拖曳浏览器移动时会显示一个轮廓，该轮廓指示浏览器将移动到的位置，将浏览器放置到所需位置时松开鼠标，还可以将项目浏览器从 Revit 窗口拖曳到桌面。

1.3.7　视图控制栏

视图控制栏位于视图窗口的底部，状态栏的上方，它可以快速访问影响当前视图的功能，如图 1-20 所示。

（1）比例。是指在图纸中用于表示对象的比例，用户可以为项目中的每个视图指定不同的比例，也可以创建自定义视图比例。在比例上单击打开图 1-21 所示的比例列表，选择需要的比例，也可以单击"自定义比例"选项，打开"自定义比例"对话框，输入比率，如图 1-22 所示。

图 1-20　视图控制栏

图 1-21　比例列表

图 1-22　"自定义比例"对话框

注意　　不能将自定义视图比例应用于该项目中的其他视图。

（2）详细程度。可根据视图比例设置新建视图的详细程度，包括粗略、中等和精细 3 种程度。在项目中创建新视图并设置其视图比例后，视图的详细程度将会自动根据表格中的排列进行设置。预定义详细程度可以影响不同视图比例下同一几何图形的显示。

（3）视觉样式。可以为项目视图指定许多不同的图形样式，如图 1-23 所示。

线框：显示绘制了所有边和线而未绘制表面的模型图像。视图显示线框视觉样式时，可以将材质应用于选定的图元类型。这些材质不会显示在线框视图中，但是表面填充图案仍会显示，如图 1-24 所示。

隐藏线：显示绘制了除被表面遮挡部分以外的所有边和线的图像，如图 1-25 所示。

图 1-23　视觉样式

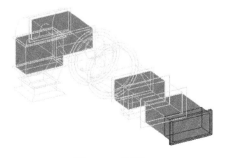

图 1-24　线框

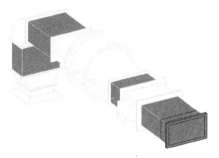

图 1-25　隐藏线

着色：显示处于着色模式下的图像，而且具有显示间接光及其阴影的选项，如图 1-26 所示。

一致的颜色：显示所有表面都按照表面材质颜色设置进行着色的图像。无论以何种方式将其定向到光源，该样式都会保持一致的颜色，使材质始终以相同的颜色显示，如图 1-27 所示。

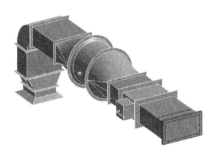

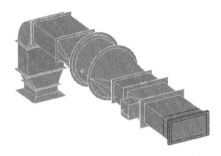

图 1-26　着色　　　　　　　　　　　　　　　　图 1-27　一致的颜色

真实：可在模型视图中即时显示真实的材质外观。旋转模型时，会显示模型在各种照明条件下的外观，如图 1-28 所示。

注意　　　"真实"视觉视图中不会显示人造灯光。

光线追踪：该视觉样式是一种照片级真实感渲染模式，该模式允许平移和缩放模型，如图 1-29 所示。

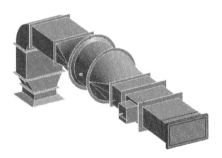

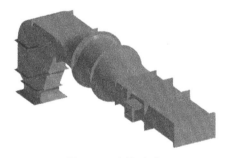

图 1-28　真实　　　　　　　　　　　　　　　　图 1-29　光线追踪

（4）打开 / 关闭日光路径。控制日光路径可见性。在一个视图中打开或关闭日光路径时，其他任何视图都不受影响。

（5）打开 / 关闭阴影。控制阴影的可见性。在一个视图中打开或关闭阴影时，其他任何视图都不受影响。

（6）显示 / 隐藏渲染对话框。单击此按钮，打开"渲染"对话框，可对照明、分辨率、背景和图像等进行设置，如图 1-30 所示。

（7）裁剪视图。定义项目视图的边界。在所有图形项目视图中显示模型裁剪区域和注释裁剪区域。

（8）显示 / 隐藏裁剪区域。可以根据需要显示或隐藏裁剪区域。在绘图区域中，选择裁剪区域，则会显示模型和注释裁剪。内部裁剪是模型裁剪，外部裁剪则是注释裁剪。

（9）解锁 / 锁定三维视图。锁定三维视图的方向，以在视图中标记图元并添加注释记号。包括保存方向并锁定视图、恢复方向并锁定视图和解锁视图 3 个选项。

保存方向并锁定视图：将视图锁定在当前方向，在该模式中无法动态观察模型。

恢复方向并锁定视图：将解锁的、旋转方向的视图恢复到其原来锁定的方向。

解锁视图：解锁当前方向，从而允许定位和动态观察三维视图。

（10）临时隐藏 / 隔离。"隐藏"工具可在视图中隐藏所选图元，"隔离"工具可在视图中显示所选图元并隐藏所有其他图元。

（11）显示隐藏的图元。临时查看隐藏图元或将其取消隐藏。

（12）临时视图属性。包括启用临时视图属性、临时应用样板属性、最近使用的模板和恢复视图属性 4 种视图选项。

（13）显示 / 隐藏分析模型。可以在任何视图中显示或隐藏分析模型。

（14）高亮显示位移集。单击此按钮，将高亮显示模型中所有位移集的视图。

（15）显示约束。在视图中临时查看尺寸标注和对齐约束，以解决或修改模型中的图元。"显示约束"绘图区域将显示一个彩色边框，以指示处于"显示约束"模式的图元。所有约束都以彩色显示，而模型图元以半色调（灰色）显示。

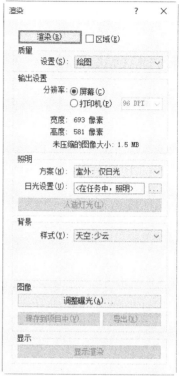

图 1-30　"渲染"对话框

1.3.8　状态栏

状态栏在屏幕的底部，如图 1-31 所示。状态栏会提供有关要执行的操作的提示。高亮显示图元或构件时，状态栏会显示族和类型的名称。

图 1-31　状态栏

（1）工作集。显示处于活动状态的工作集。

（2）编辑请求。对于工作共享项目，表示未决的编辑请求数。

（3）设计选项。显示处于活动状态的设计选项。

（4）仅活动项。用于过滤所选内容，以便仅选择活动的设计选项构件。

（5）选择链接。可在已链接的文件中选择链接和单个图元。

（6）选择底图元。可在底图中选择图元。

（7）选择锁定图元。可选择锁定的图元。

（8）通过面选择图元。可通过单击某个面来选中某个图元。

（9）选择时拖曳图元。不用先选择图元就可以通过拖曳操作移动图元。

（10）后台进程。显示在后台运行的进程列表。

（11）过滤。用于优化在视图中选定的图元类别。

1.3.9　ViewCube

ViewCube 默认在绘图区的右上方。通过 ViewCube 可以在标准视图和等轴测视图之间切换。

（1）单击 ViewCube 上的某个角，可以根据由模型的 3 个侧面定义的视口将模型的当前视图重定向到四分之三视图；单击其中一条边，可以根据模型的两个侧面将模型的视图重定向到二分之一视图；单击相应面，将视图切换到相应的主视图。

（2）如果在从某个面视图中查看模型时 ViewCube 处于活动状态，则 4 个正交三角形会显示在 ViewCube 附近。使用这些三角形可以切换到某个相邻的面视图。

（3）单击或拖曳 ViewCube 中指南针的东、南、西、北字样，切换到西南、东南、西北、东北等方向视图，或者绕视图旋转到任意方向视图。

（4）单击"主视图"图标⌂，不管视图目前是何种视图都会恢复到主视图方向。

（5）从某个面视图查看模型时，两个滚动箭头按钮⬐会显示在 ViewCube 附近。单击⬐图标，视图将以逆时针或顺时针 90°进行旋转。

图 1-32　关联菜单

（6）单击"关联菜单"按钮▭，打开图 1-32 所示的关联菜单。

1）转至主视图。恢复随模型一同保存的主视图。

2）保存视图。使用唯一的名称保存当前的视图方向。此选项只允许在查看默认三维视图时使用唯一的名称保存三维视图。如果查看的是以前保存的正交三维视图或透视（相机）三维视图，则视图仅以新方向保存，而且系统不会提示用户提供唯一名称。

3）锁定到选择项。当视图方向随 ViewCube 发生更改时，使用选定对象可以定义视图的中心。

4）透视 / 正交。在三维视图的平行和透视模式之间切换。

5）将当前视图设置为主视图。根据当前视图定义模型的主视图。

6）将视图设定为前视图。在 ViewCube 上更改视图方向为前视图的方向，并将三维视图定向到该方向。

7）重置为前视图。将模型的前视图重置为其默认方向。

8）显示指南针。显示或隐藏围绕 ViewCube 的指南针。

9）定向到视图。将三维视图设置为项目中的任何平面、立面、剖面或三维视图的方向。

10）确定方向。将相机定向到北、南、东、西、东北、西北、东南、西南或顶部。

11）定向到一个平面。将视图定向到指定的平面。

1.3.10　导航栏

Revit 提供了多种视图导航工具，可以对视图进行平移和缩放等操作。用于视图控制的导航栏一般位于绘图区右侧，是一种常用的工具集。视图导航栏在默认情况下为 50% 透明显示，不会遮挡视图。它包括 SteeringWheels 和缩放工具，如图 1-33 所示。

图 1-33　导航栏

1．SteeringWheels

SteeringWheels 是控制盘的集合，通过这些控制盘，可以在专门的导航工具之间快速切换。每个控制盘都被分成不同的按钮。每个按钮都包含一个导航工具，用于重新定位模型的当前视图。控制盘包含以下几种形式，如图 1-34 所示。

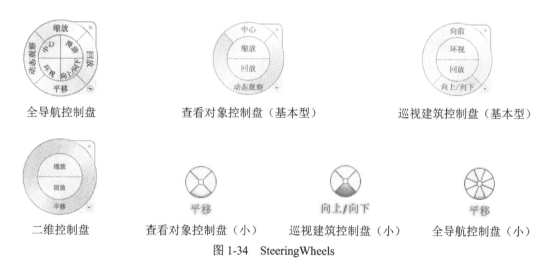

图 1-34　SteeringWheels

单击控制盘右下角的"显示控制盘菜单"按钮 ，打开图 1-35 所示的控制盘菜单，菜单中包含了所有全导航控制盘的视图工具。可以单击"关闭控制盘"选项关闭控制盘，也可以单击控制盘上的"关闭"按钮 来关闭控制盘。

全导航控制盘中的各个工具的含义如下。

（1）平移。单击此按钮并按住鼠标左键不放，此时拖曳鼠标即可平移视图。

（2）缩放。单击此按钮并按住鼠标左键不放，系统将在鼠标指针位置放置一个绿色的球体，把当前鼠标指针位置作为缩放轴心。此时拖曳鼠标即可缩放视图，且轴心随着鼠标指针位置而变化。

（3）动态观察。单击此按钮并按住鼠标左键不放，模型的中心位置将显示绿色轴心球体。此时拖曳鼠标即可围绕轴心点旋转模型。

（4）回放。利用该工具可以从导航历史记录中检索以前的视图，并可以快速恢复到以前的视图，还可以滚动浏览所有保存的视图。单击"回放"按钮并按住鼠标左键不放，此时向左侧移动鼠标即可滚动浏览导航历史记录。若要恢复到以前的视图，只要在该视图记录上松开鼠标左键即可。

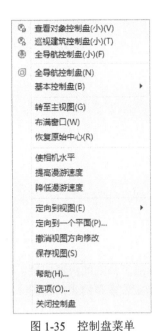

图 1-35　控制盘菜单

（5）中心。单击此按钮并按住鼠标左键不放，鼠标指针将变为一个球体，此时拖曳鼠标到某构件模型上松开鼠标放置球体，即可将该球体作为模型的中心位置。

（6）环视。利用该工具可以沿垂直和水平方向旋转当前视图，且旋转视图时，人的视线将围绕当前视点旋转。单击此按钮并按住鼠标左键不放，此时拖曳鼠标，模型将围绕当前视图的位置旋转。

（7）向上/向下。利用该工具可以沿模型的 z 轴调整当前视点的高度。

（8）漫游。在透视图中单击此按钮并按住鼠标左键不放，此时拖动鼠标即可漫游。

2. 缩放工具

缩放工具包括区域放大、缩小两倍、缩放匹配、缩放全部以匹配和缩放图纸大小等工具。

（1）区域放大。放大所选区域内的对象。

（2）缩小两倍。将视图窗口显示的内容缩小到原图的 $\frac{1}{2}$。

（3）缩放匹配。在当前视图窗口中自动缩放以显示所有对象。

（4）缩放全部以匹配。缩放以显示所有对象的最大范围。

（5）缩放图纸大小。将视图自动缩放为实际打印大小。

（6）上一次平移/缩放。显示上一次平移或缩放结果。

（7）下一次平移/缩放。显示下一次平移或缩放结果。

1.3.11　绘图区域

Revit 窗口中的绘图区域显示当前项目的视图、图纸和明细表，每次打开项目中的某一视图时，默认情况下此视图会显示在绘图区域中其他打开的视图的上层。其他视图仍处于打开的状态，但是这些视图在当前视图的下层。

绘图区域的背景颜色默认为白色。

1.4　文件管理

1.4.1　新建文件

单击"文件"→"新建"右侧的按钮，打开"新建"菜单，如图 1-36 所示。"新建"菜单用于创建项目文件、族文件、概念体量等。

下面以新建项目文件为例介绍新建文件的步骤。

（1）单击"文件"→"新建"→"项目"选项，打开"新建项目"对话框，如图 1-37 所示。

（2）在"样板文件"下拉列表中选择样板，也可以单击"浏览"按钮，打开图 1-38 所示的"选择样板"对话框，选择需要的样板，单击"打开"按钮，打开样板文件。

（3）选择"项目"选项，单击"确定"按钮，创建一个新项目文件。

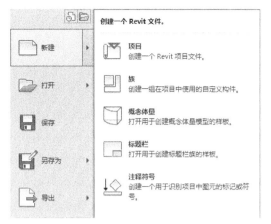

图 1-36　"新建"菜单

图 1-37　"新建项目"对话框

图 1-38　"选择样板"对话框

 注意　在 Revit 中，项目文件是整个建筑物设计的联合文件。建筑的所有标准视图、建筑设计图以及明细表都包含在项目文件中，只要修改模型，所有相关的视图、施工图和明细表都会随之自动更新。

1.4.2　打开文件

单击"文件"→"打开"右侧的按钮，打开"打开"菜单，如图 1-39 所示。"打开"菜单用于打开项目文件、族文件、IFC 文件、样例文件等。

（1）项目。单击此选项，打开"打开"对话框，在对话框中可以选择要打开的 Revit 项目文件和族文件，如图 1-40 所示。

核查。扫描、检测并修复模型中损坏的图元，勾选此选项可能会大大增加打开模型所需的时间。

从中心分离。独立于中心模型而打开工作共享的本地模型。

图 1-39 "打开"文件

图 1-40 "打开"对话框

新建本地文件。打开中心模型的本地副本。

（2）族。单击此选项，打开"打开"对话框，可以打开软件自带族库中的族文件或用户自己创建的族文件，如图 1-41 所示。

（3）Revit 文件。单击此选项，可以打开 Revit 所支持的文件，例如 .rvt、.rfa、.adsk 和 .rte 格式的文件，如图 1-42 所示。

（4）建筑构件。单击此选项，在对话框中选择要打开的 ADSK 文件，如图 1-43 所示。

图 1-41　"打开"对话框（1）

图 1-42　"打开"对话框（2）

图 1-43　"打开 ADSK 文件"对话框

（5）IFC。单击此选项，打开"打开 IFC 文件"对话框，在对话框中可以打开 IFC 格式文件，如图 1-44 所示。IFC 文件格式含有模型的建筑物或设施，也包括空间的元素、材料和形状。IFC 文件通常用于 BIM 工业程序之间的交互。

图 1-44 "打开 IFC 文件"对话框

（6）IFC 选项。单击此选项，打开"导入 IFC 选项"对话框，在对话框中可以设置 IFC 类型名称对应的 Revit 类别，如图 1-45 所示。此选项只有在打开 Revit 文件的状态下才可以使用。

图 1-45 "导入 IFC 选项"对话框

（7）样例文件。单击此选项，打开"打开"对话框，可以打开软件自带的样例项目文件和族文件，如图 1-46 所示。

图 1-46　"打开"对话框

1.4.3　保存文件

单击"文件"→"保存"选项，可以保存当前项目、族文件、样板文件等。若文件已命名，则 Revit 自动保存。若文件未命名，则系统打开"另存为"对话框，如图 1-47 所示，用户可以命名文件。在"保存于"下拉列表中可以指定保存文件的路径；在"文件类型"下拉列表中可以指定保存文件的类型。为了防止因意外操作或计算机系统故障导致正在绘制的图形文件丢失，可以对当前图形文件设置自动保存。

图 1-47　"另存为"对话框

单击"选项"按钮，打开图 1-48 所示的"文件保存选项"对话框，可以指定备份文件的最大数量以及与文件保存相关的其他设置。

"文件保存选项"对话框中的选项说明如下。

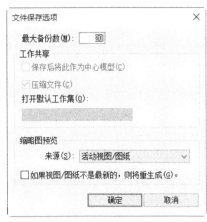

图 1-48 "文件保存选项"对话框

（1）最大备份数。指定最多备份文件的数量。默认情况下，非工作共享项目最多有 3 个备份，工作共享项目最多有 20 个备份。

（2）保存后将此作为中心模型。将当前已启用工作集的文件设置为中心模型。

（3）压缩文件。保存已启用工作集的文件时压缩文件的大小。在正常保存时，Revit 仅将新图元和经过修改的图元写入现有文件。这可能会导致文件变得非常大，但会加快保存的速度。压缩过程会将整个文件进行重写并删除旧的部分以节省空间。

（4）打开默认工作集。设置中心模型在本地打开时所对应的工作集默认设置。从该列表中，可以将一个工作共享文件保存为始终以下列选项之一为默认设置："全部""可编辑""上次查看的"或者"指定"。用户修改该选项的唯一方式是勾选"文件保存勾选"对话框中的"保存后将此作为中心模型"复选框来重新保存新的中心模型。

（5）缩略图预览。指定打开或保存项目时显示的预览图像。此选项的默认值为"活动视图 / 图纸"。Revit 只能从打开的视图创建预览图像。如果勾选"如果视图 / 图纸不是最新的，则将重生成。"复选框，则无论用户何时打开或保存项目，Revit 都会更新预览图像。

1.4.4 另存为文件

单击"文件"→"另存为"右侧的按钮，打开"另存为"菜单，如图 1-49 所示。"另存为"菜单可以将文件保存为项目、族、样板和库 4 种类型文件。

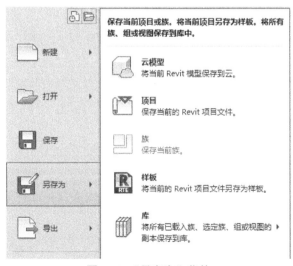

图 1-49 "另存为"菜单

执行其中一种命令后打开"另存为"对话框，如图 1-50 所示，Revit 可用另存名保存。

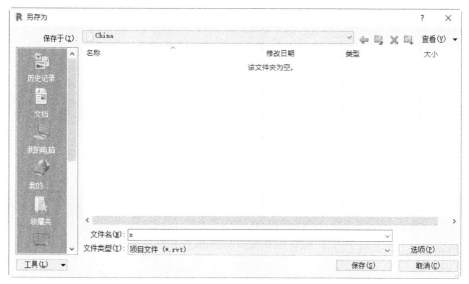

图 1-50　"另存为"对话框

第 2 章
绘图环境设置

知识导引

　　用户可以根据自己的需要设置所需的绘图环境，可以分别对系统、项目和图形进行设置，通过定义设置、使用样板来执行办公标准并提高效率。本章主要介绍了系统设置、项目设置和图形设置。

2.1　系统设置

"选项"对话框用于控制软件及其用户界面的各个方面。

单击"文件"中的"选项"按钮，打开"选项"对话框，如图 2-1 所示。

图 2-1　"选项"对话框

2.1.1　"常规"设置

在"常规"选项卡中可以设置通知、用户名和日志文件清理等参数。

1."通知"选项组

Revit 不能自动保存文件，用户可以通过"通知"选项组设置建立项目文件或族文件时保存文档的提醒时间。在"保存提醒间隔"下拉列表中选择保存提醒时间，保存提醒时间最少设置为 15 分钟。

2."用户名"选项组

Revit 首次在工作站中运行时，使用 Windows 登录名作为默认用户名。在以后的设计中可以修改和保存用户名。如果需要使用其他用户名，以便在某个用户名不可用时放弃该用户名的图元，先注销 Autodesk 账户，然后在"用户名"文本框中输入另一个用户的 Autodesk 用户名。

3．"日志文件清理"选项组

日志文件是记录 Revit 任务中每个步骤的文本文档。这些文件主要用于支持软件进程。要检测问题或重新创建丢失的步骤或文件时，可运行日志。设置要保留的日志文件数量以及要保留的天数后，系统会自动进行清理，并始终保留设置数量的日志文件，后面产生的新日志文件会自动覆盖前面的日志文件。

4．"工作共享更新频率"选项组

工作共享是一种设计方法，此方法允许多名团队成员同时处理同一项目模型，拖曳对话框中的滑块可以设置工作共享的更新频率。

图 2-2 视图规程

5．"视图选项"选项组

对于不存在默认视图样板，或存在默认视图样板但未指定视图规程的视图，用户可以指定其默认视图规程，系统提供了 6 种视图样板，如图 2-2 所示。

2.1.2 "用户界面"设置

"用户界面"选项卡用来设置用户界面，包括对功能区的设置、活动主题的设置、快捷键的设置和功能区选项卡的切换等，如图 2-3 所示。

图 2-3 "用户界面"选项卡

1."配置"选项组

（1）工具和分析。可以通过勾选或取消勾选"工具和分析"列表框中的复选框，控制用户界面功能区中选项卡的显示和关闭。例如，取消"'建筑'选项卡和工具"复选框的勾选，单击"确定"按钮后，功能区中"建筑"选项卡将不再显示，如图 2-4 所示。

原始

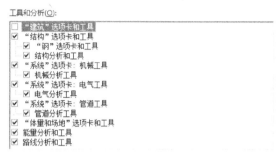

取消"'建筑'选项卡和工具"复选框的勾选

不显示"建筑"选项卡

图 2-4 选项卡的关闭

（2）快捷键。用于设置命令的快捷键。单击"自定义"按钮，打开"快捷键"对话框，如图 2-5 所示。也可以在"视图"选项卡中的"用户界面"按钮下拉列表中单击"快捷键"按钮，如图 2-6 所示，打开"快捷键"对话框。

设置快捷键的方法：搜索要设置快捷键的命令或者在列表中选择要设置快捷键的命令，然后在"按新建"文本框中输入快捷键，单击"指定"按钮，添加快捷键。

提示

　　Revit 跟 AutoCAD 快捷键不同：AutoCAD 快捷键是单个字母，一般是命令的英文首字母，但是 Revit 快捷键只能是两个字母；AutoCAD 中用 Enter 键或者空格键都能重复上个命令，但在 Revit 中重复上个命令只能用 Enter 键，用空格键不能重复上个命令。

（3）双击选项。指定用于进入族、绘制的图元、部件、组等类型的编辑模式的双击动作。单击"自定义"按钮，打开图 2-7 所示"自定义双击设置"对话框，选择图元类型，然后在对应的双击操作栏中单击，单击右侧出现的下拉箭头，在打开的下拉列表中选择对应的双击操作，单击"确定"按钮，完成双击设置。

（4）工具提示助理。工具提示提供有关用户界面中某个工具或绘图区域中某个项目的信息，或者在工具使用过程中提供下一步操作的说明。将鼠标指针停留在功能区的某个工具之上时，默认情况下，Revit 会显示工具提示。工具提示提供该工具的简要说明。如果鼠标指针在该功能区工具上再停留片刻，则会显示附加的信息（如果有），如图 2-8 所示。系统提供了无、最小、标准和高 4 种类型的工具提示。

图 2-5 "快捷键"对话框

图 2-6 "用户界面"下拉列表

图 2-7 "自定义双击设置"对话框

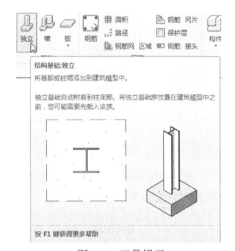

图 2-8 工具提示

1）无：关闭功能区中的工具提示和画布中的工具提示，使它们不再显示。

2）最小：只显示简要的说明，隐藏其他信息。

3）标准：为默认选项，当鼠标指针移动到工具上时，显示简要的说明，如果鼠标指针再停留片刻，则接着显示更多信息。

4）高：同时显示有关工具的简要说明和更多信息（如果有），没有时间延迟。

（5）在家时启用最近使用的文件列表。在启动 Revit 时显示"最近使用的文件"页面。该页面列出用户最近处理过的项目和族的列表，还提供对联机帮助和视频的访问。

2.“功能区选项卡切换行为”选项组

用来设置上下文选项卡在功能区中的行为。

（1）清除选择或退出后。在项目环境或族编辑器中指定所需的行为。列表中包括"返回到上一个选项卡"和"停留在'修改'选项卡"两个选项。

1）返回到上一个选项卡。在取消选择图元或者退出工具之后，Revit 显示上一次出现的功能区选项卡。

2）停留在"修改"选项卡。在取消选择图元或者退出工具之后，仍保留在"修改"选项卡上。

（2）选择时显示上下文选项卡。勾选此复选框，当激活某些工具或者编辑图元时会自动增加并切换到"修改 |xx"选项卡，如图 2-9 所示。其中包含一组只与该工具或图元的上下文相关的工具。

图 2-9　"修改 |xx"选项卡

3.“视觉体验”选项组

（1）活动主题。用于设置 Revit 用户界面的视觉效果，包括亮和暗两种，如图 2-10 所示。

亮

暗

图 2-10　活动主题

（2）使用硬件图形加速（若有）。使用可用的硬件，可以提高渲染 Revit 用户界面时的性能。

2.1.3　“图形”设置

"图形"选项卡主要控制图形和文字在绘图区域中的显示，如图 2-11 所示。

1.“视图导航性能”选项组

（1）重绘期间允许导航。可以在二维或三维视图中导航模型（平移、动态观察和缩放视图），而无须在每一步等待软件完成图元绘制。软件会中断视图中模型图元的绘制，从而可以更快和更平滑地导航。在大型模型中导航视图时使用该选项可以提高性能。

（2）在视图导航期间简化显示。减少显示的细节量并暂停某些图形效果，可以提高导航视图（平移、动态观察和缩放）时的性能。

图 2-11 "图形"选项卡

2. "图形模式"选项组

勾选"使用反走样平滑线条"复选框，可以提高视图中的线条的质量，使边更平滑。如果要在使用反走样时体验最佳性能，则在"硬件"选项卡中勾选"使用硬件加速"复选框，启用硬件加速。如果没有启用硬件加速，并使用反走样，则在缩放、平移和操纵视图时性能会降低。

3. "颜色"选项组

（1）背景。更改绘图区域中背景和图元的颜色。单击颜色按钮，打开图 2-12 所示的"颜色"对话框，指定新的背景颜色。系统会自动根据背景色调整图元颜色，例如较深的背景色将导致图元显示为白色，如图 2-13 所示。

（2）选择。用于显示绘图区域中选定图元的颜色，如图 2-14 所示。单击颜色按钮可在"颜色"

对话框中指定新的选择颜色。勾选"半透明"复选框，可以查看选定图元下面的图元。

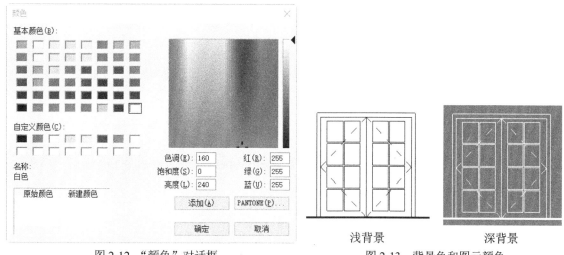

图 2-12　"颜色"对话框　　　　　　　　图 2-13　背景色和图元颜色

（3）预先选择。设置在将鼠标指针移动到绘图区域中的图元时，用于显示高亮显示的图元的颜色，如图 2-15 所示。单击颜色按钮可在"颜色"对话框中指定高亮显示颜色。

（4）警告。设置在出现警告或错误时的用于显示图元的颜色，如图 2-16 所示。单击颜色按钮可在"颜色"对话框中指定新的警告颜色。

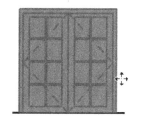　　　　　　

图 2-14　选择图元　　　　　　图 2-15　高亮显示　　　　　　图 2-16　警告颜色

4."临时尺寸标注文字外观"选项组

（1）大小。用于设置临时尺寸标注中文字的字体大小，如图 2-17 所示。

（2）背景。用于指定临时尺寸标注中的文字背景为透明或不透明，如图 2-18 所示。

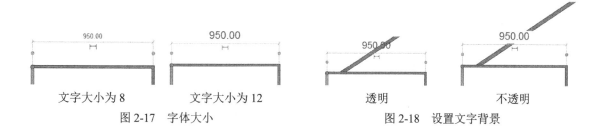

图 2-17　字体大小　　　　　　　　　　图 2-18　设置文字背景

2.1.4 "硬件"设置

"硬件"选项卡用来设置硬件加速，如图 2-19 所示。

图 2-19 "硬件"选项卡

（1）使用硬件加速。勾选此复选框，Revit 会使用系统的图形卡来渲染模型的视图。

（2）仅绘制可见图元。仅生成和绘制每个视图中可见的图元（也称为阻挡消隐）。Revit 不会尝试渲染在导航时视图中隐藏的任何图元，例如墙后的楼梯，从而提高性能。

2.1.5 "文件位置"设置

"文件位置"选项卡用来设置 Revit 文件和目录的路径，如图 2-20 所示。

（1）项目模板。指定在创建新模型时要在"最近使用的文件"窗口和"新建项目"对话框中列出的样板文件。

（2）用户文件默认路径。指定 Revit 保存当前文件的默认路径。

（3）族样板文件默认路径。指定样板和库的路径。

（4）点云根路径。指定点云文件的根路径。

（5）放置。添加公司专用的第二个库。单击"放置"按钮，打开图 2-21 所示的"放置"对话框，添加或删除库路径。

图 2-20　"文件位置"选项卡

图 2-21　"放置"对话框

2.1.6　"渲染"设置

　　"渲染"选项卡提供有关在渲染三维模型时如何访问要使用的图像的信息，如图 2-22 所示。在此选项卡中可以指定用于渲染外观的文件路径以及贴花的文件路径。单击"添加值"按钮 ，输入路径，或在路径栏中单击 按钮，打开"浏览器文件夹"对话框设置路径。选择列表中的路径，单击"删除值"按钮 ，删除路径。

图 2-22 "渲染"选项卡

2.1.7 "检查拼写"设置

"检查拼写"选项卡用于设置文字输入时的语法,如图 2-23 所示。

图 2-23 "检查拼写"选项卡

（1）设置。勾选或取消勾选相应的复选框，以指示拼写检查工具是否应忽略特定单词或查找重复单词。

（2）恢复默认值。单击此按钮，恢复到安装软件时的默认设置。

（3）主字典。在列表中选择所需的字典。

（4）其他词典。指定要用于定义拼写检查工具可能会忽略的自定义单词和建筑行业术语的词典文件的位置。

2.1.8　"SteeringWheels"设置

"SteeringWheels"选项卡用来设置 SteeringWheels 视图导航工具的选项，如图 2-24 所示。

1．"文字可见性"选项组

（1）显示工具消息。显示或隐藏工具消息，如图 2-25 所示。不管该设置如何，始终会显示基本控制盘工具的消息。

图 2-24　"SteeringWheels"选项卡

（2）显示工具提示。显示或隐藏工具提示，如图 2-26 所示。

（3）显示工具光标文字。工具处于活动状态时显示或隐藏光标文字。

图 2-25　显示工具消息　　　　　　　　　　图 2-26　显示工具提示

2．"大控制盘外观"和"小控制盘外观"选项组

（1）尺寸。用来设置大 / 小控制盘的大小，包括大、中、小 3 种尺寸。

（2）不透明度。用来设置大 / 小控制盘的不透明度，可以在其下拉列表中选择不透明度值。

3．"环视工具行为"选项组

反转垂直轴。反转环视工具的向上向下查找操作。

4．"漫游工具"选项组

（1）将平行移动到地平面。使用"漫游"工具漫游模型时，勾选此复选框可将移动角度约束到地平面。取消此复选框的勾选，漫游角度将不受约束，将沿查看的方向"飞行"，可沿任何方向或角度在模型中漫游。

（2）速度系数。使用"漫游"工具漫游模型或在模型中"飞行"时，可以控制移动速度。移动速度由鼠标指针从"中心圆"图标移动的距离控制。拖曳滑块可以调整速度系数，也可以直接在文本框中输入系数。

5．"缩放工具"选项组

单击一次鼠标放大一个增量。允许通过单次单击缩放视图。

6．"动态观察工具"选项组

保持场景正立。使视图的边垂直于地平面。取消此复选框的勾选，可以 360 度旋转动态观察模型，此功能在编辑一个族时很有用。

2.1.9　"ViewCube"设置

"ViewCube"选项卡用于设置 ViewCube 导航工具的选项，如图 2-27 所示。

1．"ViewCube 外观"选项组

（1）显示 ViewCube。在三维视图中显示或隐藏 ViewCube。

（2）显示位置。指定在全部三维视图或仅在活动视图中显示 ViewCube。

（3）屏幕位置。指定 ViewCube 在绘图区域中的位置，如右上、右下、左下和左上。

（4）ViewCube 大小。指定 ViewCube 的大小，包括自动、微型、小、中、大。

（5）不活动时的不透明度。指定未使用 ViewCube 时它的不透明度。如果选择了 0%，需要将鼠标指针移动至 ViewCube 位置上方，否则 ViewCube 不会显示在绘图区域中。

图 2-27 "ViewCube" 选项卡

2. "拖曳 ViewCube 时" 选项组

捕捉到最近的视图。勾选此复选框，将捕捉到最近的 ViewCube 的视图方向。

3. "在 ViewCube 上单击时" 选项组

（1）视图更改时布满视图。勾选此复选框后，在绘图区中选择了图元或构件，并在 ViewCube 上单击时，视图将相应地进行旋转，并进行缩放以匹配绘图区域中的该图元。

（2）切换视图时使用动画转场。勾选此复选框，切换视图方向时将使用动画转场。

（3）保持场景正立。使 ViewCube 和视图的边垂直于地平面。取消此复选框的勾选，可以 360 度动态观察模型。

4. "指南针" 选项组

同时显示指南针和 ViewCube。勾选此复选框，在显示 ViewCube 的同时显示指南针。

2.1.10 "宏" 设置

"宏" 选项卡定义用于创建自动化重复任务的宏的安全性设置，如图 2-28 所示。

图 2-28 "宏"选项卡

1. "应用程序宏安全性设置"选项组

（1）启用应用程序宏。选择此选项，打开应用程序宏。

（2）禁用应用程序宏。选择此选项，关闭应用程序宏，仍然可以查看、编辑和构建代码，但是修改后不会改变当前模块的状态。

2. "文档宏安全性设置"选项组

（1）启用文档宏前询问。系统默认选择此选项，如果在打开 Revit 项目时存在宏，系统会提示启用宏，用户可以选择在检测到宏时启用宏。

（2）禁用文档宏。在打开项目时关闭文档宏，仍然可以查看、编辑和构建代码，但是修改后不会改变当前模块的状态。

（3）启用文档宏。打开文档宏。

2.2 项目设置

指定用于自定义项目的选项，包括项目单位、材质、填充样式、线样式等。

2.2.1 对象样式

可为项目中不同类别和子类别的模型图元、注释图元和导入对象指定线宽、线颜色、线型图案和材质。

（1）单击"管理"选项卡，单击"设置"面板中的"对象样式"按钮，打开"对象样式"对话框，如图 2-29 所示。

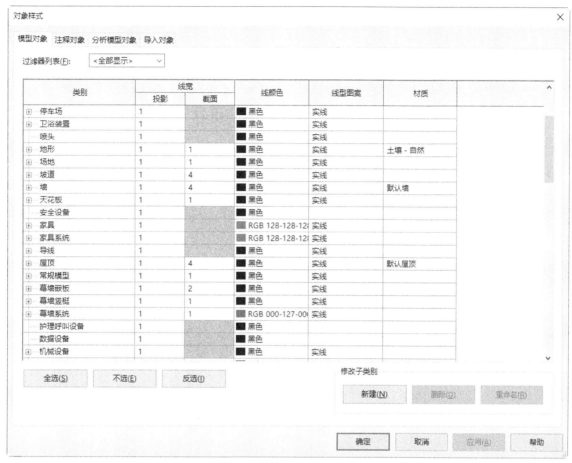

图 2-29　"对象样式"对话框

（2）在各类别对应的线宽栏中指定投影和截面的线宽度，例如在投影栏中单击，打开图 2-30 所示的线宽列表，选择所需的线宽即可。

（3）在线颜色列表对应的栏中单击颜色块，打开"颜色"对话框，设置颜色。

（4）单击对应的线型图案栏，打开图 2-31 所示的线型下拉列表，选择所需的线型图案。

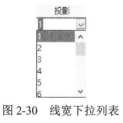

图 2-30　线宽下拉列表

图 2-31　线型下拉列表

（5）单击对应的材质栏中的按钮，打开"材质浏览器"对话框，在对话框中选择族类别的材质，还可以通过修改族的材质类型属性来替换族的材质。

2.2.2 捕捉

在放置图元或绘制线（直线、弧线或圆形线）时，Revit 将显示捕捉点和捕捉线以帮助现有的几何图形排列图元、构件或线。

单击"管理"选项卡，单击"设置"面板中的"捕捉"按钮 ，打开"捕捉"对话框，如图 2-32 所示。用户可通过该对话框设置捕捉对象以及捕捉增量，对话框中还列出了对象捕捉的键盘快捷键。

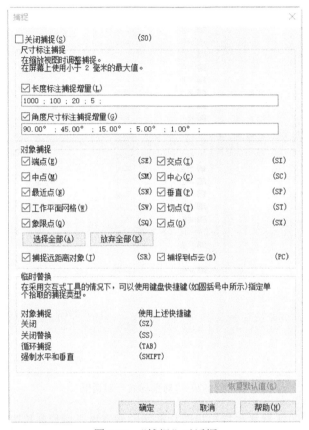

图 2-32 "捕捉"对话框

（1）关闭捕捉。勾选此复选框，禁用所有的捕捉设置。

（2）长度标注捕捉增量。用于在由远到近放大视图时，对基于长度的尺寸标注指定捕捉增量。对于每个捕捉增量集，用分号分隔输入的数值。第一个列出的增量会在视图缩小时使用，最后一个列出的增量会在视图放大时使用。

（3）角度尺寸标注捕捉增量。用于在由远到近放大视图时，对角度标注指定捕捉增量。

（4）对象捕捉。分别勾选列表中的复选框来启动对应的对象捕捉类型，单击"选择全部"按钮，勾选全部的对象捕捉类型；单击"放弃全部"按钮，取消全部对象捕捉类型的勾选。每个捕捉对象类型后面对应的是键盘快捷键。

2.2.3 项目信息

指定项目信息，例如项目名称、状态、地址和其他信息。项目信息包含在明细表中，该明细表包含链接模型中的图元信息。还可以用在图纸上的标题栏中。

　　单击"管理"选项卡，单击"设置"面板中的"项目信息"按钮，打开"项目信息"对话框，如图 2-33 所示。用户可以通过此对话框指定项目的组织名称、组织描述、建筑名称、项目发布日期、项目状态、项目名称等项目信息。

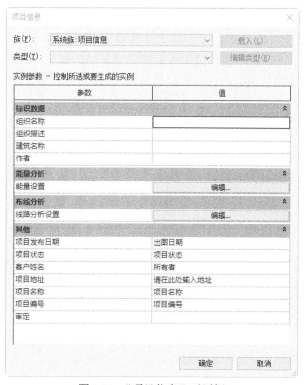

图 2-33　"项目信息"对话框

2.2.4　项目参数

　　项目参数是定义后添加到项目多类别图元中的信息容器。

　　（1）单击"管理"选项卡，单击"设置"面板中的"项目参数"按钮，打开"项目参数"对话框，如图 2-34 所示。

　　（2）单击"添加"按钮，打开图 2-35 所示"参数属性"对话框，选择"项目参数"选项，输入项目参数名称，例如输入"面积"，然后选择规程、参数类型、参数分组方式以及类别等，单击"确定"按钮，返回到"项目参数"对话框。

　　（3）新建的项目参数将添加到"项目参数"对话框中。

　　（4）选择参数，单击"修改"按钮，打开"参数属性"对话框，可以在对话框中对参数属性进行修改。

　　（5）选择不需要的参数，单击"删除"按钮，打开图 2-36 所示的"删除参数"提示对话框，提示删除选择的参数将会丢失与之关联的所有数据。

图 2-34　"项目参数"对话框

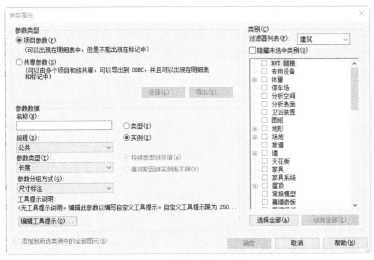

图 2-35 "参数属性"对话框   图 2-36 "删除参数"提示对话框

2.2.5 全局参数

（1）单击"管理"选项卡，单击"设置"面板中的"全局参数"按钮 ，打开"全局参数"对话框，如图 2-37 所示。

图 2-37 "全局参数"对话框

"全局参数"对话框中的选项说明如下。

编辑全局参数 。单击此按钮，打开"全局参数属性"对话框，更改参数的属性。

新建全局参数 。单击此按钮，打开"全局参数属性"对话框，新建一个全局参数。

删除全局参数 。删除选定的全局参数。如果要删除的参数同时用于另一个参数的公式中，则该公式也将被删除。

上移全局参数 ↑E。将选中的参数上移一行。

下移全局参数 ↓E。将选中的参数下移一行。

按升序排序全局参数 ↑↓。参数列表按字母顺序排序。

按降序排序全局参数 ↑↑。参数列表按字母逆序排序。

（2）单击"新建全局参数"按钮 ，打开"全局参数属性"对话框，可以设置参数名称、规程、参数类型、参数分组方式，如图 2-38 所示。单击"确定"按钮。

（3）返回到"全局参数"对话框中，设置参数对应的值和公式，如图 2-39 所示。

图 2-38 "全局参数属性"对话框

图 2-39 设置全局参数

2.2.6 项目单位

可以指定项目中各种数量的显示格式。指定的格式将影响数量在屏幕上和打印输出时的外观。可以对用于报告或演示的数据进行格式设置。

（1）单击"管理"选项卡，单击"设置"面板中的"项目单位"按钮 ，打开"项目单位"对话框，如图 2-40 所示。

（2）在对话框中选择规程。

（3）单击格式列表中的值按钮，打开图 2-41 所示的"格式"对话框，在该对话框中可以设置各种类型的单位格式。

"格式"对话框中的选项说明如下。

单位。在此下拉列表中选择对应的单位。

舍入。在此下拉列表中选择一个合适的值，如果选择"自定义"，则在"舍入增量"文本框中输入值。

单位符号。在此下拉列表中选择适合的选项作为单位的符号。

消除后续零。勾选此复选框，将不显示后续零，例如，123.400 将显示为 123.4。

图 2-40 "项目单位"对话框

图 2-41 "格式"对话框

消除零英尺。勾选此复选框,将不显示零英尺,例如 0'-4" 将显示为 4"。

正值显示"+"。勾选此复选框,将在正数前面添加"+"号。

使用数位分组。勾选此复选框,"项目单位"对话框中的"小数点 / 数位分组"选项将应用于单位值。

消除空格。勾选此复选框,将消除英尺和分式英寸两侧的空格。

(4)单击"确定"按钮,完成项目单位的设置。

2.2.7 材质

将材质应用到建筑模型的图元中。

材质控制模型图元在视图和渲染图像中的显示方式,如图 2-42 所示。

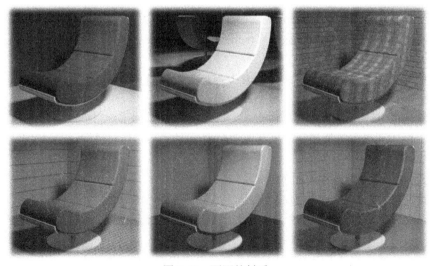

图 2-42 不同的材质

单击"管理"选项卡，单击"设置"面板中的"材质"按钮 ⬡，打开"材质浏览器"对话框，如图 2-43 所示。

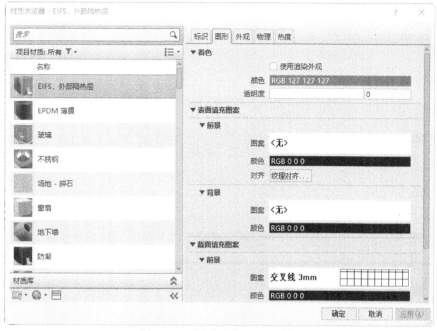

图 2-43 "材质浏览器"对话框

"材质浏览器"对话框中的选项说明如下。

1. "图形"选项卡

（1）在"材质浏览器"对话框中选择要更改的材质，然后单击"图形"选项卡。

（2）勾选"使用渲染外观"复选框，将使用渲染外观表示着色视图中的材质。单击"颜色"右侧的色块，打开"颜色"对话框，选择着色的颜色，可以直接输入透明度的值，也可以拖曳滑块到所需的位置。

（3）单击"表面填充图案"下的"图案"右侧的区域，打开图 2-44 所示的"填充样式"对话框，在列表中选择一种填充图案。单击"颜色"右侧的色块，打开"颜色"对话框选择用于绘制表面填充图案的颜色。单击"纹理对齐"按钮 ，打开"将渲染外观与表面填充图案对齐"对话框，将外观纹理与材质的表面填充图案对齐。

（4）单击"截面填充图案"下的"图案"右侧的区域，打开图 2-44 所示的"填充样式"对话框，在列表中选择一种填充图案作为截面的填充图案。单击"颜色"右侧的色块，打开"颜色"对话框选择用于绘制截面填充图案的颜色。

（5）单击"应用"按钮，保存材质图形属性的更改。

图 2-44 "填充样式"对话框

2."外观"选项卡

（1）在"材质浏览器"对话框中选择要更改的材质，然后单击"外观"选项卡，如图2-45所示。

图 2-45 "外观"选项卡

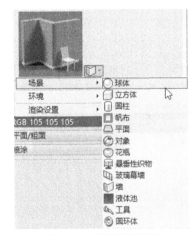

图 2-46 设置样例图样

（2）单击样例图像旁边的下拉箭头，单击"场景"，然后从列表中选择所需设置，如图2-46所示。该预览图是材质的渲染图像。Revit 渲染预览场景时，更新预览需要花费一段时间。

（3）分别设置墙漆的颜色、饰面等来更改外观属性。

（4）单击"应用"按钮，保存材质外观的更改。

3."物理"选项卡

（1）在"材质浏览器"对话框中选择要更改的材质，然后单击"物理"选项卡，如图 2-47 所示。如果选择的材质没有"物理"选项卡，表示此材质尚未添加物理资源。

（2）单击属性类别左侧的三角形以显示属性及其设置。

（3）更改其信息、密度等为所需的值。

（4）单击"应用"按钮，保存材质物理属性的更改。

4."热度"选项卡

（1）在"材质浏览器"对话框中选择要更改的材质，然后单击"热度"选项卡，如图2-48所示。如果选择的材质没有"热度"选项卡，表示此材质尚未添加热资源。

（2）单击属性类别左侧的三角形以显示属性及其设置。

（3）更改材质的比热、密度、发射率、渗透性等热度特性。

（4）单击"应用"按钮，保存材质热度属性的更改。

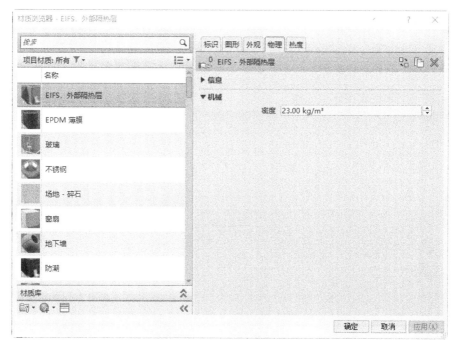

图 2-47　"物理"选项卡

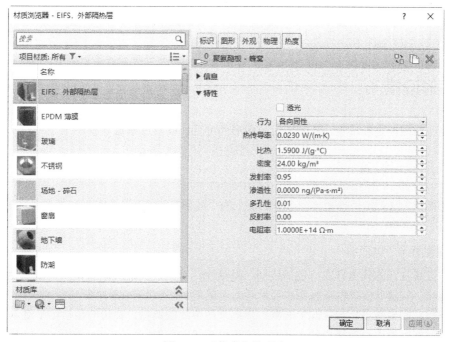

图 2-48　"热度"选项卡

5. "标识"选项卡

此选项卡提供有关材质的常规信息，如说明、制造商和成本等数据。

（1）在"材质浏览器"对话框中选择要更改的材质，然后单击"标识"选项卡，如图 2-49 所示。

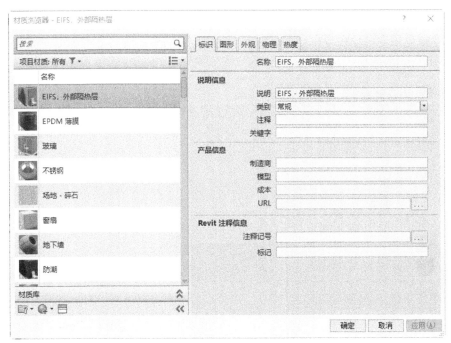

图 2-49 "标识"选项卡

（2）更改材质的说明信息、产品信息以及 Revit 注释信息。

（3）单击"应用"按钮，保存材质常规信息的更改。

2.3 图形设置

本节将介绍图形显示设置、视图样板、图形的可见性以及过滤器等。

2.3.1 图形显示设置

单击"视图"选项卡，单击"图形"面板上的"图形显示选项"按钮 ⅄，打开"图形显示选项"对话框，如图 2-50 所示。

1. "模型显示"选项组

样式。设置视图的视觉样式，包括线框、隐藏线、着色、一致的颜色和真实 5 种视觉样式。

显示边缘。勾选此复选框在视图中显示边缘上的线。

使用反失真平滑线条。勾选此复选框，提高视图中线的质量，使边的显示更平滑。

透明度。拖曳滑块更改模型的透明度，也可以直接输入值。

轮廓。从下拉列表中选择线样式为轮廓线。

2. "阴影"选项组

勾选"投射阴影"或"显示环境阴影"复选框以管理视图中的阴影。

3. "勾绘线"选项组

启用勾绘线。勾选此复选框，启用当前视图的勾绘线。

抖动。拖曳滑块更改绘制线中的可变性程度，也可以直接输入 0 到 10 之间的数字。值为 0 时，将导致直线不具有手绘图形样式；值为 10 时，将导致每个模型线都具有包含高波度的多个绘制线。

延伸。拖曳滑块更改模型线端点延伸超越交点的距离，也可以直接输入 0 到 10 之间的数字。值为 0 时，将导致线与交点相交；值为 10 时，将导致线延伸到交点的范围之外。

4.“深度提示”选项组

显示深度。勾选此复选框启用当前视图的深度提示。

淡入开始 / 结束位置。拖曳双滑块开始和结束控件以指定渐变色效果边界。“近”和“远”的值代表距离前 / 后视图剪裁平面百分比。

淡出限值。拖曳滑块指定“远”位置图元的强度。

5.“照明”选项组

方案。从室内和室外日光以及人造光组合中选择方案。

日光设置。单击此按钮，打开“日光设置”对话框，从为重要日期和时间预定义的日光设置中进行选择。

人造灯光。在“真实”视图中提供，当“方案”设置为人造光时，添加和编辑灯光组。

日光。拖曳滑块调整直接光的亮度，也可以直接输入 0 到 100 之间的数字。

环境光。拖曳滑块调整漫射光的亮度，也可以直接输入 0 到 100 之间的数字。在着色视觉样式、立面、图纸和剖面中可用。

阴影。拖曳滑块调整阴影的暗度。也可以直接输入 0 到 100 之间的数字。

6.“摄影曝光”选项组

曝光。手动或自动调整曝光度。

值。根据需要在 0 到 21 之间拖曳滑块调整曝光值。接近 0 的值会减少高光细节（曝光过度），接近 21 的值会减少阴影细节（曝光不足）。

图像。调整高光、阴影强度、颜色饱和度及白点值。

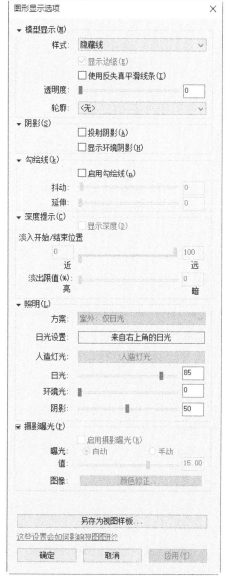

图 2-50 “图形显示选项”对话框

7. 另存为视图样板

单击此按钮，打开“新视图样板”对话框，输入名称，单击“确定”按钮，打开“视图样板”对话框，设置样板以备将来使用。

2.3.2 视图样板

1. 管理视图样板

单击“视图”选项卡，单击“图形”面板中的“视图样板”按钮，打开“视图样板”下拉列表，单击"管理视图样板"按钮🔧，打开图2-51所示的"视图样板"对话框。

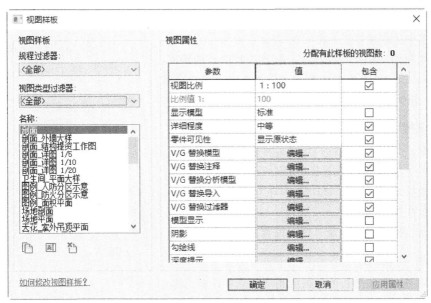

图2-51 "视图样板"对话框

"视图样板"对话框中的选项说明如下。

视图比例。在对应的值文本框中单击，打开下拉列表选择视图比例，也可以直接输入比例值。

比例值。指定来自视图比例的比例，例如，如果视图比例设置为1∶100，则比例值为长宽比为100/1或100。

显示模型。在详图中隐藏模型，包括标准、不显示和半色调3种形式。

标准。设置显示所有图元。该值适用于所有非详图视图。

不显示。设置只显示详图视图专有图元，这些图元包括线、区域、尺寸标注、文字和符号。

半色调。设置通常显示详图视图特定的所有图元，而模型图元以半色调显示。可以使用半色调模型图元作为线、尺寸标注和对齐的追踪参照。

详细程度。设置视图显示的详细程度，包括粗略、中等和精细3种。也可以直接在视图控制栏中更改详细程度。

零件可见性。指定是否在特定视图中显示零件以及用来创建它们的图元，包括显示零件、显示原状态和显示两者3种。

显示零件。各个零件在视图中可见，当鼠标指针移动到这些零件上时，它们将高亮显示。从中创建零件的原始图元不可见且无法高亮显示或选择。

显示原状态。各个零件不可见，但用来创建零件的图元可见并且可以选择。

显示两者。零件和原始图元均可见，并能够单独高亮显示和选择。

V/G替换模型（/注释/分析模型/导入/过滤器/RVT链接/设计选项）。分别定义模型/注释/分析模型/导入类别/过滤器/RVT链接/设计选项的可见性/图形替换，单击"编辑"按钮，打开"可见性/图形替换"对话框进行设置。

模型显示。定义表面（视觉样式，如线框、隐藏线等）、透明度和轮廓的模型显示选项。单击"编辑"按钮，打开"图形显示选项"对话框来进行设置。

阴影。设置视图中的阴影。

勾绘线。设置视图中的勾绘线。

深度提示。定义立面和剖面视图中的深度提示。

照明。定义照明设置，包括照明方案、日光设置、人造灯光、日光、环境光和阴影。

摄影曝光。设置曝光参数来渲染图像，在三维视图中适用。

背景。指定图形的背景，包括天空、渐变和图像，在三维视图中适用。

远剪裁。对于立面和剖面图形，指定远剪裁平面设置。单击对应的"不剪裁"按钮，打开图 2-52 所示"远剪裁"对话框，设置剪裁的方式。

阶段过滤器。将阶段属性应用于视图中。

规程。确定非承重墙的可见性和规程特定的注释符号。

显示隐藏线。设置隐藏线是按照规程、全部显示还是不显示。

颜色方案位置。指定是否将颜色方案应用于背景或前景。

颜色方案。指定应用到视图中的房间、面积、空间或分区的颜色方案。

2. 从当前视图创建样板

可通过复制现有的视图样板，并进行必要的修改来创建新的视图样板。

（1）打开一个项目文件，在项目浏览器中，选择要从中创建视图样板的视图。

（2）单击"视图"选项卡，单击"图形"面板中的"视图样板"按钮，打开"视图样板"下拉列表，单击"从当前视图创建样板"按钮，打开"新视图样板"对话框，输入"名称"为"新样板"，如图 2-53 所示。

图 2-52　"远剪裁"对话框

图 2-53　"新视图样板"对话框

（3）单击"确定"按钮，打开"视图样板"对话框，为新建的样板设置属性值。

（4）设置完成后，单击"确定"按钮，完成新样板的创建。

3. 将样板属性应用于当前视图

将视图样板应用到视图时，视图样板属性会立即影响视图。但是，之后对视图样板所做的修改不会影响该视图。

（1）打开一个项目文件，在项目浏览器中，选择要应用视图样板的视图。

（2）单击"视图"选项卡，单击"图形"面板中的"视图样板"按钮，打开"视图样板"下拉列表，单击"将样板属性应用于当前视图"按钮，打开"应用视图样板"对话框，如图 2-54 所示。

（3）在"名称"列表中选择要应用的视图样板，还可以根据需要修改视图样板。

（4）单击"确定"按钮，视图样板的属性将应用于选定的视图。

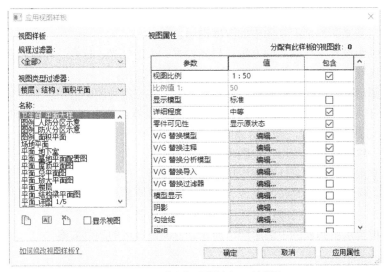

图 2-54 "应用视图样板"对话框

2.3.3　可见性 / 图形

控制项目中各个视图的模型图元、基准图元和视图专有图元的可见性和图形显示。

单击"视图"选项卡，单击"图形"面板中的"可见性 / 图形"按钮，打开"可见性 / 图形替换"对话框，如图 2-55 所示。

图 2-55 "可见性 / 图形替换"对话框

对话框中的选项卡可将类别组织分为："模型类别""注释类别""分析模型类别""导入的类别"和"过滤器"。每个选项卡下的类别表可按规程进一步过滤为："建筑""结构""机械""电气"和"管道"。在相应选项卡的可见性列表框中取消勾选对应图形的复选框，可以使其在视图中不显示。

2.3.4　过滤器

若要基于参数值控制视图中图元的可见性或图形显示，则可以创建可基于类别参数定义规则的过滤器。

（1）单击"视图"选项卡，单击"图形"面板中的"过滤器"按钮 ，打开"过滤器"对话框，如图 2-56 所示。对话框中按字母顺序列出过滤器，并按基于规则和基于选择的树状结构给过滤器排序。

（2）单击"新建"按钮 ，打开图 2-57 所示的"过滤器名称"对话框，输入过滤器名称。

（3）选取过滤器，单击"复制"按钮 ，复制的新过滤器将显示在"过滤器"列表中。然后单击"重命名"按钮 ，打开"重命名"对话框，输入新名称，如图 2-58 所示。单击"确定"按钮。

（4）在"类别"中选择将包含在过滤器中的一个或多个类别。选定类别将确定可用于过滤器规则中的参数。

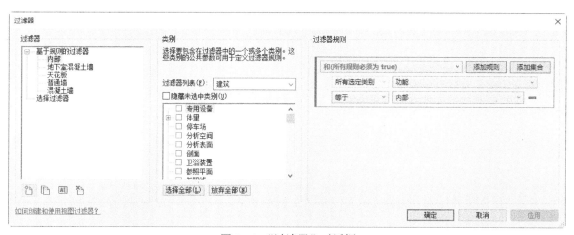

图 2-56　"过滤器"对话框

图 2-57　"过滤器名称"对话框

图 2-58　"重命名"对话框

（5）在"过滤器规则"中选择过滤器条件，过滤器运算符等根据需要输入其他过滤器来添加，最多可以添加 3 个条件。

（6）在操作符的下拉列表中选择过滤器的运算符，包括等于、不等于、大于、大于或等于、小于、小于或等于、包含、不包含、开始部分是、开始部分不是、末尾是、末尾不是、有一个值和没有值。完成过滤器条件的创建后单击"确定"按钮。

第 3 章
基本绘图工具

知识导引

　　Revit 提供了丰富的实体操作工具，如工作平面、模型修改以及几何图形的编辑等，借助这些工具，用户可轻松、方便、快捷地绘制图形。本章主要介绍了工作平面、模型创建和图元修改等内容。

3.1 工作平面

工作平面是一个用作视图或绘制图元起始位置的虚拟二维表面。工作平面可以作为视图的原点，可以用于绘制图元，还可以用于放置基于工作平面的构件。

3.1.1 设置工作平面

每个视图都与工作平面相关联。在视图中设置工作平面后，工作平面会与该视图一起保存。

在某些视图（如平面视图、三维视图和绘图视图）和族编辑器的视图中，工作平面是自动设置的。在其他视图（如立面视图和剖面视图）中，必须设置工作平面。

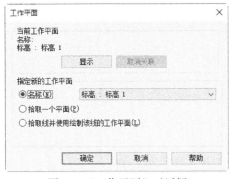

图 3-1　"工作平面"对话框

单击"建筑"选项卡，单击"工作平面"面板中的"设置"按钮，打开图 3-1 所示的"工作平面"对话框，使用该对话框可以显示或更改视图的工作平面，也可以显示、设置、更改或取消关联基于工作平面图元的工作平面。

（1）名称。从下拉列表中选择一个可用的工作平面。此下拉列表中包括标高、网格和已命名的参照平面。

（2）拾取一个平面。选择此选项后，可以选择任何可以进行尺寸标注的平面为所需平面，包括墙面、链接模型中的面、拉伸面、标高、网格和参照平面，Revit 会创建与所选平面重合的平面。

（3）拾取线并使用绘制该线的工作平面。Revit 会创建与选定线的工作平面共面的工作平面。

3.1.2 显示工作平面

在视图中可显示或隐藏活动的工作平面，工作平面在视图中以网格形式显示。

单击"建筑"选项卡，单击"工作平面"面板上的"显示工作平面"按钮，可以显示工作平面，如图 3-2 所示。再次单击"显示工作平面"按钮，可以隐藏工作平面。

3.1.3 编辑工作平面

可以修改工作平面的边界大小和网格大小。

（1）选取视图中的工作平面，拖曳平面的边界控制点，改变大小，如图 3-3 所示。

（2）在"属性"选项板中的工作平面网格间距中输入新的间距值，或者在选项栏中输入新的间距值，然后按 Enter 键或单击"应用"按钮，更改网格间距大小，如图 3-4 所示。

图 3-2　显示工作平面

图 3-3　拖曳更改大小

图 3-4　更改网格间距的大小

3.1.4　工作平面查看器

使用"工作平面查看器"可以修改模型中基于工作平面的图元。"工作平面查看器"提供一个临时性的视图，不会保留在"项目浏览器"中。对编辑形状、放样和放样融合中的轮廓非常有用。

（1）单击"快速访问"工具栏中的"打开"按钮 ⊖，打开图库中的空调机组，如图 3-5 所示。

（2）单击"创建"选项卡，单击"工作平面"面板上的"工作平面查看器"按钮 🔳，打开"工作平面查看器"窗口，如图 3-6 所示。

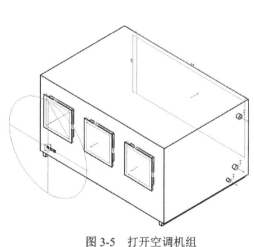

图 3-5　打开空调机组

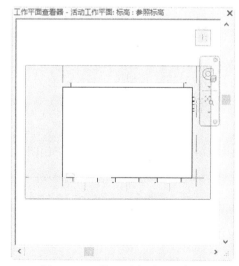

图 3-6　"工作平面查看器"窗口

（3）根据需要编辑模型，如图 3-7 所示。

（4）当在项目视图或工作平面查看器中进行更改时，其他视图会实时更新，结果如图 3-8 所示。

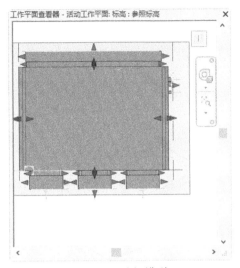

图 3-7　编辑模型

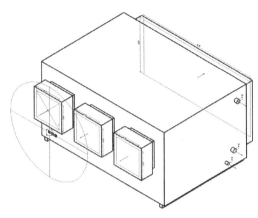

图 3-8　更改后的图形

3.2　模型创建

3.2.1　模型线

模型线是基于工作平面的图元，存在于三维空间且在所有视图中都可见。模型线可以绘制成直线或曲线，可以单独绘制、链状绘制或者以矩形、圆形、椭圆形或其他多边形的形状进行绘制。

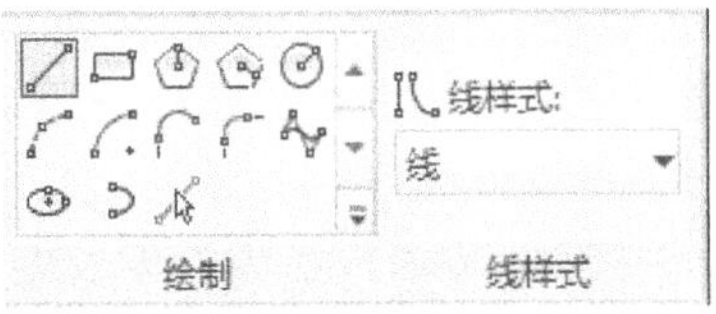

单击"建筑"选项卡，单击"模型"面板上的"模型线"按钮，打开"修改|放置 线"选项卡，其中"绘制"面板和"线样式"面板中包含了所有用于绘制模型线的绘图工具与线样式设置，如图 3-9 所示。

图 3-9　"绘制"面板和"线样式"面板

1. 直线

（1）单击"修改|放置 线"选项卡，单击"绘制"面板中的"直线"按钮，鼠标指针变成＋，并在功能区的下方显示选项栏，如图 3-10 所示。

图 3-10　选项栏

（2）在视图区中指定直线的起点，按住左键开始拖曳鼠标，直到直线终点放开。视图中会显示直线的参数，如图 3-11 所示。

（3）可以直接输入直线的参数，然后按 Enter 键确认，如图 3-12 所示。

放置平面。显示当前的工作平面，可以从列表中选择标高或拾取新工作平面为工作平面。

链。勾选此复选框，绘制连续线段。

偏移。在文本框中输入偏移值，绘制的直线会根据输入的偏移值自动偏移。

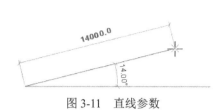

图 3-11　直线参数

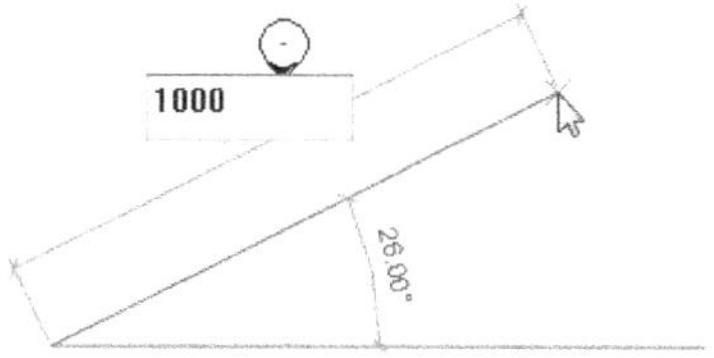

图 3-12　输入直线参数

半径。勾选此复选框，并输入半径值。绘制的直线之间会根据半径值自动生成圆角。要使用此选项，必须先勾选"链"复选框绘制连续曲线。

2. 矩形

根据起点和角点绘制矩形。

（1）单击"修改 | 放置 线"，单击选项卡"绘制"面板上的"矩形"按钮□，在图中适当位置单击确定矩形的起点。

（2）拖曳鼠标，动态地显示矩形的大小，单击确定矩形的角点，也可以直接输入矩形的尺寸值。

（3）在选项栏中勾选半径，输入半径值，绘制带圆角的矩形，如图 3-13 所示。

图 3-13　带圆角的矩形

3. 多边形

（1）内接多边形。对于内接多边形，圆的半径是圆心到多边形边之间顶点的距离。

1）单击"修改 | 放置 线"选项卡，单击"绘制"面板中的"内接多边形"按钮⬠，打开选项栏，如图 3-14 所示。

图 3-14　多边形选项栏

2）在选项栏中输入边数、偏移值以及半径等参数。

3）在绘图区域内单击以指定多边形的圆心。

4）移动鼠标指针并单击确定圆心到多边形边之间顶点的距离，完成内接多边形的绘制。

（2）外接多边形。绘制一个各边与中心相距某个特定距离的多边形。

1）单击"修改 | 放置 线"选项卡，单击"绘制"面板中的"外接多边形"按钮⬡，打开选项栏，如图 3-14 所示。

2）在选项栏中输入边数、偏移值以及半径等参数。

3）在绘图区域内单击以指定多边形的圆心。

4）移动鼠标指针并单击确定圆心到多边形边的垂直距离，完成外接多边形的绘制。

4. 圆

通过指定圆的圆心和半径来绘制圆。

（1）单击"修改 | 放置 线"选项卡，单击"绘制"面板上的"圆"按钮◎，打开选项栏，如图 3-15 所示。

修改 | 放置 线   放置平面: 标高: 标高 1   ☑ 链 偏移: 0.0   □ 半径: 1000.0

图 3-15 圆选项栏

（2）在绘图区域中单击确定圆的圆心。

（3）在选项栏中输入半径，仅需要单击一次就可将圆放置在绘图区域。

（4）如果在选项栏中没有确定半径，可以拖曳鼠标调整圆的半径，再次单击确认半径，完成圆的绘制。

5. 圆弧

Revit 提供了 4 种用于绘制弧的选项。

（1）起点－终点－半径弧 。通过绘制连接弧的两个端点的弦指定起点－终点－半径弧，然后使用第三个点指定角度或半径。

（2）圆心－端点弧 。通过指定圆心、起点和端点绘制圆弧。此方法不能绘制角度大于 180 度的圆弧。

（3）相切－端点弧 。以现有墙或线的端点创建相切弧。

（4）圆角弧 。绘制两相交直线间的圆角。

6. 椭圆和椭圆弧

（1）椭圆 。通过中心点、长半轴和短半轴来绘制椭圆。

（2）半椭圆 。通过长半轴和短半轴来控制半椭圆的大小。

7. 样条曲线

绘制一条经过或靠近指定点的平滑曲线。

（1）单击"修改 | 放置 线"选项卡，单击"绘制"面板中的"样条曲线"按钮 ，打开选项栏。

（2）在绘图区域中单击指定样条曲线的起点。

（3）移动鼠标指针并单击，指定样条曲线上的下一个控制点，根据需要指定控制点。

用一条样条曲线无法创建单一闭合环，但是，可以使用第二条样条曲线来使曲线闭合。

3.2.2 模型文字

模型文字是基于工作平面的三维图元，可用作建筑或墙上的标志或字母。对于能以三维方式显示的族（如墙、门、窗和家具族），用户可以在项目视图和族编辑器中添加模型文字。模型文字不可用于只能以二维方式表示的族，如注释、详图构件和轮廓族。

在添加模型文字之前先要设置要在其中显示文字的工作平面。

1. 创建模型文字

具体创建步骤如下。

（1）在图形区域中绘制一段墙体。

（2）单击"建筑"选项卡，单击"工作平面"面板中的"设置"按钮 ，打开"工作平面"对话框，选择"拾取一个平面"选项，如图 3-16 所示。单击"确定"按钮，选择墙体的前端面为工作平面，如图 3-17 所示。

（3）单击"建筑"选项卡，单击"模型"面板中的"模型文字"按钮 ，打开"编辑文字"对话框，输入"Revit 2020"文字，如图 3-18 所示。单击"确定"按钮。

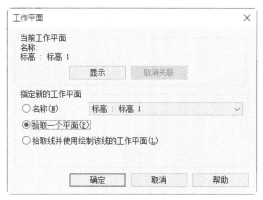

图 3-16　"工作平面"对话框

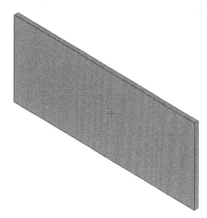

图 3-17　选取前端面

（4）拖曳模型文字将其放置在选取的平面上，如图 3-19 所示。

图 3-18　"编辑文字"对话框

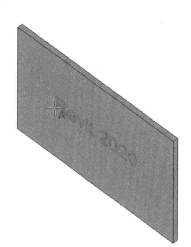

图 3-19　放置文字

（5）将文字放置到墙上的适当位置并单击，如图 3-20 所示。

2. 编辑模型文字

（1）选中图 3-20 所示的文字，在"属性"选项板中更改文字"深度"为"200"，单击"应用"按钮，更改文字深度，如图 3-21 所示。

工作平面。表示用于放置文字的工作平面。

文字。单击此文本框中的"编辑"按钮，打开"编辑文字"对话框，更改文字。

水平对齐。指定存在多行文字时文字的对齐，各行之间相互对齐。

材质。单击按钮，打开"材质浏览器"对话框，指定模型文字的材质。

深度。输入文字的深度。

注释。指定有关文字的特定注释。

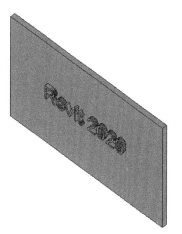

图 3-20　模型文字

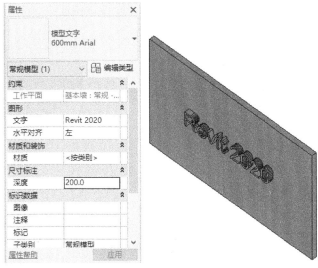

图 3-21　更改文字深度

标记。指定某一类别模型文字的标记，如果将此标记修改为其他模型文字已使用的标记，Revit 将发出警告，但仍允许使用此标记。

子类别。显示默认类别或从下拉列表中选择子类别。定义子类别的对象样式时，可以定义其颜色、线宽以及其他属性。

（2）单击"属性"选项板中的"编辑类型"按钮，打开图 3-22 所示的"类型属性"对话框，单击"复制"按钮，打开"名称"对话框，输入"名称"为"1000mm 仿宋"，如图 3-23 所示。单击"确定"按钮，返回到"类型属性"对话框，在文字字体下拉列表中选择"仿宋"，更改文字大小为"800"，勾选"斜体"复选框，如图 3-24 所示。单击"确定"按钮，完成文字字体和大小的更改，如图 3-25 所示。

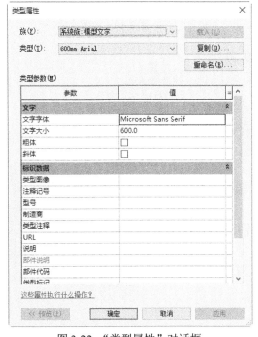

图 3-22　"类型属性"对话框

图 3-23　输入新名称

图 3-24 文字属性设置

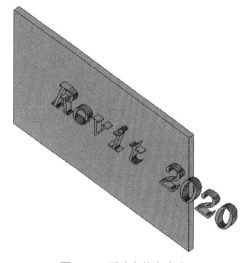

图 3-25 更改字体和大小

文字字体。设置模型文字的字体。

文字大小。设置文字大小。

粗体。将字体设置为粗体。

斜体。将字体设置为斜体。

（3）选中文字并按住鼠标左键拖曳文字，如图 3-26 所示。将其拖曳到墙体中间的位置释放鼠标，完成文字的移动，如图 3-27 所示。

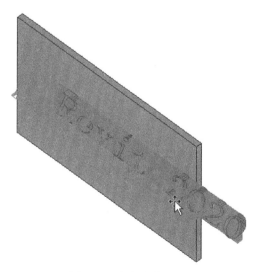

图 3-26 拖曳文字

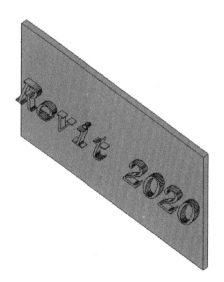

图 3-27 移动文字

3.3　图元修改

Revit 提供了修改和编辑图元的工具，主要集中在"修改"选项卡中，如图 3-28 所示。

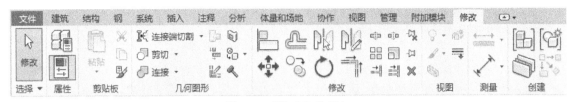

图 3-28　"修改"选项卡

当选择要修改的图元后，会打开"修改 |xx"选项卡，选择的图元不同，打开的"修改 |xx"选项卡也会有所不同，但是"修改"面板中的操作工具是相同的。

3.3.1　对齐图元

可以将一个或多个图元与选定图元对齐。此工具通常用于对齐墙、梁和线，但也可以用于其他类型的图元；可以对齐同一类型的图元，也可以对齐不同族的图元；可以在平面视图（二维）、三维视图或立面视图中对齐图元。

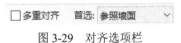

图 3-29　对齐选项栏

具体创建步骤如下。

（1）单击"修改"选项卡，单击"修改"面板中的"对齐"按钮，打开选项栏，如图 3-29 所示。

多重对齐。勾选此复选框，将多个图元与所选图元对齐，也可以按 Ctrl 键同时选择多个图元进行对齐。

首选。指明如何对齐所选墙，包括参照墙面、参照墙中心线、参照核心层表面和参照核心层中心。

（2）选择要与其他图元对齐的图元，如图 3-30 所示。

（3）选择要与参照图元对齐的一个或多个图元，如图 3-31 所示。在选择之前，在图元上移动鼠标指针，直到高亮显示要与参照图元对齐的图元部分时为止，然后单击该图元，对齐图元，如图 3-32 所示。

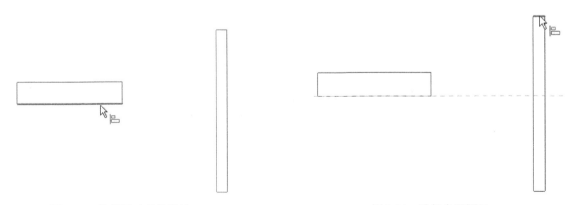

图 3-30　选择要对齐的图元　　　　图 3-31　选择参照图元

（4）如果希望选定图元与参照图元保持对齐状态，单击锁定标记来锁定对齐，当修改具有对齐关系的图元时，系统会自动修改与之对齐的其他图元。如图 3-33 所示。

注意　要启动新对齐，按 Esc 键一次；要退出对齐工具，按 Esc 键两次。

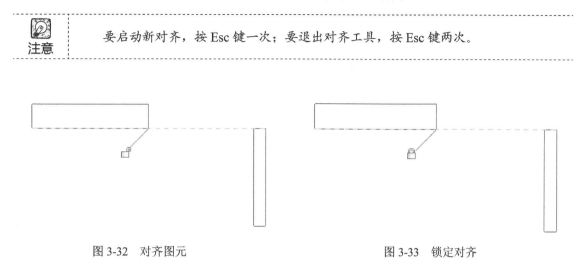

图 3-32　对齐图元　　　　　　　　　　　　　图 3-33　锁定对齐

3.3.2　移动图元

将选定的图元移动到新的位置。具体创建步骤如下。

（1）选择要移动的图元，如图 3-34 所示。

（2）单击"修改"选项卡，单击"修改"面板中的"移动"按钮✥，打开移动选项栏，如图 3-35 所示。

图 3-34　选择图元　　　　　　　　　　　图 3-35　移动选项栏

约束。勾选此复选框，限制图元沿着与其垂直或共线的矢量方向移动。

分开。勾选此复选框，可在移动图元前中断所选图元和其他图元之间的关联。也可以将依赖于主体的图元从当前主体移动到新的主体上。

（3）单击图元上的点作为移动的起点，如图 3-36 所示。

（4）拖曳鼠标移动图元到适当位置，如图 3-37 所示。

（5）单击完成移动操作，如图 3-38 所示。如果要更精准地移动图元，在移动过程中输入要移动的距离即可。

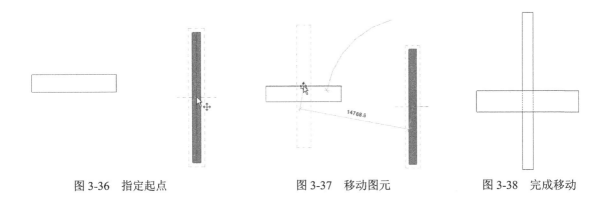

图 3-36　指定起点　　　　　图 3-37　移动图元　　　　　图 3-38　完成移动

3.3.3　旋转图元

选定的图元可以绕轴旋转。在楼层平面视图、天花板投影平面视图、立面视图和剖面视图中，图元会围绕垂直于这些视图的轴进行旋转。并不是所有图元均可以围绕任何轴旋转。例如，墙不能在立面视图中旋转，窗不能在没有墙的情况下旋转。

具体创建步骤如下。

（1）选择要旋转的图元，如图 3-39 所示。

（2）单击"修改"选项卡，单击"修改"面板中的"旋转"按钮○，打开旋转选项栏，如图 3-40 所示。

图 3-39　选择图元　　　　　　　　　图 3-40　旋转选项栏

分开。勾选此复选框，可在移动前中断所选图元与其他图元之间的关联。

复制。勾选此复选框，旋转所选图元的副本，而在原来位置上保留原始图元。

角度。输入旋转角度，系统会根据指定的角度进行旋转。

旋转中心。默认的旋转中心是图元中心，用户可以单击"地点"按钮 指定新的旋转中心。

（3）单击以指定旋转的起始位置放射线，如图 3-41 所示。此时显示的线即表示第一条放射线。如果在指定第一条放射线时用鼠标指针进行捕捉，则捕捉线将随预览框一起旋转，并在放置第二条放射线时捕捉屏幕上的角度。

（4）拖曳鼠标旋转图元到适当位置，如图 3-42 所示。

（5）单击完成旋转操作，如图 3-43 所示。如果要更精准地旋转图元，在旋转过程中输入要旋转的角度即可。

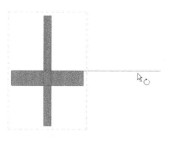

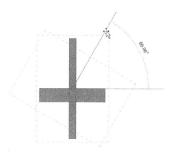

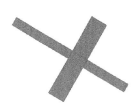

图 3-41　指定旋转的起始位置　　　　图 3-42　旋转图元　　　　图 3-43　完成旋转

3.3.4　偏移图元

将选定的图元（如线、墙或梁）复制移动到其长度的垂直方向上的指定距离处。可以对单个图元或属于相同族的图元链应用偏移工具。可以通过拖曳选定图元或输入值来偏移图元。

偏移工具的使用限制条件。

（1）只能在线、梁和支撑的工作平面中偏移它们。

（2）不能对创建为内建族的墙进行偏移。

（3）不能在与图元的移动平面相垂直的视图中偏移这些图元，例如不能在立面图中偏移墙。

具体创建步骤如下。

（1）单击"修改"选项卡，单击"修改"面板中的"偏移"按钮 ⬏，打开选项栏，如图 3-44 所示。

图 3-44　偏移选项栏

图形方式。选择此选项，将选定图元拖曳到所需位置。

数值方式。选择此选项，在偏移文本框中输入偏移距离值，距离值为正数。

复制。勾选此复选框，偏移所选图元的副本，而在原来位置上保留原始图元。

（2）在选项栏中选择偏移距离的方式。

（3）选择要偏移的图元或链，如果选择"数值方式"选项指定偏移距离，则将在放置鼠标指针的一侧，离高亮显示图元指定偏移距离的地方，显示一条预览线，如图 3-45 所示。

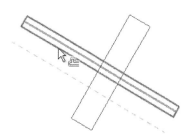

鼠标在图元的上方　　　　　　　　　　鼠标在图元的下方

图 3-45　偏移方向

（4）根据需要移动鼠标指针，以便在所需偏移位置显示预览线，然后单击将图元或链移动到该位置，或在那里放置一个副本。

（5）如果选择"图形方式"选项，则单击以选择高亮显示的图元，然后将其拖曳到所需距离并再次单击。开始拖曳后，将显示一个关联尺寸标注，可以输入特定的偏移距离。

3.3.5　镜像图元

Revit 可以移动或复制所选图元，并将其位置反转到所选轴线的对面。

1. 镜像 – 拾取轴

通过已有轴来镜像图元。

具体创建步骤如下。

（1）选择要镜像的图元，如图 3-46 所示。

（2）单击"修改"选项卡，单击"修改"面板中的"镜像–拾取轴"按钮，打开选项栏，如图 3-47 所示。

复制。勾选此复选框，镜像所选图元的副本，而在原来位置上保留原始图元。

（3）选择代表镜像轴的线，如图 3-48 所示。

图 3-46　选择图元　　　　　　　图 3-47　镜像选项栏　　　　　　图 3-48　选择镜像轴线

（4）单击完成镜像操作，如图 3-49 所示。

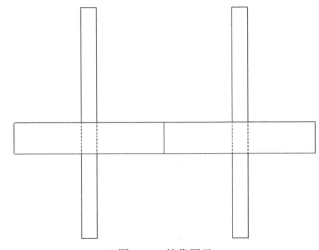

图 3-49　镜像图元

2. 镜像 – 绘制轴

绘制一条临时镜像轴线来镜像图元。

具体创建步骤如下。

（1）选择要镜像的图元，如图 3-50 所示。

（2）单击"修改"选项卡，单击"修改"面板中的"镜像 – 绘制轴"按钮，打开选项栏，如图 3-51 所示。

（3）绘制一条临时镜像轴线，如图 3-52 所示。

图 3-50　选择图元　　　　图 3-51　镜像选项栏　　　　图 3-52　绘制镜像轴线

（4）单击完成镜像操作，如图 3-53 所示。

图 3-53　完成镜像

3.3.6　阵列图元

使用阵列工具可以创建一个或多个图元的多个实例，并同时对这些实例执行操作。

1. 线性阵列

可以指定阵列中图元之间的距离。

具体创建步骤如下。

（1）单击"修改"选项卡，单击"修改"面板中的"阵列"按钮，选择要阵列的图元，按 Enter 键，打开选项栏，单击"线性"按钮，如图 3-54 所示。

图 3-54　线性阵列选项栏

69

成组并关联。勾选此复选框，将阵列的每个成员集中在一个组中。如果未勾选此复选框，则阵列后，每个副本都独立于其他副本。

项目数。指定阵列中所有选定图元的副本总数。

移动到。指定成员之间间距的控制方法。

第二个。指定阵列每个成员之间的间距，如图 3-55 所示。

最后一个。指定阵列中第一个成员到最后一个成员之间的间距。阵列成员会在第一个成员和最后一个成员之间以相等间距分布，如图 3-56 所示。

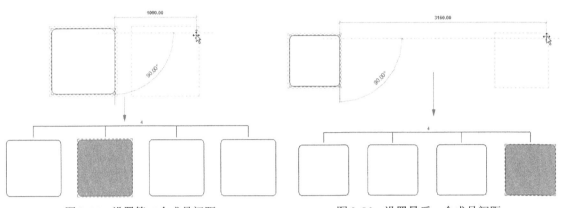

图 3-55 设置第二个成员间距　　　　　　图 3-56 设置最后一个成员间距

约束。勾选此复选框，用于限制阵列成员沿着与所选的图元垂直或共线的矢量方向移动。

激活尺寸标注。单击此选项，可以显示并激活要阵列的图元的定位尺寸。

（2）在绘图区域中单击以指定测量的起点。

（3）移动鼠标指针显示第二个成员的尺寸或最后一个成员的尺寸，单击确定间距尺寸，或直接输入尺寸值。

（4）在选项栏中输入副本数，也可以直接修改图形中的副本数字，完成阵列。

2. 半径阵列

绘制圆弧并指定阵列中要显示的图元数量。

具体创建步骤如下。

（1）单击"修改"选项卡，单击"修改"面板中的"阵列"按钮，选择要阵列的图元，按 Enter 键，打开选项栏，单击"半径"按钮，如图 3-57 所示。

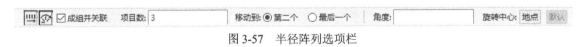

图 3-57 半径阵列选项栏

角度。在此文本框中输入总的径向阵列角度，最大为 360 度。

旋转中心。设定径向旋转中心。

（2）系统默认旋转中心为图元的中心，如果需要设置旋转中心，则单击"地点"按钮，在适当的位置单击指定旋转中心，如图 3-58 所示。

（3）将鼠标指针移动到半径阵列的弧形开始的位置，如图 3-59 所示。在大部分情况下，都需要将旋转中心控制点从所选图元的中心移走或重新定位。

图 3-58　指定旋转中心　　　　　　　　　　　　图 3-59　半径阵列的开始位置

（4）在选项栏中输入旋转角度为"360"，也可以在指定第一条旋转放射线后移动鼠标指针至第二条旋转放射线来确定旋转角度。

（5）在视图中输入项目副本数为"6"，如图 3-60 所示。也可以直接在选项栏中输入项目数，按 Enter 键确认，结果如图 3-61 所示。

图 3-60　输入项目数　　　　　　　　　　　　　图 3-61　半径阵列

3.3.7　缩放图元

缩放工具适用于线、墙、图像、链接、DWG 和 DXF 导入、参照平面以及尺寸标注的位置。可以通过图形方式或输入比例系数来调整图元的尺寸和比例。

缩放图元时，需要考虑以下事项。

无法调整已锁定的图元。需要先解锁图元，然后才能调整其尺寸。

调整图元尺寸时，需要定义一个原点，图元将相对于该原点均匀地改变大小。

所有选定图元都必须位于平行平面中。选择集中的所有墙必须都具有相同的底部标高。

调整墙的尺寸时，插入对象（如门和窗）与墙的中点保持固定的距离。

调整大小会改变尺寸标注的位置，但不会改变尺寸标注的值。如果被调整的图元是尺寸标注的参照图元，则尺寸标注值会随之改变。

链接符号和导入符号具有名为"实例比例"的只读实例参数。它表明实例大小与基准符号的差异程度。用户可以调整链接符号或导入符号来更改"实例比例"。

具体创建步骤如下。

（1）单击"修改"选项卡，单击"修改"面板中的"缩放"按钮，选择要缩放的图元，如图 3-62 所示。打开选项栏，如图 3-63 所示。

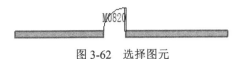

图 3-62　选择图元

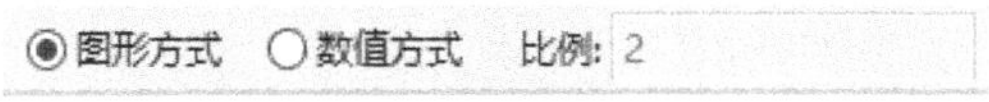

图 3-63　缩放选项栏

图形方式。选择此选项，Revit 通过确定两个矢量长度的比例来计算比例系数。

数值方式。选择此选项，在比例文本框中直接输入缩放比例系数，图元将按定义的比例系数调整大小。

（2）在选项栏中选择"数值方式"选项，输入缩放比例为"0.5"，在图形中单击以确定原点，如图 3-64 所示。

（3）缩放后的结果如图 3-65 所示。

图 3-64　确定原点

图 3-65　缩放图形

（4）如果选择"图形方式"选项，则移动鼠标指针定义第一个矢量，单击设置长度，然后再次移动鼠标指针定义第二个矢量，系统根据定义的两个矢量确定缩放比例。

3.3.8　修剪 / 延伸图元

可以修剪或延伸一个或多个图元至由相同的图元类型定义的边界。也可以延伸不平行的图元以形成角，或者在它们相交时对它们进行修剪以形成角。选择要修剪的图元时，鼠标指针的位置指示要保留的图元部分。

1．修剪 / 延伸为角

将两个所选图元修剪 / 延伸成一个角。具体创建步骤如下。

（1）单击"修改"选项卡，单击"修改"面板中的"修剪 / 延伸为角"按钮，选择要修剪 / 延伸的线或图元，单击要保留的部分，如图 3-66 所示。

（2）选择要修剪 / 延伸的第二个图元（线或墙），如图 3-67 所示。

（3）将所选图元修剪 / 延伸为一个角，如图 3-68 所示。

图 3-66　选择第一个图元保留的部分　　　图 3-67　选择第二个图元　　　图 3-68　修剪成角

2. 修剪 / 延伸单个图元

将一个图元修剪 / 延伸到其他图元定义的边界。具体创建步骤如下。

（1）单击"修改"选项卡，单击"修改"面板中的"修剪 / 延伸单个图元"按钮 ╡，选择要用作边界的参照图元，如图 3-69 所示。

（2）选择要修剪 / 延伸的图元，如图 3-70 所示。

（3）如果此图元与边界（或投影）交叉，则保留所单击的部分，修剪边界另一侧的部分，如图 3-71 所示。

图 3-69　选择边界参照图元　　　图 3-70　选择要延伸的图元　　　图 3-71　延伸图元

3. 修剪 / 延伸多个图元

将多个图元修剪 / 延伸到其他图元定义的边界。具体创建步骤如下。

（1）单击"修改"选项卡，单击"修改"面板中的"修剪 / 延伸多个图元"按钮 ╡，选择要用作边界的参照图元，如图 3-72 所示。

（2）单击以选择要修剪 / 延伸的每个图元，或者框选所有要修剪 / 延伸的图元，如图 3-73 所示。

（3）如果此图元与边界（或投影）交叉，则保留所单击的部分，修剪边界另一侧的部分，如图 3-74 所示。

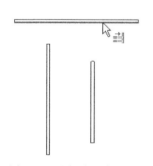
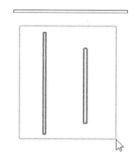

图 3-72　选择边界参照图元　　　图 3-73　选择要延伸的图元　　　图 3-74　延伸图元

> **注意**　当从右向左绘制选择框时，图元不必完全包含在选中的框内。当从左向右绘制选择框时，仅选中完全包含在框内的图元。

3.3.9　拆分图元

拆分工具可以将图元拆分为两个单独的部分，可以删除两个点之间的线段，也可以在两面墙之间创建定义的间隙。

拆分工具有两种使用方法，分别为拆分图元和用间隙拆分。

拆分工具可以拆分墙、线、栏杆护手（仅拆分图元）、柱（仅拆分图元）、梁（仅拆分图元）、支撑（仅拆分图元）等图元。

1. 拆分图元

在选定点剪切图元（如墙或管道），或删除两点之间的线段。

具体创建步骤如下。

（1）单击"修改"选项卡，单击"修改"面板中的"拆分图元"按钮 ⊏▯⊐，打开选项栏，如图 3-75 所示。

删除内部线段。勾选此复选框，Revit 会删除墙或线上所选点之间的线段。

（2）在图元上要拆分的位置处单击，如图 3-76 所示，拆分图元。

☑ 删除内部线段

图 3-75　拆分图元选项栏　　　　　　　　　　　　　图 3-76　第一个拆分处

（3）如果勾选"删除内部线段"复选框，则继续单击确定另一个点，如图 3-77 所示，删除一条线段，如图 3-78 所示。

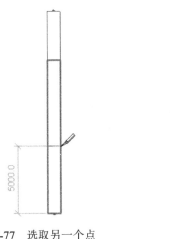

图 3-77　选取另一个点　　　　　　　　　　　　　图 3-78　拆分并删除线段

2. 用间隙拆分

将墙拆分成之间已定义间隙的两面单独的墙。

具体创建步骤如下。

（1）单击"修改"选项卡，单击"修改"面板中的"用间隙拆分"

连接间隙: 25.4

按钮 ⊡⊡，打开选项栏，如图 3-79 所示。

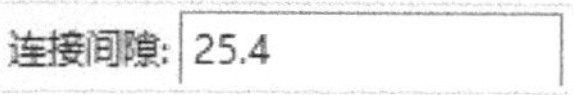

图 3-79　用间隙拆分选项栏

（2）在选项栏中输入连接间隙值。

（3）在图元上要拆分的位置处单击，如图 3-80 所示。

（4）拆分图元，系统根据输入的连接间隙值自动删除图元，如图 3-81 所示。

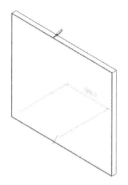

图 3-80　选取拆分位置

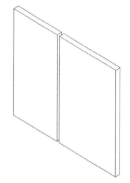

图 3-81　拆分图元

3.4　图元组

可以将项目或族中的图元集中成组，然后将组多次放置在项目或族中。需要创建代表重复布局的实体或通用于许多建筑项目的实体（如宾馆房间、公寓或重复楼板）时，对图元进行分组非常有用。

放置在组中的每个实例之间都存在相关性。例如，创建一个具有床、墙和窗的组，然后将该组的多个实例放置在项目中。如果修改一个组中的墙，则该组所有实例中的墙都会随之改变。

可以创建模型组、详图组和附着的详图组。

（1）模型组。创建都由模型组成的组，如图 3-82 所示。

（2）详图组。创建包含视图专有的文本、填充区域、尺寸标注、门窗标记等图元的组，如图 3-83 所示。

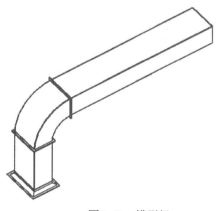

图 3-82　模型组

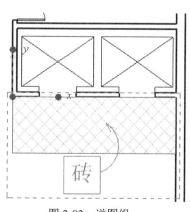

图 3-83　详图组

（3）附着的详图组。包含与特定模型组关联的视图专有图元的组，如图 3-84 所示。

组不能同时包含模型图元和视图专有图元。如果同时选择了这两种类型的图元，将它们成组，则 Revit 会创建一个模型组，并将视图专有图元放置于该模型组的附着的详图组中。如果同时选择了视图专有图元和模型组，Revit 将为该模型组创建一个含有视图专有图元的附着的详图组。

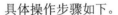

图 3-84　附着的详图组

3.4.1　创建组

用户可以通过选择图元或现有的组，然后使用"创建组"工具来创建组。

具体操作步骤如下。

（1）打开组文件，如图 3-85 所示。

（2）单击"建筑"选项卡，单击"模型"面板"模型组"下拉列表中的"创建组"按钮，打开"创建组"对话框，"名称"输入为"送风管道"，选取"模型"组类型，如图 3-86 所示。

图 3-85　组文件

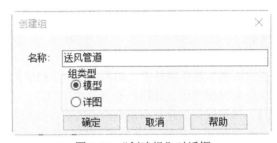

图 3-86　"创建组"对话框

图 3-87　"编辑组"面板

（3）单击"确定"按钮，打开"编辑组"面板，如图 3-87 所示。单击"添加"按钮，选取视图中的风管和散流器，添加到送风管道组中，单击"完成"按钮，完成送风管道组的创建。

（4）如果要向组添加项目视图中不存在的图元，可以从相应的选项卡中选择图元创建工具并放置新的图元。在组编辑模式中向视图添加图元时，图元将自动添加到组。

3.4.2　指定组位置

放置、移动、旋转或粘贴组时，鼠标指针将位于组原点。组原点的位置可以修改。

（1）在视图中选取模型组，模型组上将显示组原点和 3 个拖曳控制柄，如图 3-88 所示。

（2）拖曳中心控制柄可移动组原点，如图 3-89 所示。

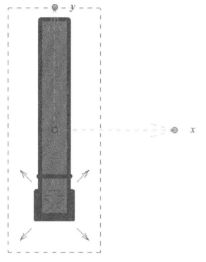

图 3-88　选取模型组

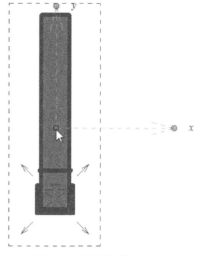

图 3-89　移动组原点

（3）拖曳端点控制柄可围绕 z 轴旋转组原点，如图 3-90 所示。

3.4.3　编辑组

可以使用组编辑器在项目或族内修改组，也可以在外部编辑组。

（1）在绘图区域中选择要修改的组。如果要修改的组是嵌套的，请按 Tab 键，直到高亮显示该组，然后单击选中它。

（2）单击"修改 | 模型组"选项卡，单击"成组"面板中的"编辑组"按钮🗐，打开"编辑组"面板，如图 3-91 所示。

（3）单击"添加"按钮🗐，可以将图元添加到组；单击"删除"按钮🗐，可以从组中删除图元。

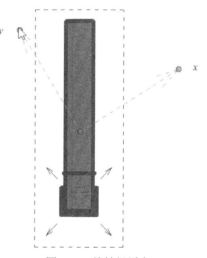

图 3-90　旋转组原点

（4）单击"附着"按钮📎，打开图 3-92 所示的"创建模型组和附着的详图组"对话框，输入"模型组"的名称（如有必要），并输入"附着的详图组"的名称，单击"确定"按钮。

图 3-91　"编辑组"面板

图 3-92　"创建模型组和附着的详图组"对话框

图 3-93　"编辑附着的组"面板

（5）打开"编辑附着的组"面板，如图 3-93 所示。单击"添加"按钮，选择要添加到组中的图元，单击"完成"按钮，完成附着的组的创建。

（6）单击"修改 | 模型组"选项卡，单击"成组"面板中的"解组"按钮，将组恢复成图元。

3.4.4　将组转换为链接模型

可以将组转换为新模型，或将其替换为现有的模型，然后将该模型链接到项目。

（1）在视图区中选择组。

（2）单击"修改 | 模型组"选项卡，单击"成组"面板中的"链接"按钮，打开"转换为链接"对话框，如图 3-94 所示。

（3）单击"替换为新的项目文件"选项，打开"保存组"对话框，如图 3-95 所示。输入文件名，单击"保存"按钮，将组保存为项目文件。

（4）如果单击"替换为现有项目文件"选项，

图 3-94　"转换为链接"对话框

将打开"打开"对话框。定位到要使用的文件所在的位置，然后单击"打开"按钮，将组替换为现有项目文件。

图 3-95　"保存组"对话框

第 4 章
族

🖱 知识导引

　　族是 Revit 中一个非常重要的构成要素，在 Revit 中不管是模型还是注释均是由族构成的，所以掌握族的概念和用法至关重要。

4.1 族概述

族是某一类别中图元的类。族根据参数（属性）集的共用、使用上的相同和图形表示的相似来对图元进行分组。一个族中不同图元的部分或全部属性可能有不同的值，但是属性的设置（器名称与含义）是相同的。例如，可以将桁架视为一个族，虽然构成此族的腹杆支座可能有不同的尺寸和材质。

Revit 提供了 3 种类型的族：系统族、可载入族和内建族。

1. 系统族

系统族可以创建要在建筑现场装配的基本图元，如墙、屋顶、楼板、风管、管道等。系统族还包含项目和系统设置，而这些设置会影响项目环境，如标高、轴网、图纸和视口等类型。

系统族是在 Revit 中预定义的，不能将其从外部文件中载入项目，也不能将其保存到项目之外的位置。Revit 不允许用户创建、复制、修改或删除系统族，但可以复制和修改系统族中图元的类型，以便创建自定义的系统族类型。系统族中可以只保留一个系统族类型，除此以外的其他系统族类型都可以删除，因为每个族至少需要一个类型才能创建新的系统族类型。

图 4-1 项目浏览器"族"

2. 可载入族

可载入族是在外部 RFA 文件中创建的，并可导入或载入项目。

可载入族是用于创建如窗、门、橱柜、装置、家具、植物、锅炉、热水器等以及一些常规自定义构件的主视图元的族。由于可载入族具有高度可自定义的特征，因此可载入族是 Revit 中经常创建和修改的族。对于包含许多类型的可载入族，可以创建和使用类型目录，以便仅载入项目所需的类型。

3. 内建族

内建族是用户需要创建当前项目专有的独特构件时所创建的独特图元。用户可以创建内建几何图形，使它可以参照其他项目几何图形，使其在所参照的几何图形发生变化时进行相应大小调整和其他调整。创建内建族时，Revit 将为内建族创建一个族，该族包含单个族类型。

项目中所有正在使用或可用的族都显示在项目浏览器"族"下，并按图元类别分组，如图 4-1 所示。

4.2 注释族

注释族分为两种：标记和符号。标记主要用于标注各种类别构件的不同属性，如窗标记、门标记等；而符号则一般在项目中用于"装配"各种系统族标记，如立面标记、高程点标高等。

与另一种二维构件族"详图构件"不同，注释族拥有"注释比例"的特性，即注释族的大小会根据视图比例的不同而变化，以保证出图时注释族保持同样的出图大小。

在绘制施工图的过程中，需要使用大量的注释符号，以满足二维出图要求，如指北针、高程点等符号。

在施工图中，有时会因为比例问题而无法表达清楚某一局部，为方便施工需另画详图。一般用索引符号注明详图的位置、详图的编号以及详图所在的图纸编号。

4.2.1 实例——创建风管宽度注释

（1）在主页中单击"族"→"新建"按钮或者单击"文件"→"新建"→"族"按钮，打开"新族 - 选择样板文件"对话框，选择"注释"文件夹中的"公制常规注释 .rft"为样板族，如图 4-2 所示。单击"打开"按钮进入族编辑器，如图 4-3 所示。

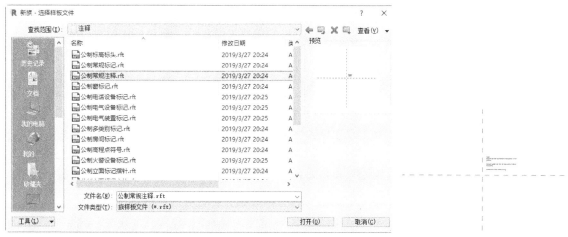

图 4-2 "新族 - 选择样板文件"对话框　　　　　图 4-3 族样板

（2）删除族样板中默认提供的注意事项文字。

（3）单击"修改"选项卡，单击"属性"面板中的"族类别和族参数"按钮，打开"族类别和族参数"对话框，在列表中选择"风管标记"，其他采用默认设置，如图 4-4 所示，单击"确定"按钮。

（4）单击"创建"选项卡，单击"基准"面板中的"参照线"按钮，绘制图 4-5 所示的两条参照线。

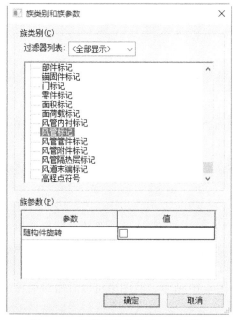

图 4-4 "族类别和族参数"对话框

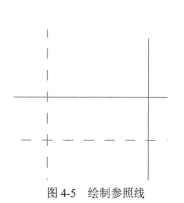

图 4-5 绘制参照线

（5）选取水平参照线，显示临时尺寸，单击尺寸值进行编辑，输入新的尺寸值并按 Enter 键，更改水平参照线的尺寸，如图 4-6 所示。采用相同的方法，更改竖直参照线的距离为"30"。

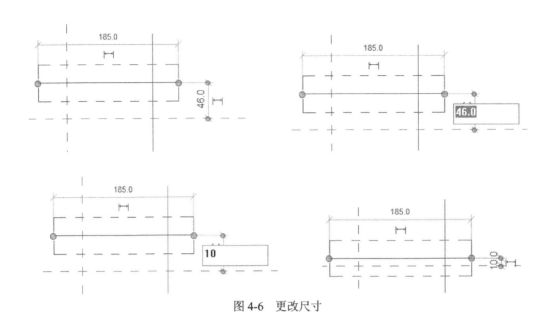

图 4-6　更改尺寸

（6）单击"创建"选项卡，单击"详图"面板中的"线"按钮 ，打开"修改|放置 线"选项卡，单击"绘制"面板中的"矩形"按钮 ，以参照平面为参照，绘制轮廓线，如图 4-7 所示。单击视图中的"创建或删除长度或对齐约束"图标 ，将轮廓线与洞口进行锁定，如图 4-8 所示。

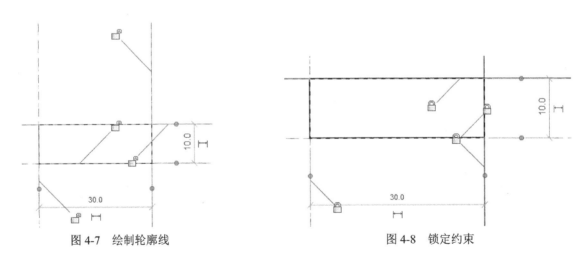

图 4-7　绘制轮廓线　　　　　　　　　　　　　　图 4-8　锁定约束

（7）单击"创建"选项卡，单击"文字"面板中的"标签"按钮 ，在视图中位置中心单击确定标签位置，打开"编辑标签"对话框，在"类别参数"栏中分别选择宽度，单击"将参数添加标签"按钮 ，将其添加到"标签参数"栏，如图 4-9 所示。

（8）单击"确定"按钮，将标签添加到图形中，如图 4-10 所示。从图中可以看出索引符号不符合标准，下面进行修改。

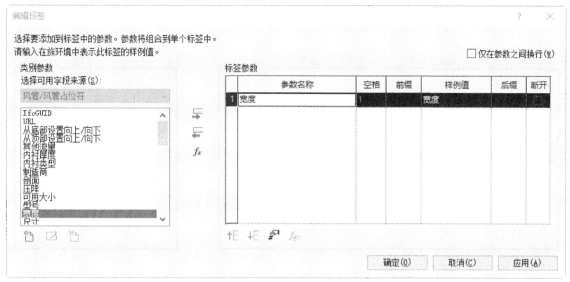

图 4-9　"编辑标签"对话框

（9）选中标签，单击"编辑类型"按钮 ，打开图 4-11 所示的"类型属性"对话框，单击"复制"按钮。打开图 4-12 所示"名称"对话框，输入"名称"为"5mm"，单击"确定"按钮，返回到"类型属性"对话框。

图 4-10　添加标签

图 4-11　"类型属性"对话框

图 4-12　"名称"对话框

（10）设置背景为"透明"，文字大小为"5mm"，其他采用默认设置，如图 4-13 所示。单击"确定"按钮，更改后的索引符号如图 4-14 所示。

图 4-13　设置参数

图 4-14　更改文字大小

（11）单击"修改"选项卡，单击"修改"面板中的"移动"按钮 ✛，选取文字，将文字移动到矩形中间位置，如图 4-15 所示。

（12）单击"快速访问"工具栏中的"保存"按钮 💾，打开"另存为"对话框，输入名称为"风管宽度注释"，单击"保存"按钮，保存族文件。

图 4-15　移动文字

4.2.2　实例——创建指北针

（1）在主页中单击"族"→"新建"按钮或者单击"文件"→"新建"→"族"按钮，打开"新族 - 选择样板文件"对话框，选择"注释"文件夹中的"公制常规注释 .rft"为样板族，单击"打开"按钮进入族编辑器。

（2）删除族样板中默认提供的注意事项文字。

（3）单击"创建"选项卡，单击"详图"面板中的"线"按钮 ⼉，打开"修改 | 放置 线"选项卡，单击"绘制"面板中的"圆"按钮 ⊙，在视图中心位置绘制圆，修改半径为"12mm"，如图 4-16 所示。

（4）单击"创建"选项卡，单击"详图"面板中的"线"按钮 ⼉，打开"修改 | 放置 线"选项卡，单击"绘制"面板中的"线"按钮 ⟋，在选项栏中输入偏移值为"1.5"，捕捉上下象限点，绘制竖直线，如图 4-17 所示。

（5）单击"创建"选项卡，单击"详图"面板中的"填充区域"按钮 ▧，打开"修改 | 创建填充区域边界"选项卡，单击"绘制"面板中的"线"按钮 ⟋，在"子类别"面板中的"子类别"下拉列表中选择"＜不可见线＞"，然后分别捕捉上象限点和竖直线与圆的交点绘制填充边界，如

图 4-18 所示。单击"模式"面板中的"完成编辑模式"按钮✅，然后删除竖直线，如图 4-19 所示。

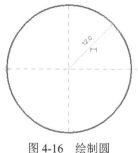

图 4-16　绘制圆

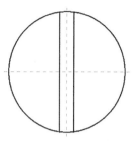

图 4-17　绘制竖直线

（6）单击"创建"选项卡，单击"文字"面板中的"文字"按钮 **A**，在图形上输入文字"北"，单击"放置编辑文字"选项卡中的"关闭"按钮 ❌，并调整文字位置，结果如图 4-20 所示。

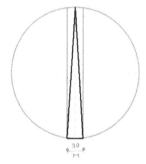

图 4-18　绘制填充边界

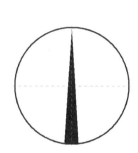

图 4-19　删除竖直线

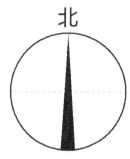

图 4-20　标注文字

（7）单击"快速访问"工具栏中的"保存"按钮 💾，打开"另存为"对话框，输入名称为"指北针"，单击"保存"按钮，保存族文件。

4.3　创建图纸模板

4.3.1　图纸概述

标准图纸的图幅、图框、标题栏以及会签栏都必须按照国家标准来进行确定和绘制。

1．图幅

根据国家标准，按图面的长和宽确定图幅的等级。室内设计常用的图幅有 A0（也称 0 号图幅，其余类推）、A1、A2、A3 和 A4，每种图幅的长宽尺寸如表 4-1 所示，表中的尺寸代号意义如图 4-21 和图 4-22 所示。

表 4-1　图幅标准　　　　　　　　　　　　　　　　（单位：mm）

尺寸代号　　图幅代号	A0	A1	A2	A3	A4
$b \times l$	841×1189	594×841	420×594	297×420	210×297
c	10			5	
a	25				

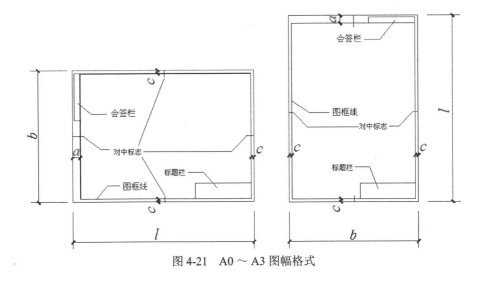

图 4-21 A0 ～ A3 图幅格式

2. 标题栏

它包括设计单位名称、工程名称区、签字区、图名区及图号区等内容。一般标题栏格式如图 4-23 所示，如今不少设计单位采用个性化的标题栏格式，但是仍必须包括这几项内容。

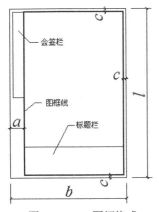

图 4-22 A4 图幅格式

设计单位名称	工程名称区	图号区	
签字区	图名区		40(30,50)
180			

图 4-23 标题栏格式

3. 会签栏

会签栏是用于各工种负责人审核后签名的表格，它包括专业、实名、日期等内容，具体内容根据需要设置，图 4-24 所示为其中一种格式。对于不需要会签的图样，可以不设此栏。

图 4-24 会签栏格式

4．线型要求

建筑设计图主要由各种线条构成，不同的线型表示不同的对象和不同的部位，代表着不同的含义。为了使图能够清晰、准确、美观地表达设计思想，工程实践中采用了一套常用的线型，并规定了它们的使用范围，如表 4-2 所示。

表 4-2　常用线型

名称		线型	线宽	适用范围
实线	粗	——————————	b	建筑平面图、剖面图、构造详图的被剖切截面的轮廓线；建筑立面图外轮廓线；图框线
	中	——————————	$0.5b$	建筑设计图中被剖切的次要构件的轮廓线；建筑平面图、顶棚图、立面图、家具三视图中构配件的轮廓线等
	细	——————————	$\leqslant 0.25b$	尺寸线、图例线、索引符号、地面材料线及其他细部刻画用线
虚线	中	— — — — — —	$0.5b$	主要用于构造详图中不可见的实物轮廓
	细	- - - - - - - -	$\leqslant 0.25b$	其他不可见的次要实物轮廓线
点划线	细	— · — · — · —	$\leqslant 0.25b$	轴线、构配件的中心线、对称线等
折断线	细	⎯⎯⎯⋀⎯⎯⎯	$\leqslant 0.25b$	画图样时的断开界线
波浪线	细	～～～～～	$\leqslant 0.25b$	构造层次的断开界线，有时也表示省略画出时的断开界线

说明：标准实线宽度 $b = 0.4\text{mm} \sim 0.8\text{mm}$。

Revit 提供了 A0、A1、A2、A3 公制和修改通知单（A4）共 5 种图纸模板，都包含在"标题栏"文件夹中，如图 4-25 所示。

图 4-25　"打开"对话框

4.3.2　实例——创建 A3 图纸

本小节绘制 A3 图纸，如图 4-26 所示。

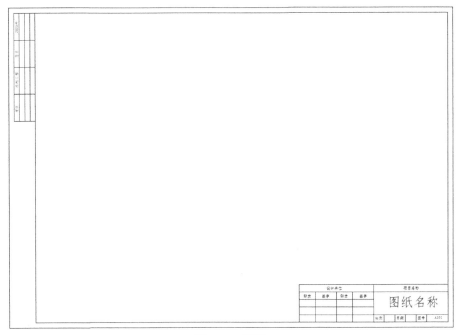

图 4-26　图纸

首先绘制图框，然后绘制会签栏并将其放置在适当位置，最后绘制标题栏。

（1）在主页中单击"族"→"新建"按钮或者单击"文件"→"新建"→"族"按钮，打开"新族 - 选择样板文件"对话框，选择"标题栏"文件夹中的"A3 公制 .rft"为样板族，如图 4-27 所示。单击"打开"按钮进入族编辑器，视图中显示 A3 图幅的边界线。

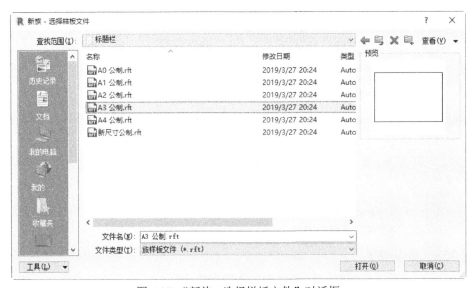

图 4-27　"新族 - 选择样板文件"对话框

（2）单击"创建"选项卡，单击"详图"面板中的"线"按钮 ，打开"修改 | 放置 线"选项卡，单击"修改"面板中的"偏移"按钮 ，将左侧竖直线向内偏移 25mm，将其他 3 条直线向内偏移 5mm，并利用"拆分图元"按钮 ，拆分图元后删除多余的线段，结果如图 4-28 所示。

图 4-28　绘制图框

（3）单击"管理"选项卡，单击"设置"面板"其他设置" 下拉菜单中的"线宽"按钮 ，打开"线宽"对话框，分别设置 1 号线线宽为"0.2mm"，2 号线线宽为"0.4mm"，3 号线线宽为"0.8mm"，其他采用默认设置，如图 4-29 所示。单击"确定"按钮，完成线宽的设置。

线宽		×

注释线宽

注释线宽控制剖面和尺寸标注等对象的线宽。注释线宽与视图比例和投影方法无关。

可以自定义 16 种注释线宽。单击一个单元可以修改相关线宽。

1	0.2000 mm
2	0.4000 mm
3	0.8000 mm
4	0.9000 mm
5	1.2000 mm
6	1.6000 mm
7	2.0000 mm
8	2.5000 mm
9	3.0000 mm
10	3.5000 mm
11	4.3000 mm
12	5.0000 mm
13	6.0000 mm
14	7.0000 mm
15	8.5000 mm
16	10.0000 mm

确定　　取消　　应用(A)　　帮助

图 4-29　"线宽"对话框

（4）单击"管理"选项卡，单击"设置"面板中的"对象样式"按钮，打开"对象样式"对话框，修改图框线宽为 3 号，中粗线为 2 号，细线为 1 号，如图 4-30 所示，单击"确定"按钮。选取最外面的图幅边界线，将其子类别设置为"细线"。完成图幅和图框线型的设置。

图 4-30　"对象样式"对话框

（5）如果放大视图也看不出线宽效果，则单击"视图"选项卡，单击"图形"面板中的"细线"按钮，使其不是选中状态。

（6）单击"创建"选项卡，单击"详图"面板中的"线"按钮，打开"修改 | 放置 线"选项卡，单击"绘制"面板中的"矩形"按钮，绘制长为"100"、宽为"20"的矩形。

（7）将子类别更改为"细线"，单击"绘制"面板中的"线"按钮，绘制图 4-31 所示的会签栏。

（8）单击"创建"选项卡，单击"文字"面板中的"文字"按钮 A，单击"属性"选项板中的"编辑类型"按钮，打开"类型属性"对话框。单击"复制"按钮，打开"名称"对话框，输入"名称"为"2.5mm"，单击"确定"按钮，返回到"类型属性"对话框。设置"字体"为"仿宋"，设置"背景"为"透明"，文字大小为"2.5mm"，单击"确定"按钮，然后在会签栏中输入文字，如图 4-32 所示。

图 4-31　绘制会签栏

建筑	结构工程	签 名	2020年

图 4-32　输入文字

（9）单击"修改"选项卡，单击"修改"面板中的"旋转"按钮 ⟳，将会签栏逆时针旋转 90 度；单击"修改"选项卡，单击"修改"面板中的"移动"按钮 ✛，将旋转后的会签栏拖曳到图框外的左上角，如图 4-33 所示。

（10）单击"创建"选项卡，单击"详图"面板中的"线"按钮 Ⲓ，打开"修改 | 放置 线"选项卡，将子类别更改为"线框"。单击"绘制"面板中的"矩形"按钮 ⬜，以图框的右下角点为起点，绘制长为 140、宽为 35 的矩形。

（11）单击"修改"面板中的"偏移"按钮 🕮，将水平直线和竖直直线进行偏移，然后将偏移后的直线的子类别更改为"细线"，如图 4-34 所示。

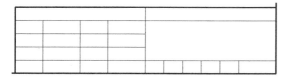

图 4-33　拖曳会签栏

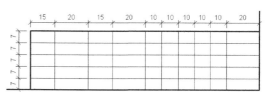

图 4-34　绘制标题栏

（12）单击"修改"选项卡，单击"修改"面板中的"拆分图元"按钮 ⇔，删除多余的线段，或拖曳直线端点调整直线长度，如图 4-35 所示。

（13）单击"创建"选项卡，单击"文字"面板中的"文字"按钮 A，填写标题栏中的文字，如图 4-36 所示。

图 4-35　调整线段

图 4-36　填写文字

（14）单击"创建"选项卡，单击"文字"面板中的"标签"按钮 A，在标题栏的最大区域内单击，打开"编辑标签"对话框，在"类别参数"列表中选择"图纸名称"，单击"将参数添加到标签"按钮 ⇥，将图纸名称添加到"标签参数"栏中，如图 4-37 所示。

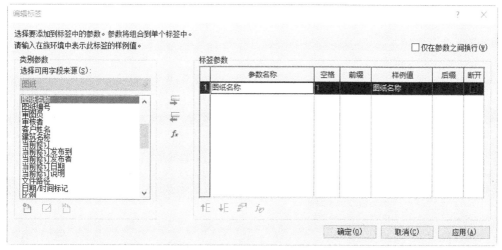

图 4-37　"编辑标签"对话框

（15）在"属性"选项板中单击"编辑类型"按钮，打开"类型属性"对话框，设置背景为"透明"，更改字体为"仿宋 GB_2312"，其他采用默认设置，单击"确定"按钮，完成图纸名称标签的添加，如图 4-38 所示。

（16）采用相同的方法，添加其他标签，结果如图 4-39 所示。

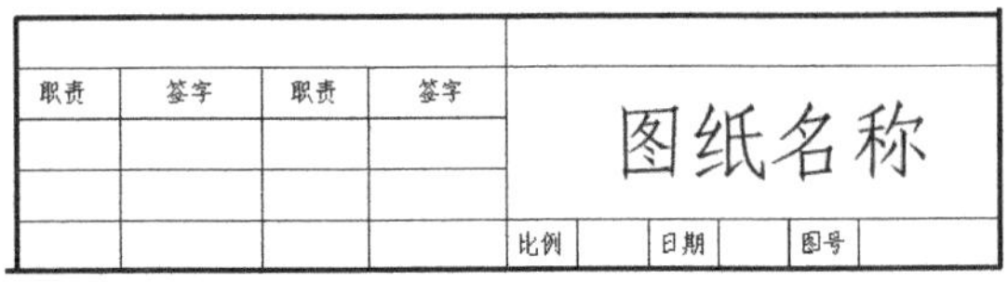

职责	签字	职责	签字	图纸名称		
			比例	日期	图号	

图 4-38　添加图纸名称标签

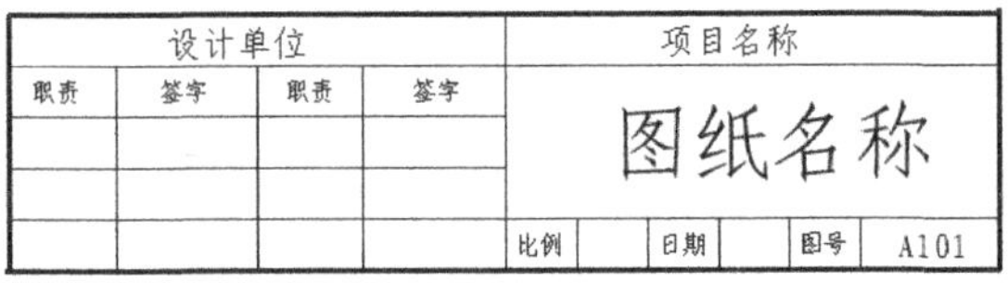

设计单位				项目名称		
职责	签字	职责	签字	图纸名称		
			比例	日期	图号	A101

图 4-39　添加其他标签

（17）单击"快速访问"工具栏中的"保存"按钮，打开"另存为"对话框，输入名称为"A3图纸"，单击"保存"按钮，保存族文件。

4.4　三维模型

在"族编辑器"中可以创建实心几何图形和空心几何图形。基于二维截面轮廓进行扫描可以得到实心几何图形，通过布尔运算进行剪切可以得到空心几何图形。

4.4.1　拉伸

在工作平面上绘制形状的二维轮廓，然后拉伸该轮廓使其与绘制它的平面垂直，得到拉伸模型。具体绘制步骤如下。

（1）在主页中单击"族"→"新建"按钮或者单击"文件"→"新建"→"族"按钮，打开"新族 - 选择样板文件"对话框，选择"公制常规模型 .rft"为样板族，如图 4-40 所示。单击"打开"按钮进入族编辑器。

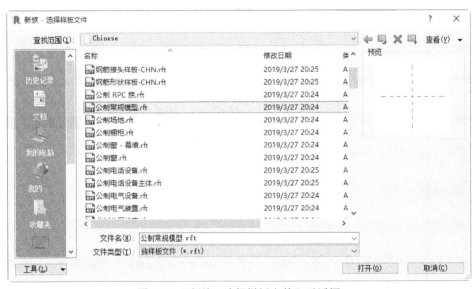

图 4-40　"新族 - 选择样板文件"对话框

（2）单击"创建"选项卡，单击"形状"面板中的"拉伸"按钮 🗇，打开"修改 | 创建拉伸"
选项卡，如图 4-41 所示。

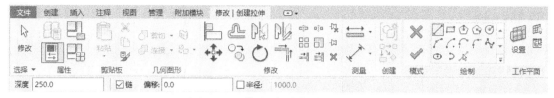

图 4-41 "修改 | 创建拉伸"选项卡

（3）单击"修改 | 创建拉伸"选项卡，单击"绘制"面板中的绘图工具绘制拉伸截面，这里单
击"绘制"面板中的"圆"按钮 ⊙，绘制半径为 500 的圆，如图 4-42 所示。

（4）在"属性"选项板中输入"拉伸终点"为"300"，如图 4-43 所示。或在选项栏中输入"深度"
为"300"，单击"模式"面板中的"完成编辑模式"按钮 ✅，完成拉伸模型的创建，如图 4-44 所示。

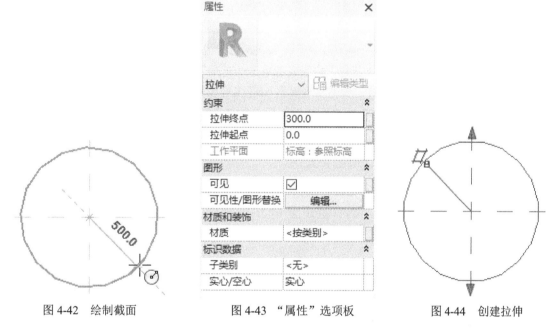

图 4-42 绘制截面   图 4-43 "属性"选项板   图 4-44 创建拉伸

1）要从默认起点 0.0 开始拉伸轮廓，则在"约束"组的"拉伸终点"文本框中输入一个正 / 负
值作为拉伸深度。

2）要从不同的起点拉伸，则在"约束"组的"拉伸起点"文本框中输入值作为拉伸起点。

3）要设置实心拉伸的可见性，则在"图形"组中单击"可见性 / 图形替换"对应的"编辑"
按钮 ▭ 编辑... ，打开图 4-45 所示的"族图元可见性设置"对话框，然后进行可见性设置。

4）要按类别将材质应用于实心拉伸，则在"材质和装饰"组中单击"材质"字段，单击 ▥ 按钮，
打开"材质浏览器"，指定材质。

5）要将实心拉伸指定给子类别，则在"标识数据"组下选择"实心 / 空心"为"实心"。

6）在项目浏览器中的三维视图下双击视图 1，显示三维模型，如图 4-46 所示。

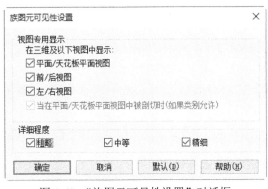

图 4-45　"族图元可见性设置"对话框

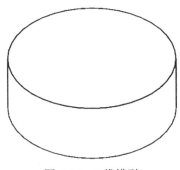

图 4-46　三维模型

4.4.2　旋转

旋转是指围绕轴旋转某个形状而创建的形状。

如果轴与旋转几何图形接触，则产生一个实心几何图形。如果远离轴旋转几何图形，则旋转体中心将有个孔。

具体绘制步骤如下。

（1）在主页中单击"族"→"新建"按钮或者单击"文件"→"新建"→"族"按钮，打开"新族 - 选择样板文件"对话框，选择"公制常规模型 .rft"为样板族，单击"打开"按钮进入族编辑器。

（2）单击"创建"选项卡，单击"形状"面板中的"旋转"按钮 ，打开"修改 | 创建旋转"选项卡，如图 4-47 所示。

图 4-47　"修改 | 创建旋转"选项卡

（3）单击"修改 | 创建旋转"选项卡，单击"绘制"面板中的"圆"按钮 ，绘制旋转截面；单击"修改 | 创建旋转"选项卡，单击"绘制"面板中的"轴线"按钮 ，绘制竖直轴线，如图 4-48 所示。

（4）在"属性"选项板中输入起始角度为"0"，终止角度为"270"，单击"模式"面板中的"完成编辑模式"按钮 ，完成旋转模型的创建，如图 4-49 所示。

（5）在项目浏览器中的三维视图下双击视图 1，显示三维模型，如图 4-50 所示。

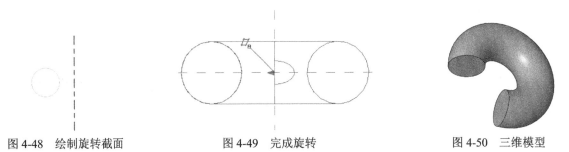

图 4-48　绘制旋转截面　　　　图 4-49　完成旋转　　　　图 4-50　三维模型

4.4.3 放样

沿路径放样二维轮廓，可以创建三维形状。可以使用放样方式创建饰条、栏杆扶手或简单的管道。

路径可以是单一的闭合路径，也可以是单一的开放路径。但不能有多条路径。路径可以是直线和曲线的组合。轮廓草图可以是单个闭合环形，也可以是不相交的多个闭合环形。

具体绘制步骤如下。

（1）在主页中单击"族"→"新建"按钮或者单击"文件"→"新建"→"族"按钮，打开"新族 - 选择样板文件"对话框，选择"公制常规模型 .rft"为样板族，单击"打开"按钮进入族编辑器。

（2）单击"创建"选项卡，单击"形状"面板中的"放样"按钮，打开"修改 | 放样"选项卡，如图 4-51 所示。

图 4-51 "修改 | 放样"选项卡

（3）单击"放样"面板中的"绘制路径"按钮，打开"修改 | 放样 > 绘制路径"选项卡，单击"绘制"面板中的"样条曲线"按钮，绘制图 4-52 所示的放样路径。单击"模式"面板中的"完成编辑模式"按钮，完成路径绘制。如果选择现有的路径，则单击"拾取路径"按钮，拾取现有绘制线作为路径。

（4）单击"放样"面板中的"编辑轮廓"按钮，打开图 4-53 所示"转到视图"对话框，选择"立面：前"视图绘制轮廓。如果在平面视图中绘制路径，应选择立面视图来绘制轮廓。单击"打开视图"按钮，将视图切换至前立面图。

图 4-52 绘制路径

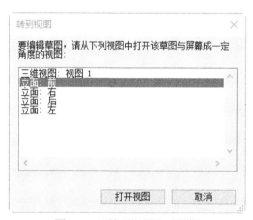

图 4-53 "转到视图"对话框

（5）单击"绘制"面板中"椭圆"按钮，绘制图 4-54 所示的放样截面轮廓。单击"模式"面板中的"完成编辑模式"按钮，结果如图 4-55 所示。

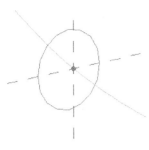

图 4-54　绘制截面

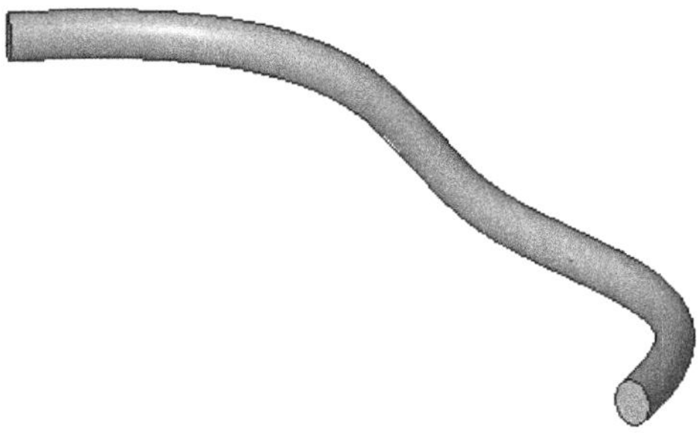

图 4-55　放样

4.4.4　融合

融合工具可以将两个轮廓（边界）融合。

具体绘制步骤如下。

（1）在主页中单击"族"→"新建"按钮或者单击"文件"→"新建"→"族"按钮，打开"新族 - 选择样板文件"对话框，选择"公制常规模型 .rft"为样板族，单击"打开"按钮进入族编辑器。

（2）单击"创建"选项卡，单击"形状"面板中的"融合"按钮，打开"修改 | 创建融合底部边界"选项卡，如图 4-56 所示。

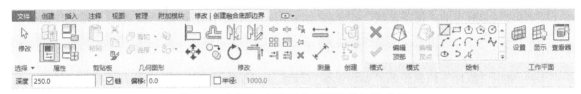

图 4-56　"修改 | 创建融合底部边界"选项卡

（3）单击"绘制"面板中的"矩形"按钮，绘制边长为 1000 的正方形，如图 4-57 所示。

（4）单击"模式"面板中的"编辑顶部"按钮，单击"绘制"面板中的"圆"按钮，绘制半径为 340 的圆，如图 4-58 所示。

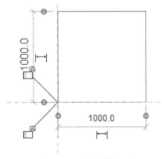

图 4-57　绘制底部边界

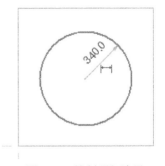

图 4-58　绘制顶部边界

（5）在"属性"选项板中的"第二端点"文本框中输入"400"，如图 4-59 所示。或在选项栏中输入"深度"为"400"，单击"模式"面板中的"完成编辑模式"按钮，结果如图 4-60 所示。

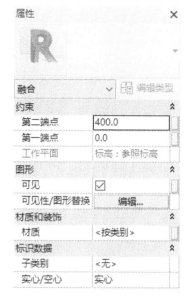

图 4-59　"属性"选项板

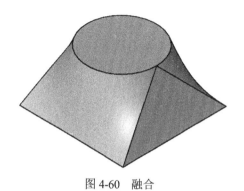

图 4-60　融合

4.4.5　放样融合

放样融合工具可以创建一个具有两个不同轮廓的融合体，然后沿某个路径对其进行放样。放样融合的造型由绘制或拾取的二维路径以及绘制或载入的两个轮廓确定。

具体绘制步骤如下。

（1）在主页中单击"族"→"新建"按钮或者单击"文件"→"新建"→"族"按钮，打开"新族 - 选择样板文件"对话框，选择"公制常规模型 .rft"为样板族，单击"打开"按钮进入族编辑器。

（2）单击"创建"选项卡，单击"形状"面板中的"放样融合"按钮，打开"修改 | 放样融合"选项卡，如图 4-61 所示。

图 4-61　"修改 | 放样融合"选项卡

（3）单击"放样"面板中的"绘制路径"按钮，打开"修改 | 放样融合 > 绘制路径"选项卡，单击"绘制"面板中的"样条曲线"按钮，绘制图 4-62 所示的放样路径。单击"模式"面板中的"完成编辑模式"按钮，完成路径绘制。如果选择现有的路径，则单击"拾取路径"按钮，拾取现有绘制线作为路径。

（4）单击"放样"面板中的"编辑轮廓"按钮，打开"转到视图"对话框，选择"立面：前"视图绘制轮廓。如果在平面视图中绘制路径，应选择立面视图来绘制轮廓。单击"打开视图"按钮。

（5）单击"放样融合"面板中的"选择轮廓 1"按钮，然后单击"绘制截面"按钮，利用矩形绘制图 4-63 所示的截面轮廓 1。单击"模式"面板中的"完成编辑模式"按钮。

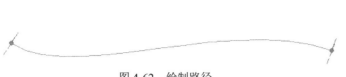
图 4-62　绘制路径

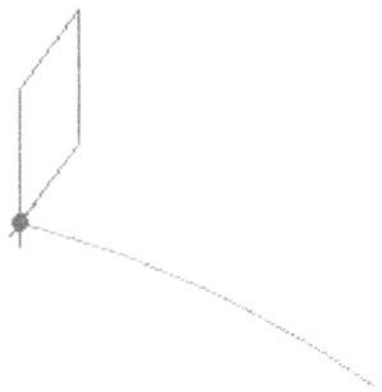

图 4-63　绘制截面 1

（6）单击"放样融合"面板中的"选择轮廓 2"按钮，然后单击"绘制截面"按钮，利用圆弧绘制图 4-64 所示的截面轮廓 2。单击"模式"面板中的"完成编辑模式"按钮，结果如图 4-65 所示。

图 4-64　绘制截面 2

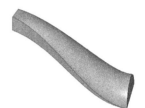

图 4-65　放样融合

4.5　族连接件

Revit MEP 中族连接件有 5 种类型，分别为电气连接件、风管连接件、管道连接件、电缆桥架连接件和线管连接件，如图 4-66 所示。

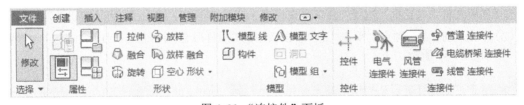

图 4-66　"连接件"面板

电气连接件用于所有类型的电气连接，包括电力、电话、报警系统及其他。

风管连接件与管网、风管管件及作为空调系统一部分的其他图元相关联。

管道连接件用于管道、管件及用来传输流体的其他构件。

电缆桥架连接件用于电缆桥架、电缆桥架配件及用来配线的其他构件。

线管连接件用于线管、线管配件及用来配线的其他构件。线管连接件可以是单个连接件，也可以是表面连接件。单个连接件用于连接唯一一个线管，表面连接件用于将多个线管连接到表面。

4.5.1　放置连接件

下面以电气连接件为例，介绍放置连接件的具体步骤。

（1）首先打开一个需要添加电气连接件的族文件，或者在当前族文件中绘制模型，这里绘制一个拉伸体，如图 4-67 所示。

（2）单击"创建"选项卡，单击"连接件"面板中的"电气连接件"按钮 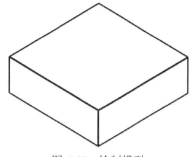，打开"修改 | 放置 电气连接件"选项卡，如图 4-68 所示。默认激活"面"按钮 。

（3）在选项栏下拉列表中选择放置连接件的类型，如图 4-69 所示，这里选取"通讯"类型。

（4）在视图中拾取图 4-70 所示的面放置连接件。连接件附着在面的中心，如图 4-71 所示。

图 4-67　绘制模型

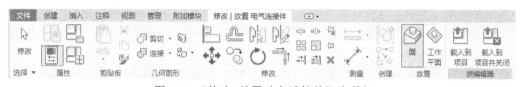

图 4-68　"修改 | 放置 电气连接件"选项卡

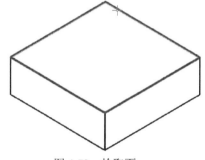

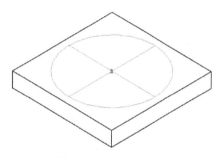

图 4-69　下拉列表　　　　图 4-70　拾取面　　　　图 4-71　放置连接件

（5）如果在步骤（2）中单击"工作平面"按钮 ，会将连接件附着在工作平面的中心。

4.5.2　设置连接件

本小节将分别介绍电气连接件、风管连接件、管道连接件、电缆桥架连接件和线管连接件的设置。布置连接件后，可通过"属性"选项板设置连接件。

1. 电气连接件

在视图中选取电气连接件，打开相关"属性"选项板，电气连接件的类型有 9 种，分别为数据、安全、火警、护理呼叫、控制、通讯、电话、电力 - 平衡和电力 - 不平衡，其中电力 - 平衡和电力 - 不平衡为配电系统，其余为弱电系统。

（1）弱电系统连接件。

弱电系统连接件的设置相对来说比较简单，只需在"属性"选项板中的"系统类型"下拉列表中选择类型即可，如图 4-72 所示。

（2）配电系统连接件。

配电系统连接件包括电力 - 平衡和电力 - 不平衡连接件，这两种连接件的区别在于相位 1、相位 2 和相位 3 上的"视在负荷"是否相等，相等为电力 - 平衡，不相等的为电力 - 不平衡，如图 4-73 和图 4-74 所示。

图 4-72　"属性"选项板

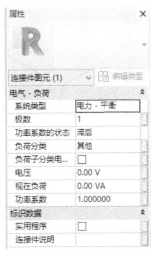

图 4-73 电力 - 平衡

图 4-74 电力 - 不平衡

极数、电压和视在负荷。用于配电设备所需配电系统的极数、电压和视在负荷。

功率系数的状态。包括滞后和超前，默认状态为滞后。

负荷分类和负荷子分类电动机。用于配电盘明细表 / 空间中负荷的分类和计算。

功率系数。又称功率因数，是电压与电流之间的相位差的余弦值，取值范围为 0 ～ 1，默认值为 1。

2. 风管连接件

在视图中选取风管连接件，打开风管连接件的"属性"选项板，如图 4-75 所示。

图 4-75 "属性"选项板

尺寸标注。在造型栏中可定义连接件的形状，包括矩形、圆形和椭圆形。选择"圆形"造型，需要设置连接件的半径大小；选择"矩形"和"椭圆形"造型，需要设置连接件的高度和宽度。

系统分类。设置风管连接件的系统类型，包括送风、回风、排风、其他、管件和全局。

流向。设置流体通过连接件的方向，包括进、出和双向。当流体通过连接件流进构件族时，选择"进"；当流体通过连接件流出构件族时，选择"出"；当流向不明确时，选择"双向"。

流量配置。系统提供了 3 种配置方式，包括计算、预设和系统。

计算。指定为其他设备提供资源或服务的连接件，或者传输设备连接件，表示通过连接件的流量需要根据被提供服务的设备流量计算求和得出。

预设。指定需要其他设备提供资源或服务的连接件，表示通过连接件的流量由其自身决定。

系统。与"计算"类似，在系统中有几个属性相同的设备的连接件为其他设备提供资源或服务时，表示通过该连接件的流量等于系统流量乘以流量系数。

损失方法。设置通过连接件的局部损失，包括未定义、特定损失和系数。

未定义。不考虑通过连接件处的压力损失。

特定损失。选择该选项，激活压降，设置流体通过连接件的压力损失。

系数。选择该选项，激活损失系数，设置流体通过连接件的局部损失系数。

3. 管道连接件

在视图中选取管道连接件，打开管道连接件的"属性"选项板，如图 4-76 所示。

系统分类。在此下拉列表选择管道的系统分类，包括家用热水、家用冷水、卫生设备、通气管、湿式消防系统、干式消防系统、循环供水、循环回水等 13 种系统类型。Revit MEP 不支持雨水系统，也不支持用户自定义添加新的系统类型。

直径。设置连接件连接管道的直径。

4. 电缆桥架连接件

在视图中选取电缆桥架连接件，打开电缆桥架连接件的"属性"选项板，如图 4-77 所示。

图 4-76　"属性"选项板（1）

图 4-77　"属性"选项板（2）

高度、宽度。设置连接件的尺寸。

角度。设置连接件的倾斜角度，默认为 0.00°，当连接件无角度时，可以不设置该项。

5. 线管连接件

单击"创建"选项卡，单击"连接件"面板中的"线管连接件"按钮，打开"修改 | 放置线管连接件"选项卡和选项栏，如图 4-78 所示。

单个连接件。通过连接件连接一根线管。

表面连接件。在连接件附着表面任何位置连接一根或多根线管。

在视图中选取线管连接件，打开线管连接件的"属性"选项板，如图 4-79 所示。

图 4-78 "修改 | 放置 线管连接件"选项卡和选项栏

角度。设置连接件的倾斜角度，默认为 0.00°，当连接件无角度时，可以不设置该项。

直径。设置连接件连接线管的直径。

4.6 综合实例——百叶送风口

（1）在主页中单击"族"→"新建"按钮或者单击"文件"→"新建"→"族"按钮，打开"新族 - 选择样板文件"对话框，选择"公共常规模型 .rft"为样板族，如图 4-80 所示。单击"打开"按钮进入族编辑器，如图 4-81 所示。

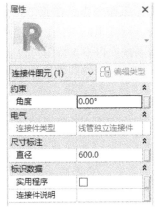

图 4-79 "属性"选项板

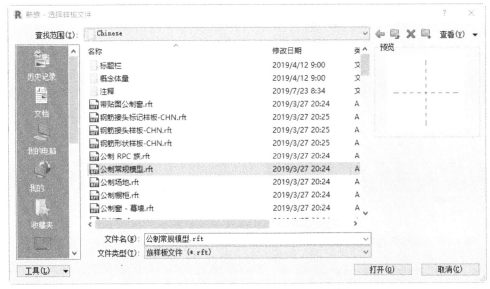

图 4-80 "新族 - 选择样板文件"对话框

（2）单击"创建"选项卡，单击"属性"面板中的"族类别和族参数"按钮，打开"族类别和族参数"对话框，在族类别列表中选择"风道末端"，如图 4-82 所示。单击"确定"按钮，设置送风口的族类别为风道末端。

（3）单击"创建"选项卡，单击"属性"面板中的"族类型"按钮，打开图 4-83 所示的"族类型"对话框，单击"新建参数"按钮，打开"名称"对话框，输入"名称"为"标准"，如图 4-84 所示。单击"确定"按钮，返回到"族类型"对话框。

图 4-81　族样板　　　　　　　　　　　　　　图 4-82　"族类别和族参数"对话框

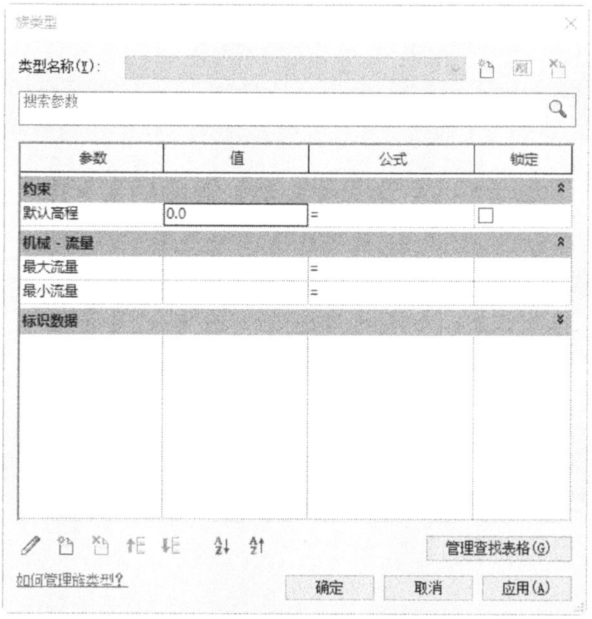

图 4-83　"族类型"对话框

图 4-84　"名称"对话框

（4）单击对话框中的"新建参数"按钮 [□]，打开"参数属性"对话框，选择"族参数"选项，输入"名称"为"风管高度"，在"规程"下拉列表中选择"HVAC"，在"参数类型"下拉列表中选择"风管尺寸"，在"参数分组方式"下拉列表中选择"尺寸标注"，其他采用默认设置，如图 4-85 所示。单击"确定"按钮。

（5）返回到"族类型"对话框，采用上步相同的方法，创建风管宽度尺寸参数属性，如图 4-86 所示，单击"确定"按钮。

（6）在"项目浏览器"中单击"立面"→"前"按钮，切换到前立面视图。

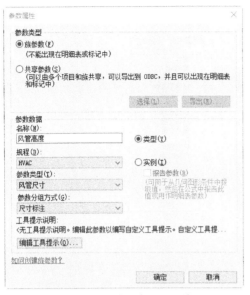

图 4-85　"参数属性"对话框

图 4-86　创建风管宽度尺寸参数

（7）单击"创建"，单击选项卡"基准"面板中的"参照平面"按钮，在选项栏中输入"偏移"为"150"，以视图中的十字交叉线为参照平面，绘制辅助线，如图 4-87 所示。

（8）单击"创建"选项卡，单击"形状"面板中的"拉伸"按钮，打开"修改 | 创建拉伸"选项卡，单击"绘制"面板中的"矩形"按钮，以参照平面为参照，绘制轮廓线，如图 4-88 所示。单击视图中的"创建或删除长度或对齐约束"图标，将轮廓线与洞口进行锁定，如图 4-89 所示。

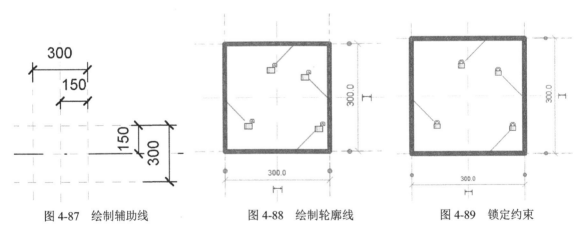

图 4-87　绘制辅助线　　　　图 4-88　绘制轮廓线　　　　图 4-89　锁定约束

（9）单击"测量"面板中的"对齐尺寸标注"按钮，依次单击矩形的左侧边线、中间竖直平面参照面、矩形右侧边线，标注连续尺寸，将尺寸拖曳到适当位置并单击放置，单击 图标，创建等分尺寸，如图 4-90 所示。

（10）继续标注矩形的宽度尺寸，然后选取尺寸 300，在"尺寸标注"选项卡的"标签尺寸标注"面板的"标签"下拉列表中选择"风管宽度 =0mm"，将尺寸设置为参数尺寸，如图 4-91 所示。

（11）采用相同的方法，标注风管高度尺寸，如图 4-92 所示。

（12）在"属性"选项板中设置"拉伸起点"为"0.0"，"拉伸终点"为"–100.0"，如图 4-93 所示。单击"模式"面板中的"完成编辑模式"按钮。

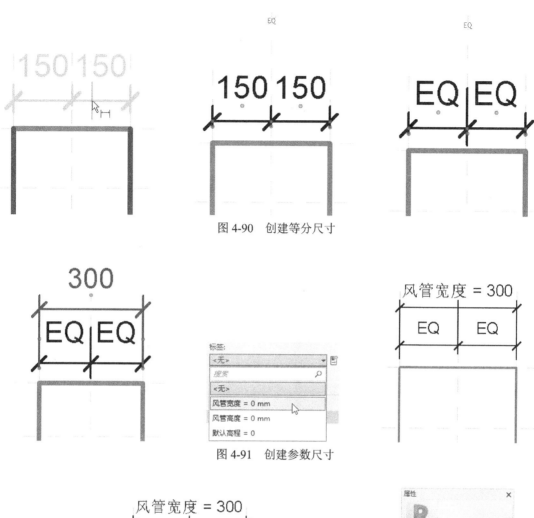

图 4-90 创建等分尺寸

图 4-91 创建参数尺寸

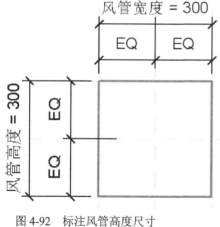

图 4-92 标注风管高度尺寸

图 4-93 设置拉伸参数

（13）单击"创建"选项卡，单击"形状"面板中的"拉伸"按钮，打开"修改 | 创建拉伸"选项卡，单击"绘制"面板中的"矩形"按钮，沿着拉伸体边线绘制矩形，并单击"创建或删除长度或对齐约束"图标，将矩形与拉伸体边线进行锁定，如图 4-94 所示。

（14）继续绘制矩形，单击"测量"面板中的"对齐尺寸标注"按钮，标注两个矩形之间的

图 4-94 锁定矩形

尺寸，选取大矩形的右侧边线，尺寸呈编辑状态，单击尺寸值更改尺寸值为"30"，按 Enter 键确认，修改矩形之间的间距，如图 4-95 所示。

（15）选取上一步创建的尺寸 30，单击"标签尺寸标注"面板中的"创建参数"按钮，打开"参数属性"对话框，输入"名称"为"面板宽度"，选择"参数分组方式"为"尺寸标注"，选择"实例"单选项，如图 4-96 所示。其他采用默认设置，单击"确定"按钮。

（16）重复步骤（14）和（15），继续标注其他尺寸，如图 4-97 所示。

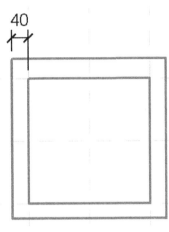
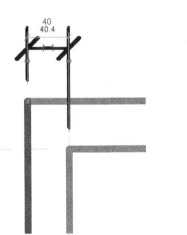

图 4-95 修改尺寸

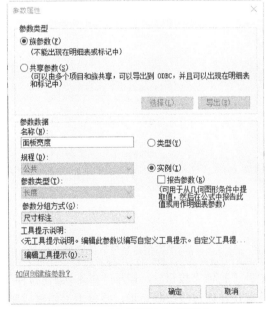

图 4-96 "参数属性"对话框

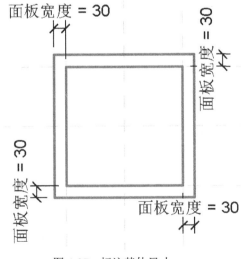

图 4-97 标注其他尺寸

（17）在"属性"选项板中设置"拉伸起点"为"0.0"，"拉伸终点"为"50.0"，单击"模式"

面板中的"完成编辑模式"按钮✅。

（18）单击"快速访问"工具栏中的"保存"按钮💾，打开"另存为"对话框，设置保存路径，输入文件名为"送风口 - 百叶"，如图 4-98 所示。单击"保存"按钮，保存族文件。

图 4-98　"另存为"对话框

（19）单击"文件"→"新建"→"族"按钮，打开"新族 - 选择样板文件"对话框，选择"公共常规模型 .rft"为样板族，单击"打开"按钮进入族编辑器。

（20）在"项目浏览器"中单击"立面"→"右"按钮，切换到右立面视图。

（21）单击"创建"选项卡，单击"形状"面板中的"拉伸"按钮🗂，打开"修改|创建拉伸"选项卡，单击"绘制"面板中的"矩形"按钮▭，绘制高度为 10、宽度为 40 的矩形，如图 4-99 所示。

（22）单击"修改 | 拉伸"选项卡，单击"修改"面板中的"旋转"按钮↻，将上一步绘制的矩形绕参照平面交点旋转 30 度，结果如图 4-100 所示。

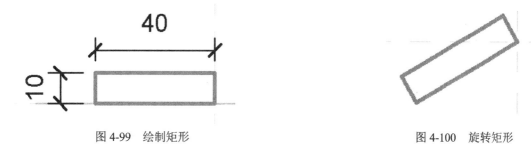

图 4-99　绘制矩形　　　　　　　　　　　　　　　　　图 4-100　旋转矩形

（23）在"属性"选项板中采用默认的拉伸深度，单击"模式"面板中的"完成编辑模式"按钮✅。

（24）将视图切换至前立面视图，单击"创建"选项卡，单击"基准"面板中的"参照平面"按钮🖉，在拉伸体的右侧绘制竖直参照平面；单击"修改"选项卡，单击"修改"面板中的"对齐"按钮📐，添加左侧参照平面与拉伸体左侧边缘对齐并锁定，然后添加右侧参照平面与拉伸体右侧边缘对齐并锁定。

（25）单击"测量"面板中的"对齐尺寸标注"按钮✓，标注叶片的宽度，然后选取宽度尺寸，单击"标签尺寸标注"面板中的"创建参数"按钮🗐，打开"参数属性"对话框，输入"名称"为"叶片宽度"，"参数分组方式"为"尺寸标注"，选择"实例"单选项，如图 4-101 所示。其他采用默认设置，单击"确定"按钮，结果如图 4-102 所示。

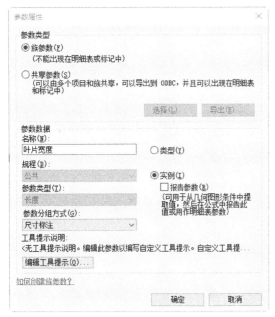

图 4-101 "参数属性"对话框

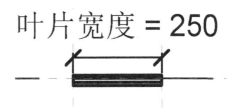

图 4-102 标注尺寸

（26）单击"快速访问"工具栏中的"保存"按钮 ，打开"另存为"对话框，设置保存路径，输入文件名为"叶片"，单击"保存"按钮，保存族文件。单击"修改"选项卡"族编辑器"面板中的"载入到项目"按钮 ，进入参照标高视图，将叶片放置在送风口的位置，如图 4-103 所示。单击"修改"选项卡，单击"族编辑器"面板中的"载入到项目"按钮 ，进入参照标高视图，将叶片放置在送风口的位置，如图 4-103 所示。

（27）选取叶片，在"属性"选项板中单击"叶片宽度"右侧的"关联族参数"按钮 ，打开"关联族参数"对话框，选取"风管宽度"，如图 4-104 所示。单击"确定"按钮，使叶片宽度和风管宽度关联，当风管宽度变化时，叶片宽度也随之变化。

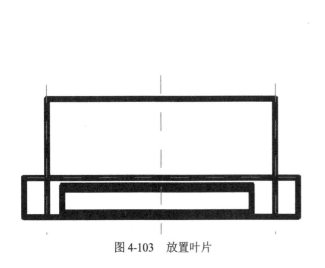

图 4-103 放置叶片

图 4-104 "关联族参数"对话框

（28）单击"修改"选项卡，单击"修改"面板中的"对齐"按钮，分别选取面板内侧面和叶片的端面，添加对齐并锁定，如图 4-105 所示。

（29）在前视图中，单击"创建"选项卡，单击"基准"面板中的"参照平面"按钮，绘制参照平面，单击"测量"面板中的"对齐尺寸标注"按钮，标注尺寸，如图 4-106 所示。

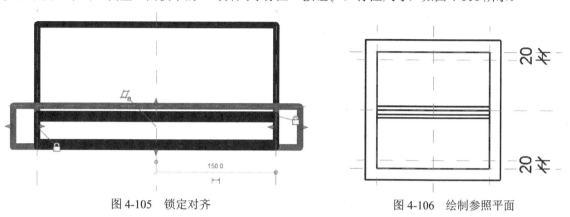

图 4-105　锁定对齐　　　　　　　　　　　图 4-106　绘制参照平面

（30）选取上一步创建的尺寸 20，单击"标签尺寸标注"面板中的"创建参数"按钮，打开"参数属性"对话框，输入"名称"为"叶片余量"，"参数分组方式"为"尺寸标注"，如图 4-107 所示。其他采用默认设置，单击"确定"按钮，采用相同方法修改另一个尺寸，如图 4-108 所示。

（31）单击"修改 | 拉伸"选项卡，单击"修改"面板中的"对齐"按钮，选取上端的参照平面，再选取叶片上边线，将叶片移动到上端的参照平面处。

（32）单击"创建或删除长度或对齐约束"图标，将参照平面与叶片上连线进行锁定，如图 4-109 所示。

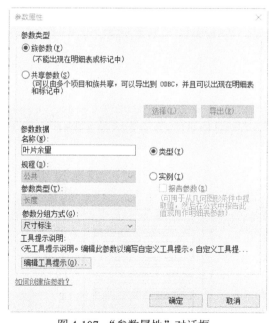

图 4-107　"参数属性"对话框

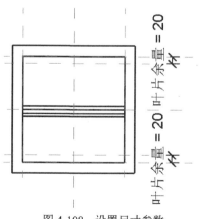

图 4-108　设置尺寸参数

（33）单击"修改"选项卡，单击"修改"面板中的"阵列"按钮，选取叶片为阵列对象，在选项栏中选择"最后一个"选项，捕捉叶片底边与竖直参照平面的交点为阵列起点，竖直移动鼠标，向下

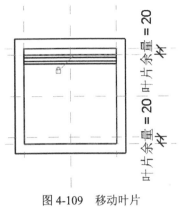

图 4-109　移动叶片

捕捉下端水平参照平面与竖直参照平面的交点为最后阵列图元的位置，输入阵列个数为"6"，按 Enter 键确认，如图 4-110 所示。

（34）选取阵列尺寸，在选项栏的"标签"下拉列表中选择"添加参照"选项，打开"参数属性"对话框，输入"名称"为"叶片个数"，其他采用默认设置，如图 4-111 所示。单击"确定"按钮，更改参数，结果如图 4-112 所示。

（35）单击"修改"选项卡，单击"属性"面板中的"族类型"按钮，在"叶片个数"栏的"公式"选项中输入"（风管高度－叶片余量 *2）/45"，勾选"锁定"复选框，如图 4-113 所示。单击"确定"按钮。

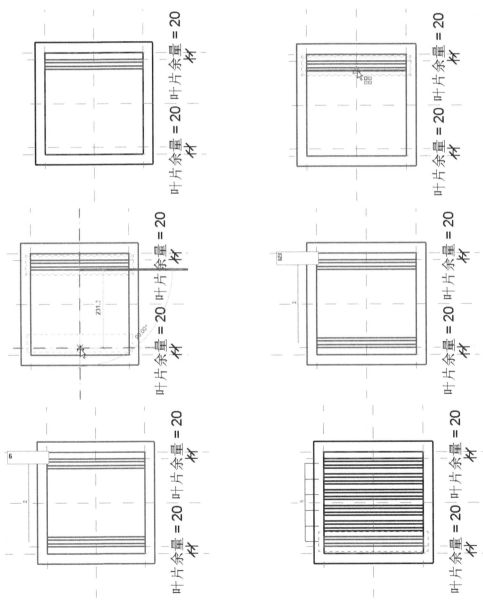

图 4-110　阵列叶片

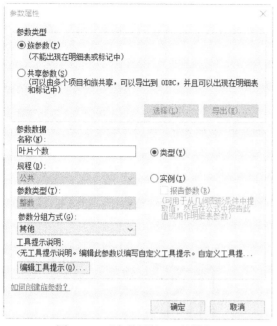

图 4-111　"参数属性"对话框

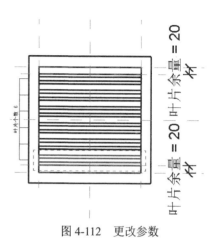

图 4-112　更改参数

> 注意　公式中的括号必须是英文字符。

（36）单击"测量"面板中的"对齐尺寸标注"按钮，标注尺寸并添加参数，如图 4-114 所示，使叶片余量随风管高度的变化而变化。

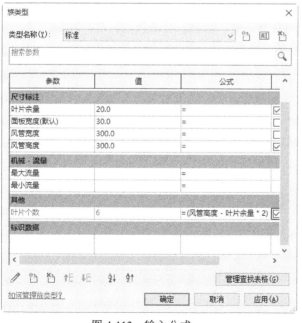

图 4-113　输入公式

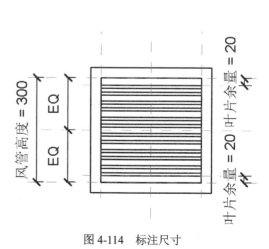

图 4-114　标注尺寸

（37）在三维视图中，调整送风口的位置，单击"创建"选项卡，单击"连接件"面板中的"风管连接件"按钮 ，打开"修改 | 放置 风管连接件"选项卡，如图4-115所示。默认激活"面"按钮 。

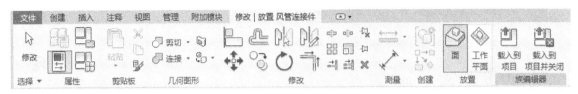

图4-115　"修改 | 放置 风管连接件"选项卡

（38）在视图中选取图4-116所示的面为连接件放置面，单击放置风管连接件，如图4-117所示。

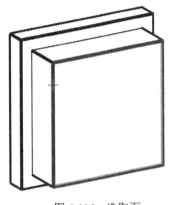

图4-116　选取面

图4-117　放置风管连接件

（39）选取上一步创建的风管连接件，在"属性"选项板中单击"高度"栏右侧的"关联族参数"按钮 ，打开"关联族参数"对话框，选择"风管高度"，如图4-118所示。单击"确定"按钮，将连接件的高度与风管高度关联，采用相同的方法，将连接件的宽度与风管宽度关联。

图4-118　"关联族参数"对话框

第 5 章
模型布局

知识导引

本章通过定义标高、轴网和地理位置，创建场地平面等，开始模型的设计。

5.1 标高

标高时不限水平平面，可作为屋顶、楼板和天花板等以层为主体的图元的参照，标高大多用于定义建筑内的垂直高度或楼层。用户可以为每个已知楼层或建筑的其他必需参照创建标高。要创建标高必须处于剖面或立面视图中，当标高修改后，这些建筑构件会随着标高的改变而发生高度上的变化。

5.1.1 创建标高

使用"标高"工具，可定义垂直高度或建筑内的楼层标高。用户可以为每个已知楼层或建筑的其他必需参照（如第二层、墙顶或基础底端）创建标高。

图 5-1 预设标高

具体操作步骤如下。

（1）新建一项目文件，并将视图切换到东立面视图，或者打开要添加标高的剖面视图或立面视图。

（2）东立面视图中显示预设的标高，如图 5-1 所示。

（3）单击"建筑"选项卡，单击"基准"面板中的"标高"按钮，打开"修改 | 放置 标高"选项卡和选项栏，如图 5-2 所示。

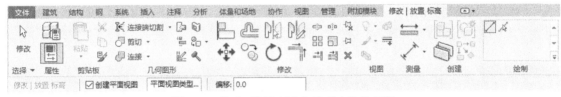

图 5-2 "修改 | 放置 标高"选项卡和选项栏

创建平面视图。默认勾选此复选框，所创建的每个标高都是一个楼层，并且拥有关联楼层平面视图和天花板投影平面视图。如果取消勾选此复选框，则认为标高是非楼层的标高或参照标高，并且不创建关联的平面视图。墙及其他以标高为主体的图元可以将参照标高用作自己的墙顶定位标高或墙底定位标高。

平面视图类型。单击此选项，打开图 5-3 所示"平面视图类型"对话框，可指定视图类型。

（4）当放置光标以创建标高时，如果光标与现有标高线对齐，则光标和该标高线之间会显示一个临时的垂直尺寸标注，如图 5-4 所示。单击确定标高线的起点。

（5）水平移动光标绘制标高线，直到捕捉到另一侧标头，单击确定标高线的终点。

（6）选择与其他标高线对齐的标高线时，将会出现一个锁以指明对齐，如图 5-5 所示。如果水平移动标高线，则全部对齐的标高线会随之移动。

（7）选中视图中标高的临时尺寸值，可以更改标高的高度，如图 5-6 所示。

（8）单击标高的名称，可以改变其名称，如图 5-7 所示。在空白位置单击，打开图 5-8 所示的"确认标高重命名"对话框，单击"是"按钮，则相关的楼层平面和天花板投影平面的名称也将随之更新。如果输入的名称已存在，则会打开图 5-9 所示的错误提示对话框，单击"取消"按钮，重新输入名称。

图 5-3　"平面视图类型"对话框

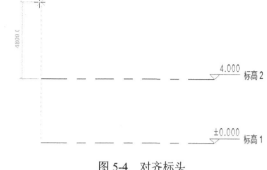

图 5-4　对齐标头

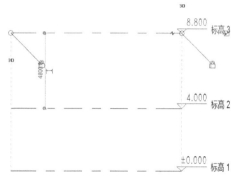

图 5-5　锁定对齐

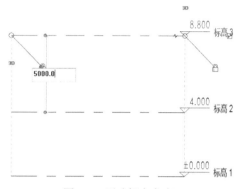

图 5-6　更改标高高度

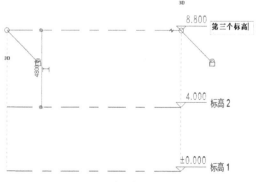

图 5-7　输入标高名称

图 5-8　"确认标高重命名"对话框

图 5-9　错误提示对话框

注意

在绘制标高时，要注意光标的位置，如果光标在现有标高的上方，则会在当前标高上方生成标高；如果光标在现有标高的下方位置，则会在当前标高的下方生成标高。在拾取时，视图中会以虚线表示即将生成的标高的位置，可以根据此预览来判断标高位置是否正确。

（9）如果想要生成多个标高，可以利用"复制"按钮 ⓒ 和"阵列"按钮 ⬚⬚，只是利用这两种工具只能单纯地创建标高符号而不会生成相应的视图，所以需要手动创建平面视图。

5.1.2 编辑标高

当标高创建完成后，还可以修改标高的标头样式、标高线型，调整标高标头位置。

具体操作步骤如下。

（1）选取要修改的标高，在"属性"选项板中更改类型，如图5-10所示。

图 5-10 更改标高类型

（2）当相邻的两个标高靠得很近时，有时会出现标头文字重叠的现象，可以单击"添加弯头"按钮 ～，拖曳控制柄到适当的位置，如图5-11所示。

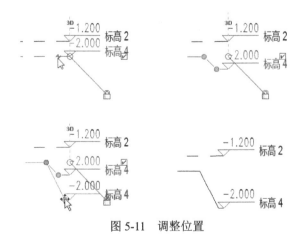

图 5-11 调整位置

（3）选取标高线，拖曳标高线两端的操纵柄，向左或向右移动鼠标，调整标高线的长度，如图5-12所示。

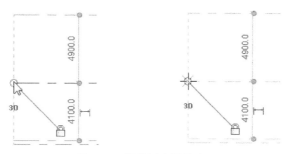

图 5-12　调整标高线长度

（4）选取一条标高线，在标高编号的附近会显示"隐藏或显示标头"复选框。取消勾选此复选框，隐藏标头；勾选此复选框，显示标头，如图 5-13 所示。

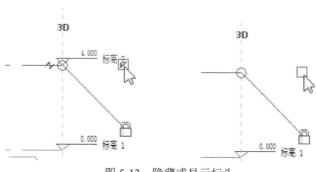

图 5-13　隐藏或显示标头

（5）选取标高后，单击"3D"字样，将标高切换到"2D"属性，如图 5-14 所示。这时拖曳标头延长标高线，其他视图不会受到影响。

图 5-14　3D 与 2D 切换

（6）可以在"属性"选项板中通过修改实例属性来指定标高的高程、计算高度和名称，如图 5-15 所示。对实例属性的修改只会影响当前选中的图元。

立面。标高的垂直高度。

上方楼层。与"建筑楼层"参数结合使用，此参数指示该标高的下一个建筑楼层。默认情况下，"上方楼层"是下一个启用"建筑楼层"的最高标高。

计算高度。在计算房间周长、面积和体积时要使用的标高之上的距离。

名称。标高的标签。可以为该属性指定任何所需的标签或名称。

结构。将标高标识为主要结构（如钢顶部）。

建筑楼层。指示标高对应于模型中的功能楼层或楼板，与其他标高（如平台和保护墙）相对。

（7）单击"属性"选项板中的"编辑类型"按钮 ，打开图 5-16 所示"类型属性"对话框，可以在该对话框中修改标高的类型、基面、线宽、颜色等属性。

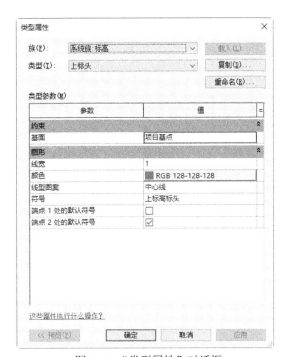

图 5-15 "属性"选项板　　　　图 5-16 "类型属性"对话框

基面。包括项目基点和测量点。如果选择项目基点，则在某一标高上报告的高程基于项目原点。如果选择测量点，则报告的高程基于固定测量点。

线宽。设置标高类型的线宽。可以从值列表中选择线宽型号。

颜色。设置标高线的颜色。单击颜色，打开"颜色"对话框，从对话框的颜色列表中选择颜色或自定义颜色。

线型图案。设置标高线的线型图案。线型图案可以为实线、虚线或圆点的组合。可以从 Revit 定义的值列表中选择线型图案，也可以自定义线型图案。

符号。确定标高线的标头是否显示编号中的标高号（标高标头 - 圆圈）、显示标高号但不显示编号（标高标头 - 无编号）或不显示标高号（＜无＞）。

端点 1 处的默认符号。默认情况下，在标高线的左端点处不放置编号。勾选此复选框，显示编号。

端点 2 处的默认符号。默认情况下，在标高线的右端点处放置编号。选择标高线时，标高编号旁边将显示此复选框，取消勾选此复选框，隐藏编号。

5.2　轴网

轴网用于为构件定位，在 Revit 中轴网确定了一个不可见的工作平面。Revit 目前可以绘制弧形和直线轴网，不支持折线轴网。

5.2.1 创建轴网

使用"轴网"工具，可以在建筑设计中放置柱轴网线。轴网可以是直线、圆弧或多段。

具体操作步骤如下。

（1）新建一项目文件，在默认的标高平面上绘制轴网。

（2）单击"建筑"选项卡，单击"基准"面板中的"轴网"按钮，打开"修改 | 放置 轴网"选项卡和选项栏，如图 5-17 所示。

图 5-17 "修改 | 放置 轴网"选项卡和选项栏

（3）单击确定轴线的起点，向下拖曳光标，如图 5-18 所示。到适当位置时单击确定轴线的终点，完成一条竖直直线的绘制，结果如图 5-19 所示。

图 5-18 确定起点   图 5-19 绘制轴线

（4）继续绘制其他轴线，可以单击"修改"面板中的"复制"按钮，框选上一步绘制的轴线，然后按 Enter 键指定起点，拖曳光标到适当位置，单击确定终点，如图 5-20 所示。也可以直接输入尺寸值确定两轴线的间距。

（5）继续绘制其他竖直轴线，如图 5-21 所示。复制的轴线编号是自动排序的。当绘制轴线时，可以让各轴线的头部和尾部相互对齐。如果轴线是对齐的，则选择轴线时会出现一个锁以指明对齐。如果移动轴网，则所有对齐的轴线都会随之移动。

（6）继续指定轴线的起点，水平拖曳光标到适当位置并单击确定终点，绘制一条水平轴线，继续绘制其他水平轴线，如图 5-22 所示。

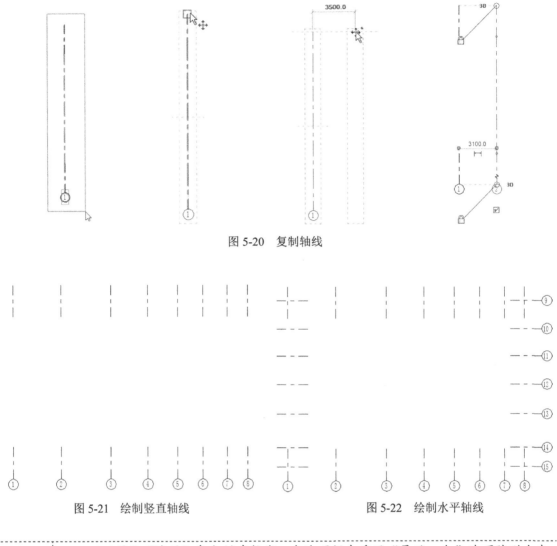

图 5-20　复制轴线

图 5-21　绘制竖直轴线　　　　　图 5-22　绘制水平轴线

提示

可以利用"阵列"命令创建轴线，在选项栏中采用"最后一个"选项阵列出来的轴线编号不是按顺序编号的，采用"第二个"选项阵列出来的轴线编号是按顺序编号的。

5.2.2　编辑轴网

绘制完轴网后会发现轴网中有的地方不符合要求，需要进行修改。

具体操作步骤如下。

（1）打开 5.2.1 节创建的文件，选取所有轴线，然后在"属性"选项板中选择"6.5mm 编号"类型，如图 5-23 所示，更改后的结果如图 5-24 所示。

（2）一般情况下横向轴线的编号按从左到右的顺序编写，纵向轴线的编号则用大写的英文字母从下到上编写，不能用 I 和 O 字母。选择最下端水平轴线，双击"15"数字，更改为"A"，如图 5-25 所示，按 Enter 键确认。

图 5-23　选择类型

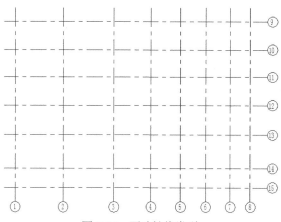

图 5-24　更改轴线类型

（3）采用相同方法更改其他纵向轴线的编号，结果如图 5-26 所示。

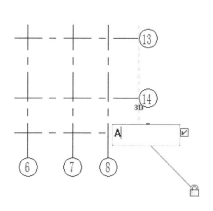

图 5-25　输入轴线编号

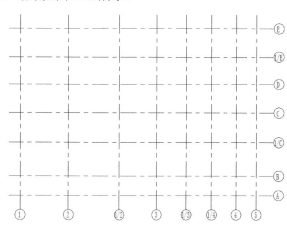

图 5-26　更改轴线编号

（4）选中临时尺寸，可以编辑此轴与相邻两轴之间的尺寸，如图 5-27 所示。采用相同的方法，更改所有轴之间的尺寸，如图 5-28 所示。也可以直接拖曳轴线调整轴线的间距。

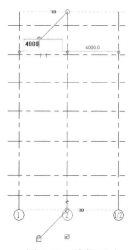

图 5-27　编辑尺寸

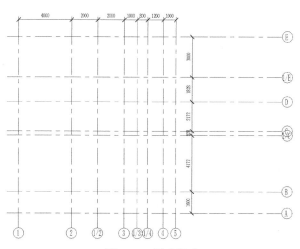

图 5-28　更改尺寸

（5）选取轴线，拖曳轴线端点 ↻ 调整轴线的长度，如图 5-29 所示。

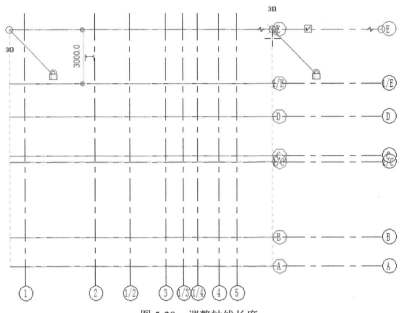

图 5-29　调整轴线长度

（6）选取任意轴线，单击"属性"选项板中的"编辑类型"按钮 🔡，或者单击"修改 | 轴网"选项卡，单击"属性"面板中的"类型属性"按钮 🔡，打开"类型属性"对话框，可以在该对话框中修改轴线的类型、符号、颜色等属性。勾选"平面视图轴号端点 1（默认）"复选框，如图 5-30 所示。单击"确定"按钮，结果如图 5-31 所示。

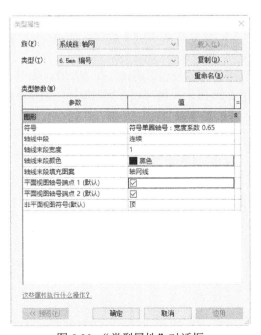

图 5-30　"类型属性"对话框

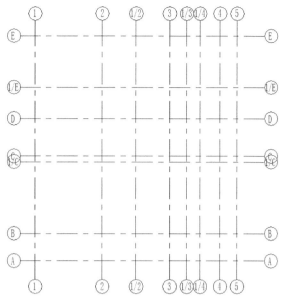

图 5-31 显示端点 1 的轴号

符号。用于轴线端点的符号。

轴线中段。在轴线中显示轴线中段的类型。包括"无""连续"或"自定义",如图 5-32 所示。

轴线末段宽度。表示连续轴线的宽度,或者在"轴线中段"的类型为"无"或"自定义"的情况下表示轴线末段的宽度,如图 5-33 所示。

图 5-32 轴线中段的类型

图 5-33 轴线末段宽度

轴线末段颜色。表示连续轴线的线颜色,或者在"轴线中段"的类型为"无"或"自定义"的情况下表示轴线末段的线颜色,如图 5-34 所示。

轴线末段填充图案。表示连续轴线的线样式,或者在"轴线中段"的类型为"无"或"自定义"的情况下表示轴线末段的线样式,如图 5-35 所示。

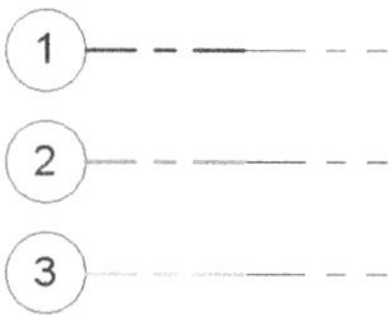

图 5-34 轴线末段颜色

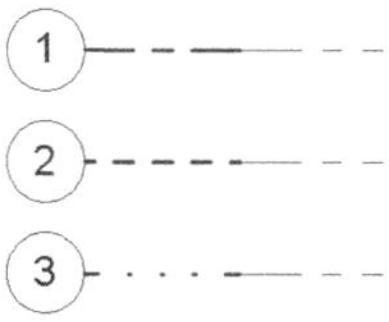

图 5-35 轴线末段填充图案

平面视图轴号端点 1(默认)。在平面视图中,在轴线的起点处显示编号的默认设置。也就是说,在绘制轴线时,编号在其起点处显示。

平面视图轴号端点 2（默认）。在平面视图中，在轴线的终点处显示编号的默认设置。也就是说，在绘制轴线时，编号在其终点处显示。

非平面视图符号（默认）。在非平面视图的项目视图（如立面视图和剖面视图）中，轴线上显示编号的默认位置有"顶""底""两者"（顶和底）或"无"。如果需要，可以显示或隐藏视图中各轴网线的编号。

（7）由图 5-31 所示可以看出 C 和 1/C 两条轴线之间相距太近，可以选取 1/C 轴线，单击"添加弯头"按钮 ↚，添加弯头后如图 5-36 所示。

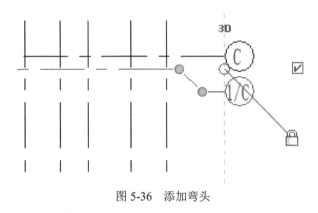

图 5-36　添加弯头

（8）选择任意轴线，勾选或取消勾选轴线外侧的复选框□，可以打开或关闭轴号显示，如图 5-37 所示。

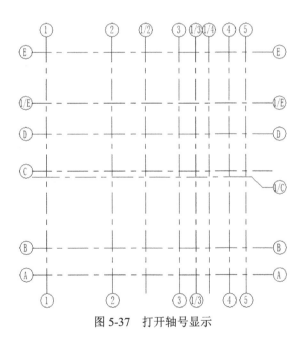

图 5-37　打开轴号显示

5.3　定位

Revit 提供了多种方法来定义模型的关联环境。

测量点在测量坐标系中对建筑几何图形进行定向，可以使用测量点建立共享坐标系，在链接多个模型时非常有用。

项目基点会建立一个参照，用于测量距离并相对于模型进行对象定位。

地理位置使用全局坐标指定模型的真实世界位置。

正北是基于场地情况的真实世界的北方向。

项目北会将建筑几何图形的主轴指向绘图区域的顶部，以便在图纸上进行设计和放置。

5.3.1　坐标系

Revit 使用 2 个坐标系，分别为测量坐标系和项目坐标系。

1.　测量坐标系

测量坐标系。为建筑模型提供真实世界的关联环境，旨在描述地球表面上的位置。

许多测量坐标系都进行了标准化处理。有些系统使用经纬度，有些使用 *xyz* 轴坐标。测量坐标系所处理的比例比项目坐标系所处理的比例大得多，并且可以处理地球曲率和地形等问题，而这些对于项目坐标系则无关紧要。

在 Revit 中，测量点 △ 会标识模型附近的真实世界位置。例如，可以将测量点放置在项目场地一角或 2 条属性线的相交处，并指定其真实世界的坐标。

2.　项目坐标系

项目坐标系。描述相对于建筑模型的位置，使用属性边界或项目范围中选定的点作为参照，以此测量距离并相对于模型进行对象定位。

使用项目坐标系可确定项目相对于模型附近指定点的位置。此坐标系特定用于当前项目。

在 Revit 中，项目坐标系的原点即项目基点 ⊗，许多团队使用项目基点作为参考点在场地中进行测量，将其放置在建筑的边角或模型中的其他合适位置以简化现场测量。

5.3.2　内部原点

内部坐标系的原点为测量和项目坐标系提供了基础。内部原点的位置绝不会移动。内部原点也称为起始位置。

创建新模型时，默认情况下，项目基点 ⊗ 和测量点 △ 均放置在内部原点上。

若要建立项目坐标系，则将项目基点从内部原点位置移动到其他位置，如建筑的一角。如果之后需要将项目基点移回至内部原点，则取消剪裁项目基点并在其上单击鼠标右键，然后单击"移动到起始位置"。

若要建立测量坐标系，则将测量点从内部原点移动到已知的真实世界的位置，例如大地标记或 2 条建筑红线的相交处。

1.　距内部原点的最大距离

模型几何图形必须定位在距内部原点 32 千米或 20 英里的范围内。超出该距离范围可能会降低可靠性，并导致不必要的图形操作。

2.　通过内部原点定位链接项和导入项

导入或链接另一模型时，可通过对齐传入几何图形的内部原点与主体模型的内部原点来定位该模型。若要执行此操作，则将"定位"选项设为"自动 - 原点到原点"或"手动 - 原点到原点"。

3. 高程点坐标

在模型中使用高程点坐标时，可以指定坐标的相对位置是测量点、项目基点还是内部原点。若要报告相对于内部原点的高程点坐标，修改"高程点坐标"类型属性，将"坐标原点"参数更改为"相对"。

5.3.3　定义测量点

指定测量点为 Revit 模型提供真实世界的关联环境。

导入或链接其他模型到当前 Revit 模型时，各模型可以使用测量点进行对齐。

具体操作步骤如下。

（1）打开场地平面视图或其他能显示测量点的视图。项目基点 ⊗ 和测量点 △ 位于相同位置。

（2）若要选中测量点，将鼠标指针移动到符号上方，然后查看工具提示或状态栏。如果显示"场地：项目基点"，按 Tab 键，直到显示"场地：测量点"为止。单击以选中测量点。

（3）测量点旁边的剪裁符号表示该测量点的剪裁状态。它可能已被剪裁🖉或未被剪裁🖉。

（4）如果测量点已被剪裁，单击以取消剪裁测量点🖉。

（5）将该测量点拖曳到所需位置。或者在绘图区域使用"属性"选项板或"测量点"字段，输入"南 / 北"（北距）、"东 / 西"（东距）和"高程"的值。

（6）在绘图区域中，单击以再次剪裁测量点🖉。

5.3.4　地理位置

地理位置可使用全局坐标指定模型的真实世界位置。

Revit 使用地理位置的方式如下。

（1）定义模型在地球表面的位置。

（2）为使用这些位置的视图（如日光研究和漫游）生成与位置相关的阴影。

（3）为用于热负荷、冷负荷和能量分析的天气信息提供基础支持。

单击"管理"选项卡，单击"项目位置"面板中的"地点"按钮🌏，打开"位置、气候和场地"对话框。

（1）"位置"选项卡。指定模型的地理位置，以及用于分析的气象站。

定义位置依据。从下拉列表中选择默认城市列表或 Internet 映射服务。

默认城市列表。从城市下拉列表中选择主要城市，或直接输入经度和纬度。

Internet 映射服务。使用交互式地图选择位置，或输入街道地址。

（2）"天气"选项卡，如图 5-38 所示。调整用于执行热负荷和冷负荷分析的气候数据。

使用最近的气象站。默认情况下，Revit 将使用《2007 ASHRAE 手册》中列出的离项目位置最近的气象站。

制冷设计温度。Revit 将使用最近的或选中的气象站，以填充"制冷设计温度"表。

干球温度。干球温度通常称为空气温度，是由暴露在空气中但不接触直接的日光照射和湿气的温度计所测量的温度。

湿球温度。湿球温度是在恒压下使水蒸发到空气中至空气饱和时空气可能达到的温度。湿球温度与干球温度之差越小，相对湿度越大。

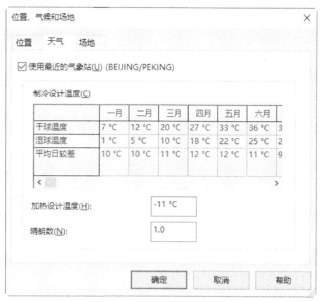

图 5-38　"天气"选项卡

平均日较差。平均日较差是每日最高和最低温度之差的平均值。

加热设计温度。加热设计温度是指在典型气候的一年中至少 99% 的时间内的最低户外干球温度。

晴朗数。平均值为 1.0。

（3）"场地"选项卡，如图 5-39 所示。创建命名位置（场地），以管理项目在场地中及相对于其他建筑物的方向和位置。

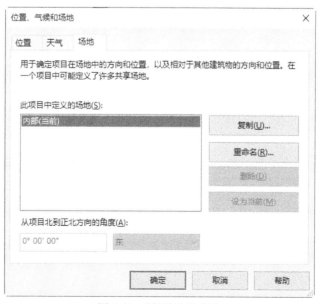

图 5-39　"场地"选项卡

此项目中定义的场地。列出项目中定义的所有命名位置。默认情况下，项目存在命名为"内部（当前）"的场地。内部指项目的内部原点。

复制。复制选中的命名位置，并分配指定的名称。

重命名。重命名选中的命名位置。

删除。删除选中的命名位置。

设为当前。当前表示具有焦点和用作项目共享坐标的命名位置。

从项目北到正北方向的角度。当"项目基点"从当前命名位置的正北方向旋转时，显示表示度数和旋转方向。

第 6 章
建筑模型

知识导引

无论是创建暖通系统、给排水系统还是电气系统均需要根据实际建筑模型的布局，来精确地计算附件、设备等的放置位置，尽量减少管线的走向。

本章主要介绍建筑模型中基础构件的创建方法。

6.1 墙体

与建筑模型中的其他基本图元类似，墙也是预定义系统族类型的实例，表示墙功能、组合和厚度的标准变化形式。通过修改墙的类型属性来添加或删除层、将层分割为多个区域，以及修改层的厚度或指定的材质，可以自定义这些特性。

6.1.1 一般墙体

单击"墙"工具，选择所需的墙类型，并将该类型的实例放置在平面视图或三维视图中，可以将墙添加到建筑模型中。

可以在功能区中选择一个绘制工具，在绘图区域中绘制墙的线性范围，或者通过拾取现有线、边或面来定义墙的线性范围。墙相对于所绘制的路径或所选现有图元的位置由墙的某个实例属性的值来确定，即"定位线"。

具体操作步骤如下。

（1）单击"建筑"选项卡，单击"构建"面板中的"墙"按钮 ，打开"修改 | 放置 墙"选项卡和选项栏，如图6-1所示。

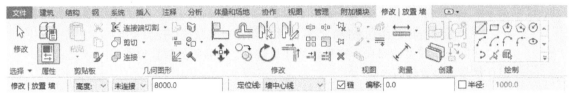

图6-1 "修改 | 放置 墙"选项卡和选项栏

（2）从"属性"选项板的类型下拉列表中没有找到240的墙，所以这里要先创建240的墙。

1）选择"常规 -200mm"类型，单击"编辑类型"按钮 ，打开"类型属性"对话框，单击"复制"按钮，打开"名称"对话框，修改"名称"为"常规 -240mm"，如图6-2所示。单击"确定"按钮。

图6-2 "名称"对话框

2）返回到"类型属性"对话框，单击对话框结构栏中的"编辑"按钮 编辑... ，打开"编辑部件"对话框，更改"结构［1］厚度为"240.0"，其他采用默认设置，如图6-3所示。连续单击"确定"按钮，完成240墙的设置。

（3）在选项栏中设置墙体"高度"为"标高2"，"定位线"为"墙中心线"，其他采用默认设置，如图6-4所示。

高度。为墙的墙顶定位标高选择标高，或者默认设置"未连接"，然后输入高度值。

定位线。指定使用墙的哪一个垂直平面相对于所绘制的路径或在绘图区域中指定路径来定位墙，包括"墙中心线"（默认）"核心层中心线""面层面：外部""面层面：内部""核心面：外部""核心面：内部"；在简单的砖墙中，"墙中心线"和"核心层中心线"平面将会重合，然而它们在复合墙中可能会从左到右绘制墙时，其外部面（面层面：外部）默认情况下位于顶部。

链。勾选此复选框，以绘制一系列在端点处连接的墙分段。

图 6-3　"编辑部件"对话框

图 6-4　选项栏

偏移。输入一个距离，以指定墙的定位线与光标位置或选定的线或面之间的偏移。

连接状态。选择"允许"（默认）选项以在墙相交位置自动创建连接。选择"不允许"选项以防止各墙在相交时连接。每次打开软件时默认选择"允许"选项，但上一选定选项在当前会话期间保持不变。

（4）在视图中捕捉轴网的交点为墙体的起点，如图 6-5 所示。移动鼠标到适当位置并单击确定墙体的终点，如图 6-6 所示。继续绘制墙体，完成 240 墙的绘制，如图 6-7 所示。

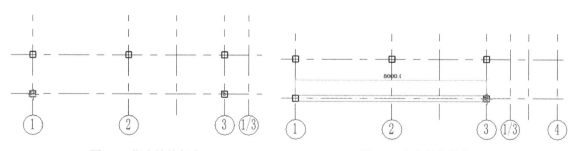

图 6-5　指定墙体起点　　　　　　　　　图 6-6　指定墙体终点

可以使用以下 3 种方法来放置墙。

绘制墙。使用默认的"线"工具，通过在图形中指定起点和终点来放置墙分段。或者指定起点，沿所需方向移动光标，然后输入墙的长度值。

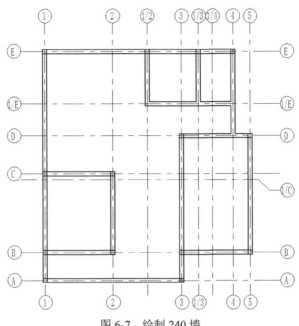

图 6-7　绘制 240 墙

沿着现有的线放置墙。使用"拾取线"工具，沿着在图形中选择的线来放置墙分段。线可以是模型线、参照平面边缘或图元（如屋顶、幕墙嵌板和其他墙）边缘。

将墙放置在现有面上。使用"拾取面"工具，将墙放置于在图形中选择的体量面或常规模型面上。

（5）在"属性"选项板中选择"常规 -140mm 砌体"类型，设置顶部约束为"直到标高：标高 2"，绘制卫生间的隔断，如图 6-8 所示。

（6）选取阳台上南面的墙体，在"属性"选项板中更改顶部约束为"未连接"，输入高度为"300.0"，如图 6-9 所示。

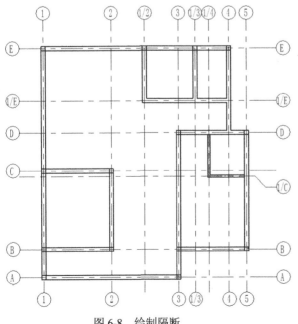

图 6-8　绘制隔断

图 6-9　"属性"选项板

（7）在"项目浏览器"中选择"三维视图"，将视图切换至三维视图，查看绘制的建筑墙体，如图 6-10 所示。

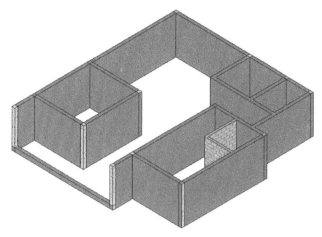

图 6-10 三维视图

6.1.2 复合墙

复合墙板是用几种材料制成的多层板。复合板的面层有石棉水泥板、石膏板、铝板、树脂板、硬质纤维板、压型钢板等。夹心材料可用矿棉、木质纤维、泡沫塑料和蜂窝状材料等。复合板充分利用材料的性能，大多具有强度高和耐久性、防水性、隔声性能好的优点，并且安装、拆卸简便，有利于建筑工业化。

使用层或区域可以修改墙类型以定义垂直复合墙的结构，如图 6-11 所示。

在编辑复合墙的结构时，要遵循以下原则。

在预览窗格中，样本墙的各行必须以从左到右的顺序显示。要测试样本墙，按顺序选择行号，然后在预览窗格中观察选择内容。如果层不是按从左到右的顺序高亮显示，Revit 就不能生成该墙。

同一行不能指定给多个层。

不能将同一行同时指定给核心层两侧的区域。

不能为涂膜层指定厚度。

非涂膜层的厚度不能小于 1/8" 或 4 毫米。

核心层的厚度必须大于 0。不能将核心层指定为涂膜层。

外部和内部核心边界以及涂膜层不能上升或下降。

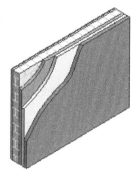

图 6-11 复合墙

只能将厚度添加到从墙顶部直通到底部的层。不能将厚度添加到复合层。

不能水平拆分墙并随后不顾其他区域而移动区域的外边界。

层功能优先级不能按从核心边界到面层升序排列。

具体操作步骤如下。

（1）单击"建筑"选项卡，单击"构建"面板中的"墙"按钮 🗋，打开"修改 | 放置 墙"选项卡和选项栏。

（2）在"属性"选项板中单击"编辑类型"按钮 🖫，打开"类型属性"对话框，新建"复合墙",单击"编辑"按钮,打开"编辑部件"对话框,如图 6-12 所示。

(3)单击"插入"按钮,插入一个构造层,选择功能为"面层 1[4]",如图 6-13 所示。单击材质中的浏览器按钮 ⬚,打开"材质浏览器"对话框,选择"涂料 - 黄色"材质,单击鼠标右键,在弹出的快捷菜单中选择"复制"选项,将材质复制并重命名为"涂料 - 棕色",更改墙漆颜色,其他采用默认设置,如图 6-14 所示。单击"确定"按钮,返回到"编辑部件"对话框。

图 6-12 "编辑部件"对话框

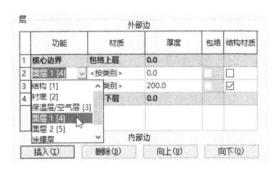

图 6-13 设置功能

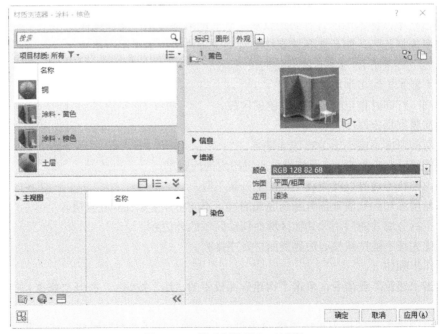

图 6-14 "材质浏览器"对话框

Revit 提供了 6 种层，分别为结构 [1]、衬底 [2]、保温层 / 空气层 [3]、面层 1[4]、面层 2[5]、涂膜层。

➤ 结构 [1]。支撑其余墙、楼板或屋顶的层。

➤ 衬底 [2]。作为其他材质基础的材质（如胶合板或石膏板）。

➤ 保温层 / 空气层 [3]。隔绝并防止空气渗透。

➤ 面层 1[4]。面层 1 通常是外层。

➤ 面层 2[5]。面层 2 通常是内层。

➤ 涂膜层。通常是用于防止水蒸气渗透的薄膜。涂膜层的厚度应该为零。

层的功能具有优先顺序，其排序规则如下。

➤ 结构层具有最高优先级（优先级 1）。

➤ "面层 2" 具有最低优先级（优先级 5）。

➤Revit 首先连接优先级高的层，然后连接优先级低的层。

例如，假设连接两个复合墙，第一面墙中优先级 1 的层会连接到第二面墙中优先级 1 的层。优先级 1 的层可穿过其他优先级较低的层与另一个优先级 1 的层相连接。优先级低的层不能穿过优先级相同或优先级较高的层进行连接。

当层连接时，如果两个层都具有相同的材质，则接缝会被清除。如果两个不同材质的层进行连接，则连接处会出现一条线。

对于 Revit 来说，每一层都必须带有指定的功能，以使其准确地进行层匹配。

墙核心内的层可穿过连接墙核心外的优先级较高的层。即使核心层被设置为优先级 5，核心中的层也可延伸到连接墙的核心。

（4）单击 "插入" 按钮，新插入 "保温层 / 空气层"，设置 "材质" 为 "纤维填充"，"厚度" 为 "10.0"，单击 "向上" 按钮或 "向下" 按钮调整当前层所在的位置。

（5）继续在结构层下方插入 "面层 2[5]"，设置 "材质" 为 "水泥砂浆"，"厚度" 为 "20.0"。

（6）更改结构层的 "材质" 为 "砌体 - 普通"，单击 "预览" 按钮，可以查看所设置的结构层，如图 6-15 所示。

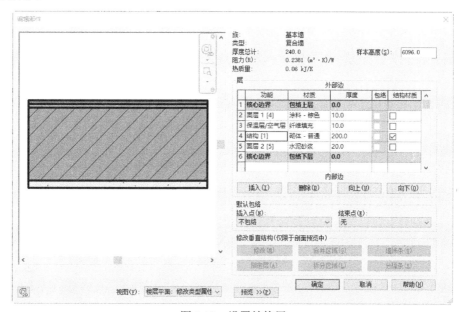

图 6-15　设置结构层

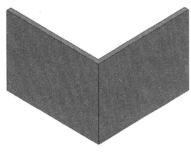

图 6-16 复合墙

（7）连续单击"确定"按钮，在图形中绘制墙体，结果如图 6-16 所示。

（8）选取右侧墙，在"属性"选项板中单击"编辑类型"按钮，新建"加装饰条复合墙"类型，单击"编辑"按钮，在打开的"编辑部件"对话框中选择视图为"剖面：修改类型属性"，如图 6-17 所示。

（9）单击"墙饰条"按钮，打开"墙饰条"对话框，单击"添加"按钮，添加墙饰条，设置材质为"石膏墙板"，"距离"为"2000"，其他采用默认设置，如图 6-18 所示。

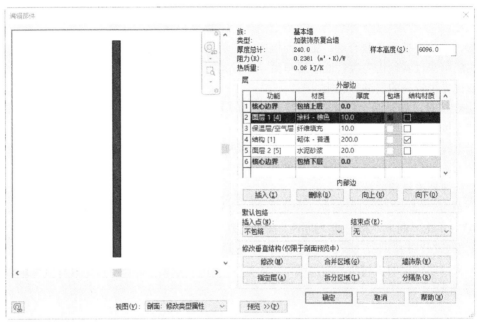

图 6-17 切换视图

图 6-18 "墙饰条"对话框

（10）连续单击"确定"按钮，完成带装饰条复合墙的创建，如图 6-19 所示。

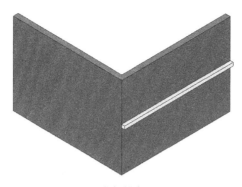

图 6-19 带装饰条的复合墙

6.1.3 叠层墙

Revit 包括用于为墙建模的"叠层墙"系统族，这些墙包含一面接一面叠放在一起的两面或多面子墙。子墙在不同的高度可以具有不同的墙厚度。叠层墙中的所有子墙都被附着，其几何图形相互连接。

具体绘制过程如下。

（1）单击"建筑"选项卡，单击"构建"面板中的"墙"按钮 🗋，打开"修改 | 放置 墙"选项卡和选项栏。

（2）在"属性"选项板中选择"叠层墙 外部 - 砌块勒脚砖墙"类型，其他采用默认设置，如图 6-20 所示。

（3）在视图中绘制一段墙体，切换到三维视图观察图形，如图 6-21 所示。

图 6-20 "属性"选项板

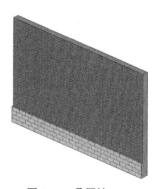

图 6-21 叠层墙

（4）在"属性"选项板中单击"编辑类型"按钮，打开"类型属性"对话框，如图 6-22 所示。单击"编辑"按钮，打开"编辑部件"对话框，单击"预览"按钮，预览当前墙体的结构，如图 6-23 所示。

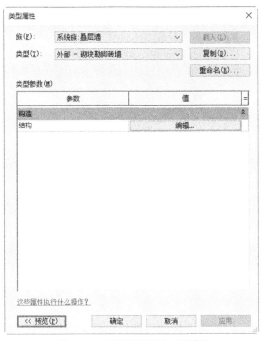

图 6-22 "类型属性"对话框

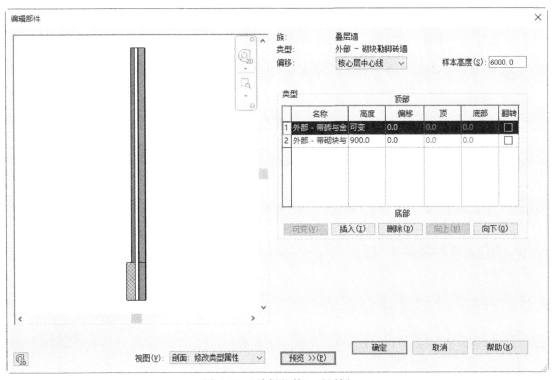

图 6-23 "编辑部件"对话框

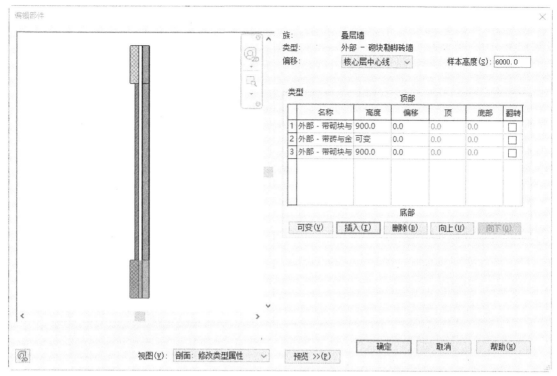

图 6-24　插入墙

（5）单击"插入"按钮，插入"外部 - 带砌块与金属立筋龙骨复合墙"，单击"向上"或"向下"按钮，调整位置，如图 6-24 所示。

（6）连续单击"确定"按钮，完成叠层墙的编辑，如图 6-25 所示。

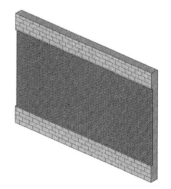

图 6-25　叠层墙

6.2　墙饰条和分隔条

在图纸中放置墙后，可以添加墙饰条或分隔条来编辑墙的轮廓，以及插入主体构件（如门和窗）。

6.2.1　墙饰条

使用"墙：饰条"工具向墙中添加踢脚板、冠顶饰或其他类型的装饰。

具体绘制过程如下。

（1）新建一项目文件，并绘制墙体，如图 6-26 所示。

（2）单击"建筑"选项卡，单击"构建"面板中的"墙"列表下的"墙：饰条"按钮，打开"修改 | 放置 墙饰条"选项卡，如图 6-27 所示。

（3）在"属性"选项板中选择墙饰条的类型，默认为檐口。

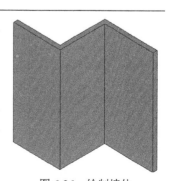

图 6-26　绘制墙体

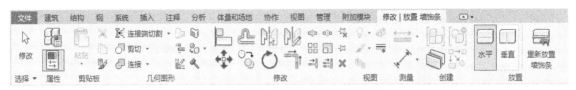

图 6-27　"修改 | 放置 墙饰条"选项卡

（4）在"修改 | 放置 墙饰条"选项卡中选择墙饰条的方向为水平或垂直。

（5）将鼠标指针放在墙上以高亮显示墙饰条位置，单击以放置墙饰条，如图 6-28 所示。

（6）继续为相邻墙添加墙饰条，Revit 会在各相邻墙体上预选墙饰条的位置，如图 6-29 所示。

图 6-28　放置墙饰条

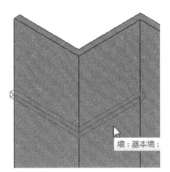

图 6-29　添加相邻墙饰条

（7）要在不同的位置放置墙饰条，则需要单击"放置"面板中的"重新放置墙饰条"按钮，将鼠标指针移到墙上所需的位置，如图 6-30 所示。单击鼠标以放置墙饰条，结果如图 6-31 所示。

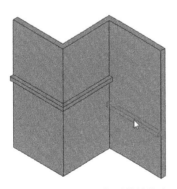

图 6-30　添加不同位置的墙饰条

图 6-31　墙饰条

（8）选取墙饰条，可以拖曳操纵柄来调整其大小，也可以单击"翻转"按钮，调整其位置。

注意　　如果在不同高度创建多个墙饰条，然后将这些墙饰条设置为同一高度，这些墙饰条将在连接处斜接。

6.2.2　分隔条

使用"分隔条"工具将装饰通过水平或垂直剪切添加到立面视图或三维视图中的墙。

（1）新建一项目文件，并绘制墙体，如图 6-32 所示。

（2）单击"建筑"选项卡，单击"构建"面板中的"墙"列表下的"墙：分隔条"按钮，打开"修改 | 放置 分隔条"选项卡，如图 6-33 所示。

（3）在"属性"选项板中选择分隔条的类型，默认为分隔条。

（4）在"修改 | 放置 分隔条"选项卡中选择分隔条的方向为水平或垂直。

（5）将鼠标指针放在墙上以高亮显示分隔条位置，单击以放置分隔条，如图 6-34 所示。

（6）继续为相邻墙添加分隔条，Revit 会在各相邻墙体上预选分隔条的位置，如图 6-35 所示。

图 6-32　绘制墙体

图 6-33　"修改 | 放置 分隔条"选项卡

图 6-34　放置分隔条

图 6-35　添加相邻分隔条

（7）要在不同的位置放置分隔条，则需要单击"放置"面板中的"重新放置分隔条"按钮，将鼠标指针移到墙上所需的位置，如图 6-36 所示。单击鼠标以放置分隔条，结果如图 6-37 所示。

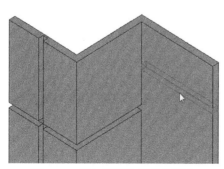

图 6-36　添加不同位置的分隔条

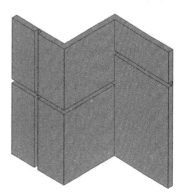

图 6-37　分隔条

6.3 门

门是基于主体的构件，可以添加到任何类型的墙内。可以在平面视图、剖面视图、立面视图或三维视图中添加门。

6.3.1 放置门

选择要添加的门类型，然后指定门在墙上的位置。Revit 将自动剪切洞口并放置门。

具体绘制步骤如下。

（1）打开 6.1.1 节创建的文件，将视图切换至标高 1 楼层平面视图。

（2）单击"建筑"选项卡，单击"构建"面板中的"门"按钮 ，打开图 6-38 所示的"修改 | 放置 门"选项卡。

图 6-38 "修改 | 放置 门"选项卡

图 6-39 "属性"选项板

（3）在"属性"选项板中选择门类型，系统默认的只有"单扇 - 与墙齐 750×2000mm"类型，如图 6-39 所示。

底高度。设置相对于放置比例的标高的底高度。

框架类型。门框类型。

框架材质。框架使用的材质。

完成。应用于框架和门的面层。

注释。显示输入或从下拉列表中选择的注释，输入注释后，便可以为同一类别中图元的其他实例选择该注释，无须考虑类型或族。

标记。用于添加自定义标示的数据。

创建的阶段。指定创建实例时的阶段。

拆除的阶段。指定拆除实例时的阶段。

顶高度。指定相对于放置此实例的标高的实例顶高度。修改此值不会修改实例尺寸。

防火等级。设定当前门的防火等级。

（4）单击"模式"面板中的"载入族"按钮 ，打开"载入族"对话框，选择"China"→"建筑"→"门"→"普通门"→"推拉门"文件夹中的"双扇推拉门 2.rfa"，如图 6-40 所示。

（5）在选项卡中单击"在放置时进行标记"按钮 ，则可在放置门的时候显示门标记。

（6）将光标移到墙上以显示门的预览图像，在平面视图中放置门时，按空格键可将开门方向从左开翻转为右开。默认情况下，临时尺寸标注指示从门中心线到最近垂直墙的中心线的距离，如图 6-41 所示。

（7）单击放置门，Revit 将自动剪切洞口并放置门，如图 6-42 所示。

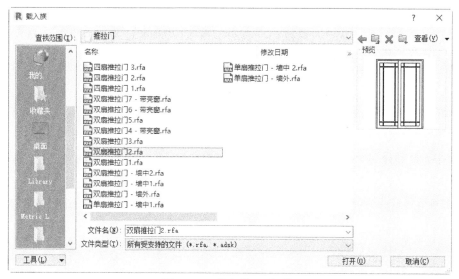

图 6-40 "载入族"对话框

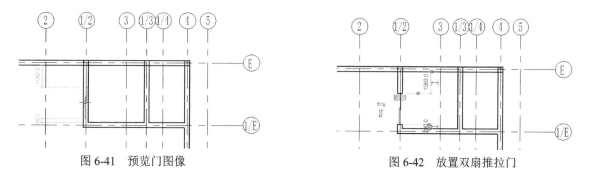

图 6-41 预览门图像

图 6-42 放置双扇推拉门

（8）单击"建筑"选项卡，单击"构建"面板中的"门"按钮，打开"修改 | 放置 门"选项卡。在"属性"选项板中选择"单扇 - 与墙齐 750×2000mm"类型，在入口、卧室处放置单扇门，如图 6-43 所示。

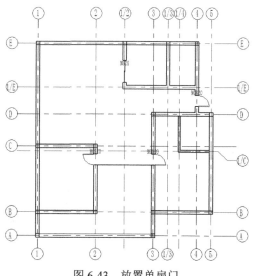

图 6-43 放置单扇门

（9）单击"模式"面板中的"载入族"按钮，打开"载入族"对话框，选择"China"→"建筑"→"门"→"普通门"→"推拉门"文件夹中的"单扇推拉门 - 墙中 2.rfa"，如图 6-44 所示。

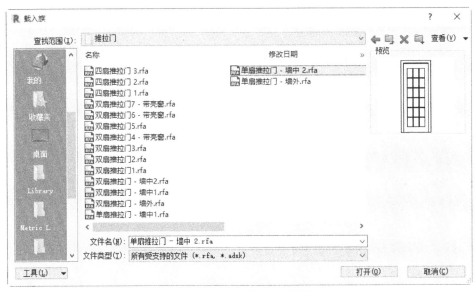

图 6-44 "载入族"对话框

（10）将单扇推拉门放置到卫生间墙上，如图 6-45 所示。

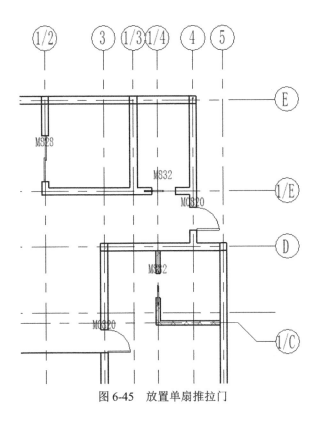

图 6-45 放置单扇推拉门

6.3.2　修改门

放置门以后，根据室内布局设计和空间布置情况，来修改门的类型、开门方向、门打开位置等。具体操作步骤如下。

（1）选取推拉门，显示临时尺寸，双击临时尺寸，更改尺寸值，使门位于墙的中间，如图 6-46 所示。

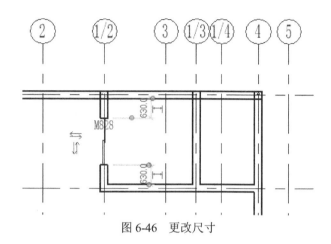

图 6-46　更改尺寸

（2）按 Esc 键退出门的创建，选取门标记，在"属性"选项板的"方向"栏中选择"垂直"，如图 6-47 所示。使门标记与门方向一致，如图 6-48 所示。

图 6-47　"属性"选项板

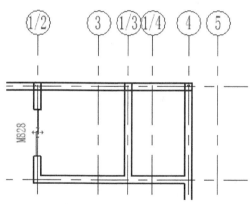

图 6-48　更改门标记方向

（3）选取主卧上的门，门被激活并打开"修改|门"选项卡，如图 6-49 所示。

（4）单击"翻转实例开门方向"按钮 ↕，更改门的朝向，如图 6-50 所示。

（5）双击尺寸值，然后输入新的尺寸值更改门的位置，如图 6-51 所示。

（6）选择门，然后单击"主体"面板中的"拾取新主体"按钮 ，将光标移到另一面墙上，当预览图像位于所需位置时，单击以放置门。

（7）单击"属性"选项板中的"编辑类型"按钮 ，打开图 6-52 所示的"类型属性"对话框，更改其构造、材质和装饰、尺寸标注和其他属性。

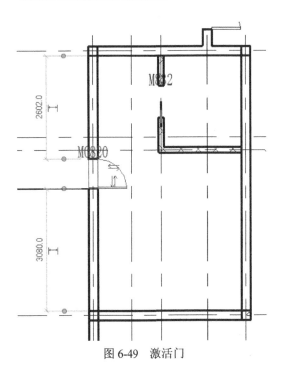

图 6-49　激活门

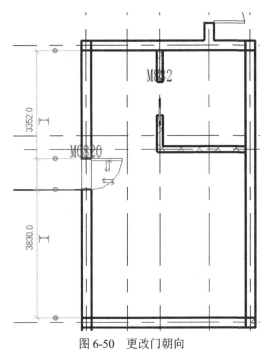

图 6-50　更改门朝向

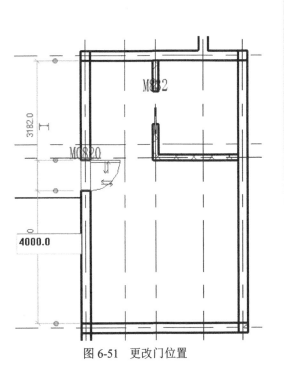

图 6-51　更改门位置

图 6-52　"类型属性"对话框

　　功能。指示门是内部（默认值）的还是外部的。功能可用在计划中并创建过滤器，以便在导出模型时对模型进行简化。

　　墙闭合。设置门周围的层包络，包括按主体、两者都不、内部、外部和两者等方式。

构造类型。门的构造类型。

门材质。显示门 - 嵌板的材质，如金属或木质。可以单击⬛按钮，打开"材质浏览器"对话框，设置门 - 嵌板的材质。

框架材质。显示门 - 框架的材质。可以单击⬛按钮，打开"材质浏览器"对话框，设置门 - 框架的材质。

厚度。设置门的厚度。

高度。设置门的高度。

贴面投影外部。设置外部贴面宽度。

贴面投影内部。设置内部贴面宽度。

贴面宽度。设置门的贴面宽度。

宽度。设置门的宽度。

粗略宽度。设置门的粗略宽度，可以生成明细表并导出。

粗略高度。设置门的粗略高度，可以生成明细表并导出。

（8）采用相同的方法调整门位置和标记位置，如图 6-53 所示。

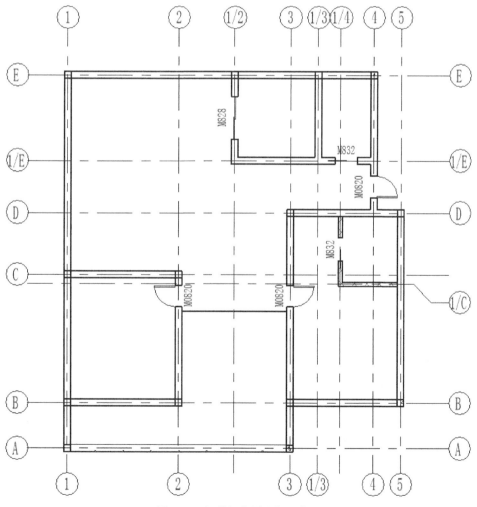

图 6-53　调整门位置和标记位置

6.4 窗

窗是基于主体的构件，可以添加到任何类型的墙内（天窗可以添加到内建屋顶）。

6.4.1 放置窗

选择要添加的窗类型，然后指定窗在墙上的位置。Revit 将自动剪切洞口并放置窗。

具体绘制步骤如下。

（1）打开 6.3 节创建的文件，单击"建筑"选项卡，单击"构建"面板中的"窗"按钮▥，打开图 6-54 所示的"修改 | 放置 窗"选项卡。

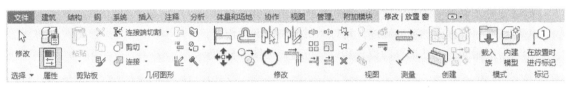

图 6-54 "修改 | 放置 窗"选项卡

图 6-55 "属性"选项板

（2）在"属性"选项板中选择窗类型，系统默认的只有"固定 0915×1220mm"类型，如图 6-55 所示。

底高度。设置相对于放置比例的标高的底高度。

注释。显示输入或从下拉列表中选择的注释，输入注释后，便可以为同一类别中图元的其他实例选择该注释，无须考虑类型或族。

标记。用于添加自定义标示的数据。

顶高度。指定相对于放置此实例的标高的实例顶高度。修改此值不会修改实例尺寸。

防火等级。设定当前窗的防火等级。

（3）单击"模式"面板中的"载入族"按钮▥，打开"载入族"对话框，选择"China"→"建筑"→"窗"→"普通窗"→"组合窗"文件夹中的"组合窗 - 双层四列（两侧平开）- 上部固定 .rfa"，如图 6-56 所示。

（4）单击"打开"按钮，在"属性"选项板中的底高度中输入"900.0"。

（5）在"属性"选项板中单击"编辑类型"按钮▥，打开"类型属性"对话框，新建"2600×2000mm"类型，更改"粗略宽度"为"2600.0"，"粗略高度"为"2000.0"，其他采用默认设置，如图 6-57 所示。

窗嵌入。设置窗嵌入墙内部的深度。

墙闭合。设置窗周围的层包络，包括按主体、两者都不、内部、外部和两者等方式。

构造类型。设置窗的构造类型。

窗台材质。设置窗台的材质。可以单击▥按钮，打开"材质浏览器"对话框，设置窗台的材质。

玻璃。设置玻璃的材质。可以单击▥按钮，打开"材质浏览器"对话框，设置玻璃的材质。

框架材质。设置框架的材质。

贴面材质。设置贴面的材质。

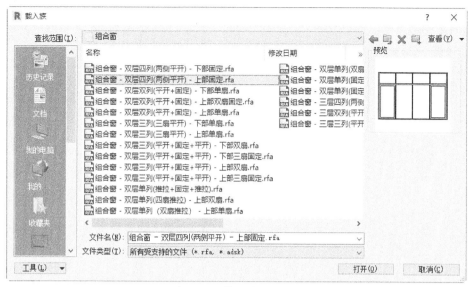

图 6-56 "载入族"对话框

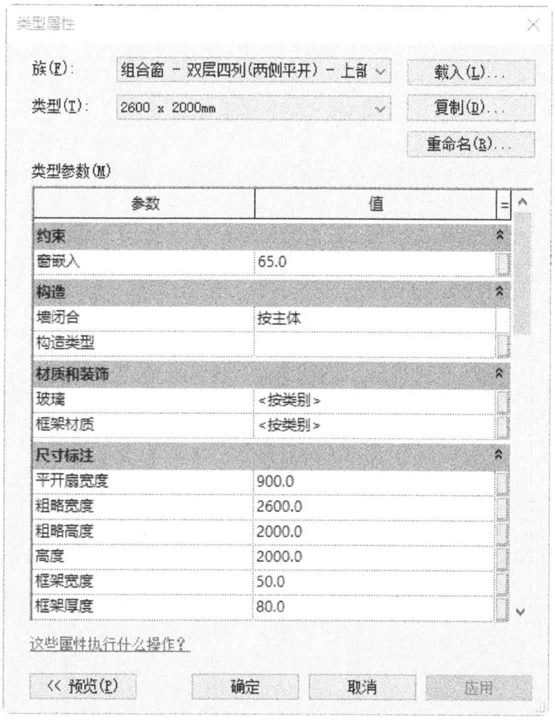

图 6-57 新建"2600×2000mm"类型

高度。设置窗洞口的高度。

宽度。设置窗洞口的宽度。

粗略宽度。设置窗的粗略洞口的宽度，可以生成明细表并导出。

粗略高度。设置窗的粗略洞口的高度，可以生成明细表并导出。

（6）将光标移到墙上以显示窗的预览图像，默认情况下，临时尺寸标注指示从窗边线到最近垂直墙的距离，如图 6-58 所示。

（7）单击放置窗，Revit 将自动剪切洞口并放置窗，如图 6-59 所示。

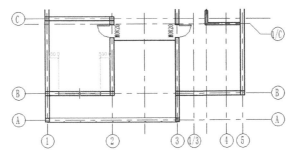

图 6-58　预览窗图像

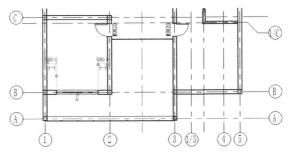

图 6-59　放置平开窗

（8）继续放置其他平开窗，将窗放置在墙的中间位置，如图 6-60 所示。

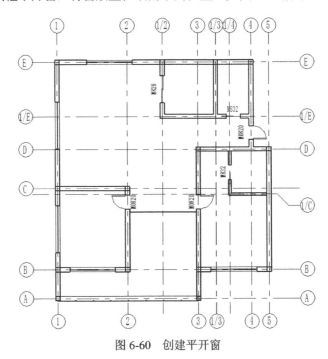

图 6-60　创建平开窗

（9）单击"模式"面板中的"载入族"按钮 ，打开"载入族"对话框，选择"China"→"建筑"→"窗"→"普通窗"→"推拉窗"文件夹中的"推拉窗 1-带贴面 .rfa"，如图 6-61 所示。单击"打开"按钮。

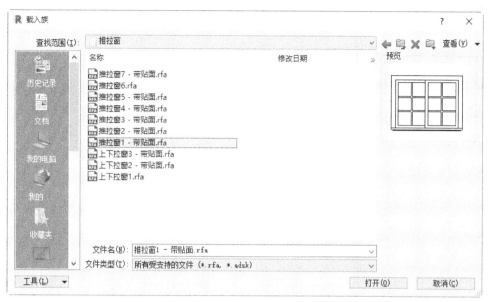

图 6-61　"载入族"对话框（1）

（10）将光标移到厨房的墙上，在中间位置单击放置推拉窗，如图 6-62 所示。

（11）单击"模式"面板中的"载入族"按钮，打开"载入族"对话框，选择"China"→"建筑"→"窗"→"普通窗"→"推拉窗"文件夹中的"上下拉窗 2- 带贴面 .rfa"，如图 6-63 所示。单击"打开"按钮。

（12）将光标移到卫生间的墙上，在中间位置单击放置推拉窗，如图 6-64 所示。

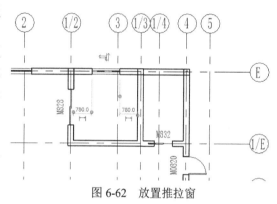

图 6-62　放置推拉窗

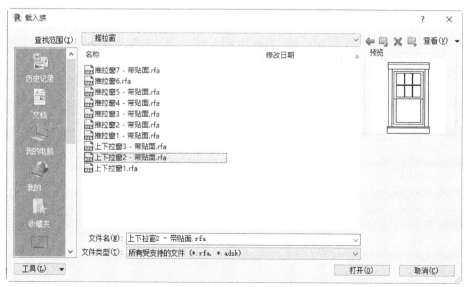

图 6-63　"载入族"对话框（2）

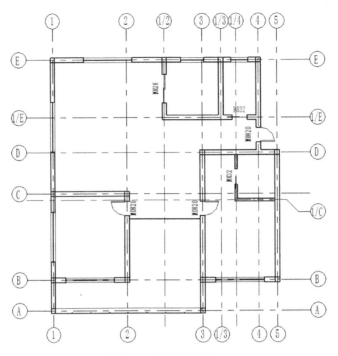

图 6-64　放置推拉窗

（13）在"项目浏览器"中单击"族"→"注释符号"→"标记_窗"节点下的"标记_窗"，如图 6-65 所示。将其拖曳到视图中，并取消勾选选项栏中"引线"复选框，然后单击图中的窗户，添加窗标记，结果如图 6-66 所示。

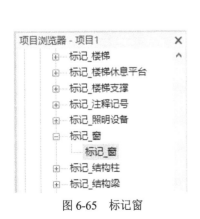

图 6-65　标记窗

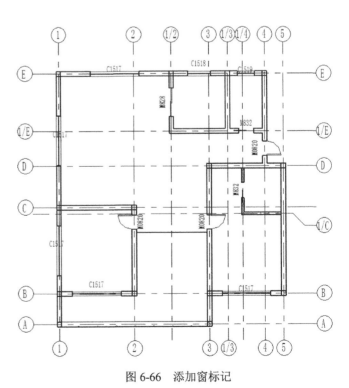

图 6-66　添加窗标记

6.4.2　修改窗

放置窗以后，可以修改窗扇的开启方向等。

具体操作步骤如下。

（1）在平面视图中选取窗，窗被激活并打开"修改 | 窗"选项卡，如图 6-67 所示。

（2）单击"翻转实例面"按钮 ⇧，更改窗的朝向。

（3）双击尺寸值，然后输入新的尺寸值更改窗的位置，也可以直接拖曳调整窗的位置。一般窗户放在墙中间位置。

（4）将视图切换到三维视图。选中窗，激活窗后将显示窗在墙体上的定位尺寸，双击窗的底高度值，修改尺寸值为"500"，如图 6-68 所示，也可以直接在"属性"选项板中更改高度为"500"。采用相同的方法，修改所有的窗底高度，结果如图 6-69 所示。

（5）选择窗，然后单击"主体"面板中的"拾取新主体"按钮

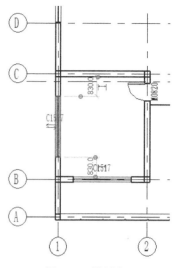

图 6-67　激活窗

，将光标移到另一面墙上，当预览图像位于所需位置时，单击以放置窗。

常规的编辑命令同样适用于门窗的编辑。可在平面、立面、剖面、三维等视图中移动、复制、阵列、镜像和对齐门窗。

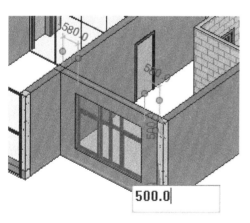

图 6-68　修改窗底高度

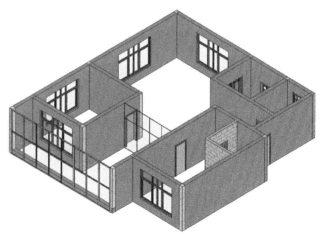

图 6-69　修改窗底高度

6.5　楼板

楼板是一种分隔承重构件，楼板层中的承重部分将房屋在垂直方向分隔为若干层，并把人和家具等竖向荷载及楼板自重通过墙体、梁或柱传给基础。

6.5.1　结构楼板

选择支撑框架、墙或绘制楼板范围来创建结构楼板。

具体创建步骤如下。

（1）将视图切换至标高 1 楼层平面。

（2）单击"建筑"选项卡，单击"构建"面板中"楼板" 下拉列表中的"楼板：结构"按钮，打开"修改 | 创建楼层边界"选项卡，如图 6-70 所示。

图 6-70 "修改 | 创建楼层边界"选项卡

图 6-71 "属性"选项板

偏移。指定相对于楼板边缘的偏移值。

延伸到墙中（至核心层）：测量与墙核心层之间的偏移。

（3）在"属性"选项板中选择"楼板现场浇注混凝土 225mm"类型，如图 6-71 所示。

标高。将楼板约束到的标高。

自标高的高度偏移。指定楼板顶部相对于标高参数的高程。

房间边界。指定楼板是否作为房间边界图元。

与体量相关。指定此图元是从体量图元创建的。

结构。指定此图元有一个分析模型。

启用分析模型。显示分析模型，并将它包含在分析计算中。默认情况下处于选中状态。

钢筋保护层 - 顶面。指定与楼板顶面之间的钢筋保护层距离。

钢筋保护层 - 底面。指定与楼板底面之间的钢筋保护层距离。

钢筋保护层 - 其他面。指从楼板与邻近图元面之间的钢筋保护层距离。

坡度。将坡度定义线修改为指定值，无须编辑草图。如果有一条坡度定义线，则此参数最初会显示一个值。如果没有坡度定义线，则此参数为空并被禁用。

周长。设置楼板的周长。

（4）单击"绘制"面板中的"边界线"按钮 和"拾取墙"按钮 （默认状态下，系统会激活这两个按钮），选择边界墙，如图 6-72 所示。

图 6-72 选择边界墙

（5）在选项栏中输入"偏移"为"500"。根据所选边界墙生成图 6-73 所示的边界线，单击"翻转"按钮，确定边界线的位置。

（6）采用相同的方法，提取其他边界线，结果如图 6-74 所示。

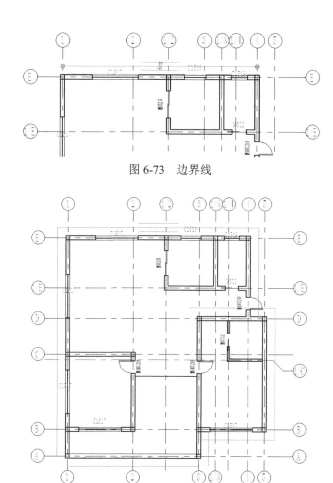

图 6-73　边界线

图 6-74　提取边界线

（7）选取边界线，拖曳边界线的端点，调整边界线的长度，形成闭合边界，如图 6-75 所示。

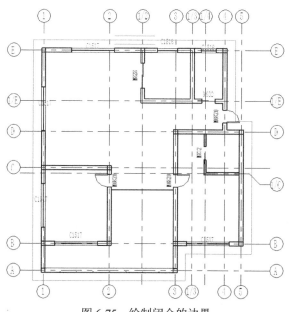

图 6-75　绘制闭合的边界

155

（8）单击"模式"面板中的"完成编辑模式"按钮☑️，弹出图 6-76 所示的提示对话框，单击"否"按钮，完成楼板的添加。

（9）将视图切换到三维视图，观察楼板，如图 6-77 所示。

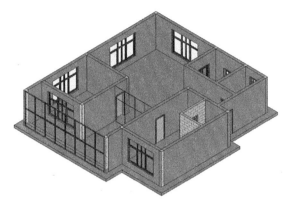

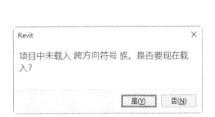

图 6-76　提示对话框

图 6-77　结构楼板

6.5.2　建筑楼板

建筑楼板是楼地面层中的面层，是室内装修中的地面装饰层，其构建方法与结构楼板相同，但是楼板的构造不同。

可通过拾取墙或使用绘制工具定义楼板的边界来创建楼板。通常在平面视图中绘制楼板，当三维视图的工作平面设置为平面视图的工作平面时，也可以使用该三维视图绘制楼板。楼板会沿绘制时所处的标高向下偏移。

具体绘制过程如下。

1. 创建客厅地板

（1）单击"建筑"选项卡，单击"构建"面板中"楼板"⬜下拉列表中的"楼板：建筑"按钮⬜，打开"修改 | 创建楼层边界"选项卡，如图 6-78 所示。

图 6-78　"修改 | 创建楼层边界"选项卡

（2）在选项项栏中输入"偏移"为"0.0"，在"属性"选项板中选择"楼板常规 -150mm"类型，如图 6-79 所示。

面积。指定楼板的面积。

顶部高程。指示用于对楼板顶部进行标记的高程。这是一个只读参数，它显示倾斜平面的变化。

（3）单击"编辑类型"按钮🔠，打开"类型属性"对话框，如图 6-80 所示。单击"复制"按钮，打开"名称"对话框，"名称"输入为"瓷砖地板"，单击"确定"按钮。

图 6-79 "属性"选项板

图 6-80 "类型属性"对话框

结构。合成复合楼板。

默认的厚度。指示楼板的厚度，可以通过累加楼板层的厚度得出。

功能。指示楼板是内部的还是外部的。

粗略比例填充样式。指定粗略比例视图中楼板的填充样式。

粗略比例填充颜色。为粗略比例视图中的楼板填充图案应用颜色。

结构材质。为图元结构指定材质。此信息可包含于明细表中。

传热系数（U）。用于计算热传导，通常通过流体和实体之间的对流和阶段变化来计算。

热阻（R）。用于测量对象或材质抵抗热流量（每时间单位的热量或热阻）的温度差。

热质量。对建筑图元蓄热能力进行测量的一个单位，是每个材质层质量和指定热容量的乘积。

吸收率。对建筑图元吸收辐射能力进行测量的一个单位，是吸收的辐射与事件总辐射的比例。

粗糙度。表示表面粗糙度的一个指标，其值从 1 到 6（其中 1 表示粗糙，6 表示平滑，3 是大多数建筑材质的典型粗糙度）。

（4）单击"编辑"按钮，打开"编辑部件"对话框，如图 6-81 所示。单击"插入"按钮，插入新的层并更改功能为面层 1[4]。单击"材质"栏中的"浏览"按钮 ，打开"材质浏览器"对话框，在"主视图"→"AEC 材质"→"瓷砖"中选择"瓷砖，瓷器，6 英寸"材质，单击"将材质添加到文档中"按钮 ，将材质添加到项目材质列表中。勾选"使用渲染外观"复选框。单击表面填充图案栏中的前景"图案"区域，打开"填充样式"对话框，选择"交叉线 5mm"，如图 6-82 所示。单击"确定"按钮。

（5）返回到"材质浏览器"对话框，其他采用默认设置，如图 6-83 所示。单击"确定"按钮。

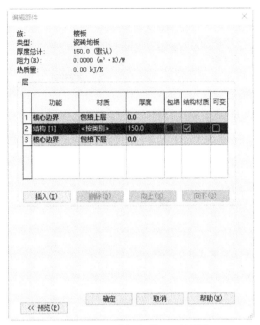

图 6-81 "编辑部件"对话框

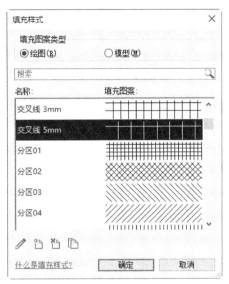

图 6-82 "填充样式"对话框

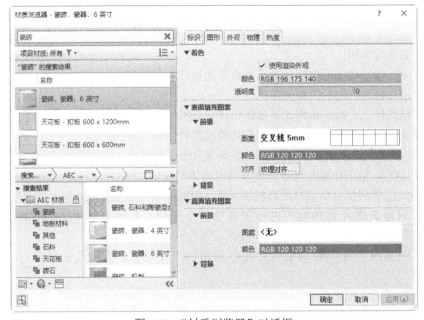

图 6-83 "材质浏览器"对话框

（6）返回到"编辑部件"对话框，设置"结构 [1]"的"厚度"为"20"，"面层 1[4]"的"厚度"为"20.0"，如图 6-84 所示，连续单击"确定"按钮。

（7）单击"绘制"面板中的"边界线"按钮和"拾取墙"按钮（默认状态下，系统会激活这两个按钮），选择边界墙，提取边界线。利用"拆分图元"按钮，拆分边界线，并删除多余的线段形成封闭区域，结果如图 6-85 所示。

（8）单击"模式"面板中的"完成编辑模式"按钮，系统提示"高亮显示的楼板重叠"，在"属性"选项板中更改"自标高的高度偏移"为"40"，完成瓷砖地板的创建，如图 6-86 所示。

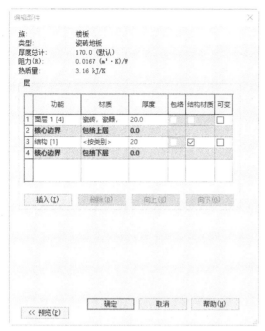

图 6-84　"编辑部件"对话框

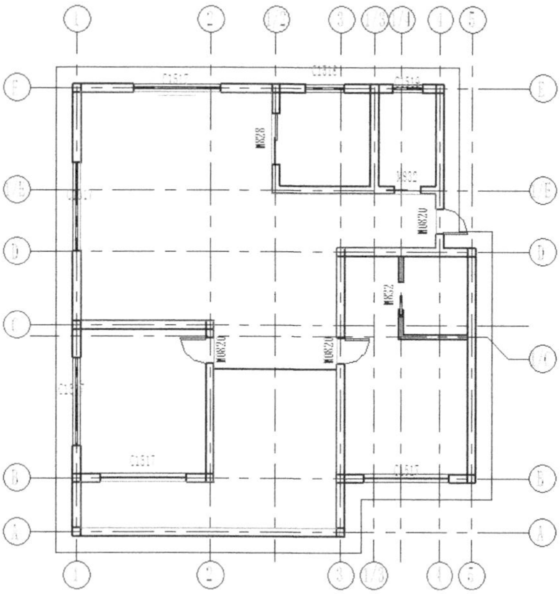

图 6-85　绘制房间边界

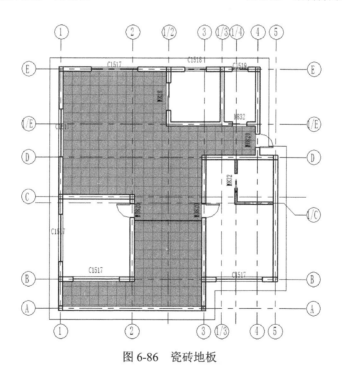

图 6-86　瓷砖地板

2. 创建卧室地板

（1）单击"建筑"选项卡，单击"构建"面板中"楼板" <img> 下拉列表中的"楼板：建筑"按钮 <img> ，打开"修改 | 创建楼层边界"选项卡。

（2）单击"编辑类型"按钮 <img> ，打开"类型属性"对话框，新建"木地板"类型，单击面层 1[4]"材质"栏中的"浏览"按钮 <img> ，打开"材质浏览器"对话框，选取木地板并设置其参数，如

图 6-87 所示。连续单击"确定"按钮，完成木地板的设置。

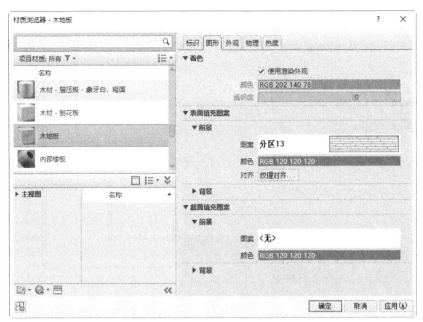

图 6-87 "材质浏览器"对话框

（3）单击"绘制"面板中的"边界线"按钮和"拾取墙"按钮（默认状态下，系统会激活这两个按钮），选择边界墙，提取边界线，并调整边界线的长度使其形成闭合边界，结果如图 6-88 所示。

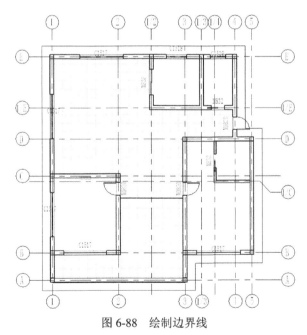

图 6-88 绘制边界线

（4）单击"模式"面板中的"完成编辑模式"按钮，在"属性"选项板中更改"自标高的高度偏移"为"40"，完成卧室地板的创建，如图 6-89 所示。

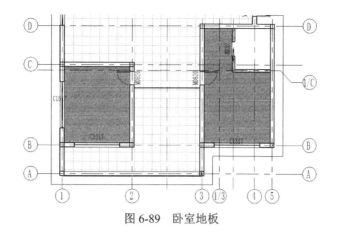

图 6-89　卧室地板

3. 创建卫生间、厨房地板

（1）单击"建筑"选项卡，单击"构建"面板中"楼板"⬜下拉列表中的"楼板：建筑"按钮⬜，打开"修改 | 创建楼层边界"选项卡。

（2）在"属性"选项板中选择"瓷砖地板"类型，输入"自标高的高度偏移"为"40"。

（3）单击"编辑类型"按钮，打开"类型属性"对话框，新建"小瓷砖地板"类型。单击"确定"按钮。

（4）返回到"类型属性"对话框，单击面层 1[4]"材质"栏中的"浏览"按钮，打开"材质浏览器"对话框，选择"瓷砖，瓷器，4 英寸"材质并添加到文档中，勾选"使用渲染外观"复选框，单击"图案填充"区域，打开"填充样式"对话框，选择"对角交叉填充 -3mm"填充图案，单击"确定"按钮。

（5）返回到"材质浏览器"对话框，其他采用默认设置，如图 6-90 所示。连续单击"确定"按钮。

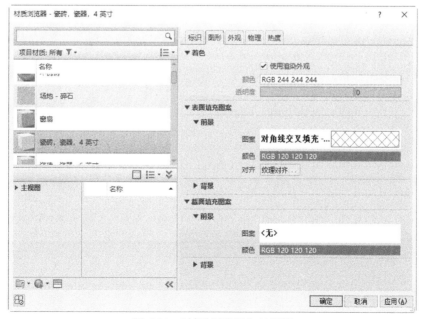

图 6-90　"材质浏览器"对话框

（6）单击"绘制"面板中的"边界线"按钮和"矩形"按钮，绘制边界线并将其与墙体锁定，如图 6-91 所示。

（7）单击"模式"面板中的"完成编辑模式"按钮，在"属性"选项板中输入"自标高的高度偏移"为"40"，完成卫生间地板的创建，如图 6-92 所示。

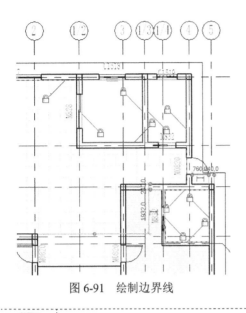

图 6-91　绘制边界线

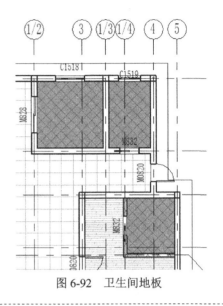

图 6-92　卫生间地板

> 提示　卫生间地板中间部分要比周围低才有利于排水，因此需要对卫生间地板进行编辑。

（8）单击"形状编辑"面板中的"添加点"按钮，分别在卫生间、厨房的中间位置添加点，如图 6-93 所示。单击鼠标右键，打开图 6-94 所示的快捷菜单，选择"取消"选项，然后选择添加的点，在点旁边显示高程为 0，更改高程值为"5"，如图 6-95 所示。按 Enter 键确认。

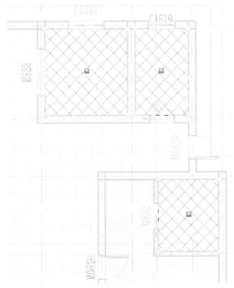

图 6-93　添加点

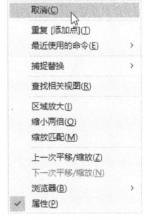

图 6-94　快捷菜单

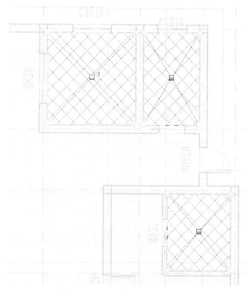

图 6-95　更改高程

图 6-96　卫生间和厨房地板

（9）分别更改卫生间和厨房的高程为"5"，修改后的地板如图 6-96 所示。

（10）完成所有房间的地板布置，如图 6-97 所示。

（11）因为门和地板有重叠，选取厨房的推拉门，在"属性"选项板中更改"底高度"为"40.0"，如图 6-98 所示，采用相同的方式分别更改门和内部玻璃隔断的"底高度"为"40"。

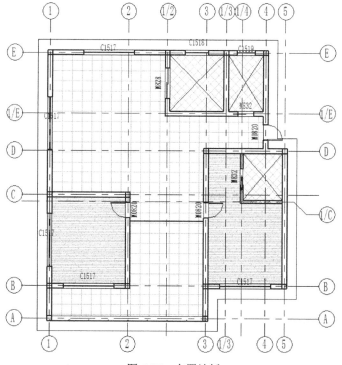

图 6-97　布置地板

图 6-98　更改底高度

6.6 天花板

在天花板所在的标高之上按指定的距离创建天花板。

天花板是基于标高的图元,创建天花板是在其所在标高以上指定距离处进行的。

可在模型中放置两种类型的天花板,分别为基础天花板和复合天花板。

6.6.1 基础天花板

基础天花板为没有厚度的平面图元。表面材料样式可应用于基础天花板平面。

具体操作步骤如下。

(1)将视图切换到楼层平面中的"标高 2"。

(2)单击"建筑"选项卡,单击"构建"面板中的"天花板"按钮,打开"修改 | 放置 天花板"选项卡,如图 6-99 所示。

图 6-99 "修改 | 放置 天花板"选项卡

(3)在"属性"选项板中选择"基本天花板 常规"类型,输入"自标高的高度偏移"为"-50.0",如图 6-100 所示。

图 6-100 "属性"选项板

标高。指明放置于此的标高。

自标高的高度偏移。指定天花板顶部相对于标高参数的高程。

房间边界。指定天花板是否作为房间边界图元。

坡度。将坡度定义线的值修改为指定值,无须编辑草图。如果有一条坡度定义线,则此参数最初会显示一个值。如果没有坡度定义线,则此参数为空并被禁用。

周长。设置天花板的周长。

面积。设置天花板的面积。

注释。显示用户输入或从下拉列表中选择的注释。输入注释后,便可以为同一类别中图元的其他实例选择该注释,无须考虑类型或族。

标记。按照用户所指定的那样标识或枚举特定实例。

(4)单击"天花板"面板中的"自动创建天花板"按钮(默认状态下,系统会激活这个按钮),在单击构成闭合环的内墙时,会在这些边界内部放置一个天花板,而忽略房间分隔线,如图 6-101 所示。

(5)单击鼠标,在选择的区域内创建天花板,如图 6-102 所示。

(6)单击"天花板"面板中的"绘制天花板"按钮,打开"修改 | 创建天花板边界"选项卡,单击"绘制"面板中的"边界线"按钮和"线"按钮(默认状态下,系统会激活这两个按钮),绘制另一个卧室的边界线,如图 6-103 所示。

(7)单击"模式"面板中的"完成编辑模式"按钮,完成卧室天花板的创建,结果如图 6-104 所示。

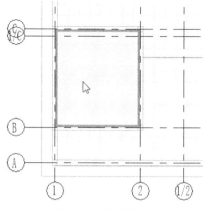

图 6-101　选择边界墙

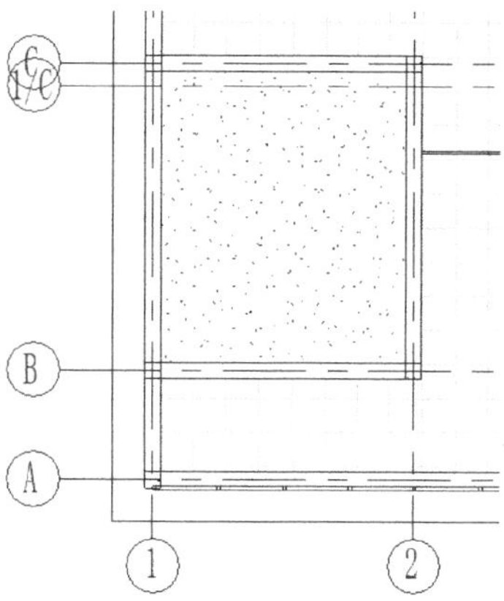

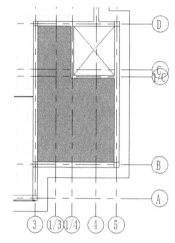

图 6-102　创建天花板

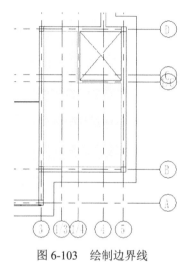

图 6-103　绘制边界线

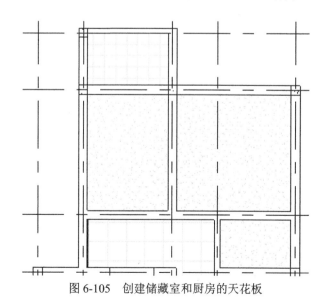

图 6-104　创建卧室天花板

（8）采用相同的方式，创建储藏室和厨房的天花板，如图 6-105 所示。

图 6-105　创建储藏室和厨房的天花板

6.6.2 复合天花板

复合天花板由已定义各层材料厚度的图层构成。

（1）单击"建筑"选项卡，单击"构建"面板中的"天花板"按钮，打开"修改 | 放置 天花板"选项卡，如图 6-106 所示。

图 6-106 "修改 | 放置 天花板"选项卡

（2）在"属性"选项板中选择"复合天花板 光面"类型，输入"自标高的高度偏移"为"-60.0"，如图 6-107 所示。

（3）单击"天花板"面板中的"自动创建天花板"按钮（默认状态下，系统会激活这个按钮），分别拾取厨房和两个卫生间的边界创建复合天花板，如图 6-108 所示。

图 6-107 "属性"选项板

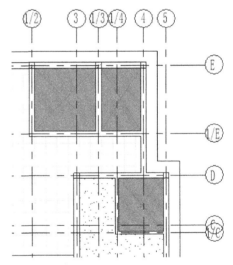

图 6-108 创建复合天花板

（4）在"属性"选项板中选择"复合天花板 600×600mm 轴网"类型，单击"编辑类型"按钮，打开"类型属性"对话框，新建"600×600mm 石膏板"类型。单击"编辑"按钮，打开"编辑部件"对话框，设置"面层 2[5]"的材质为"松散 - 石膏板"，其他采用默认设置，如图 6-109 所示。连续单击"确定"按钮。

（5）拾取客厅、书房以及阳台区域的边界线创建复合天花板，如图 6-110 所示。

（6）将视图切换至三维视图，观察图形，如图 6-111 所示。

图 6-109 "编辑部件"对话框

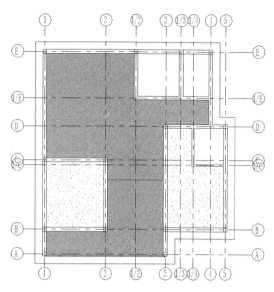

图 6-110 创建复合天花板

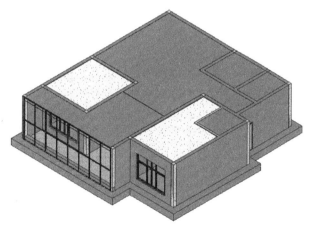

图 6-111 创建复合天花板后的三维视图

6.7 屋顶

屋顶是指房屋或构筑物外部的顶盖，包括屋面以及在墙或其他支撑物以上用以支撑屋面的一切必要材料和内部露木屋顶。

Revit 提供了多种屋顶的创建工具，如迹线屋顶、拉伸屋顶。

6.7.1 迹线屋顶

具体操作步骤如下。

（1）将视图切换到楼层平面"标高 2"。

（2）单击"建筑"选项卡，单击"构建"面板中"屋顶" ⊞ 下拉列表中的"迹线屋顶"按钮 ⌐，打开"修改 | 创建屋顶迹线"选项卡，如图 6-112 所示。

图 6-112 "修改 | 创建屋顶迹线"选项卡

定义坡度。取消勾选此复选框，可创建不带坡度的屋顶。

悬挑。定义悬挑距离。

图 6-113 "属性"选项板

延伸到墙中（至核心层）。勾选此复选框，从墙核心处测量悬挑。

（3）在"属性"选项板中选择"基本屋顶 常规 -125mm"类型，其他采用默认设置，如图 6-113 所示。

底部标高。设置迹线或拉伸屋顶的标高。

房间边界。勾选此复选框，则屋顶是房间边界的一部分。此属性在创建屋顶之前为只读参数。在绘制屋顶之后，可以选择屋顶，然后修改此属性。

与体量相关。指示此图元是从体量图元创建的。

自标高的底部偏移。设置高于或低于绘制时所处标高的屋顶高度。

截断标高。指定标高，在该标高上方的所有迹线屋顶几何图形都不会显示。以该方式剪切的屋顶可与其他屋顶组合，构成"荷兰式四坡屋顶""双重斜坡屋顶"或其他屋顶样式。

截断偏移。指定的标高以上或以下的截断高度。

椽截面。可以通过指定椽截面来更改屋檐的样式，包括垂直截面、垂直双截面和正方形双截面，如图 6-114 所示。

垂直截面

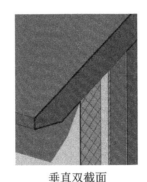
垂直双截面

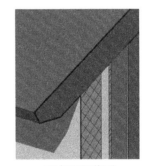
正方形双截面

图 6-114 椽截面

封檐板深度。指定一个介于零和屋顶厚度之间的值。

最大屋脊高度。屋顶顶部位于建筑物底部标高以上的最大高度。可以使用"最大屋脊高度"工具设置最大允许屋脊高度。

坡度。将坡度定义线的值修改为指定值，无须编辑草图。如果有一条坡度定义线，则此参数最初会显示一个值。

厚度。可以选择可变厚度层参数来修改屋顶或结构楼板的层厚度，如图 6-115 所示。

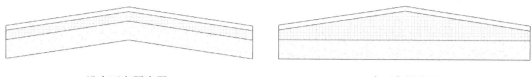

没有可变厚度层　　　　　　　　　　有可变厚度层

图 6-115　厚度

如果没有可变厚度层，则整个屋顶或楼板将倾斜，并在平行的顶面和底面之间保持固定厚度。

如果有可变厚度层，则屋顶或楼板的顶面将倾斜，而底部保持为水平平面，形成可变厚度楼板。

（4）单击"绘制"面板中的"边界线"按钮和"拾取墙"按钮（系统默认激活这两个按钮，也可以单击其他绘制工具绘制边界），在选项栏中输入"悬挑"的值为"500"，拾取外墙创建屋顶迹线，并调整屋顶迹线使其成为一个闭合轮廓，如图 6-116 所示。

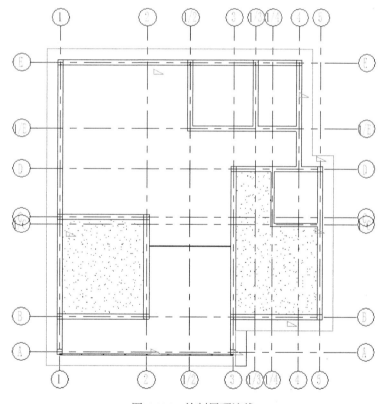

图 6-116　绘制屋顶迹线

（5）单击"模式"面板中的"完成编辑模式"按钮 ✔，完成屋顶迹线的绘制，如图 6-117 所示。

（6）双击"三维视图"，将视图切换到三维视图，观察屋顶，如图 6-118 所示。

注意　　　　如果试图在最低标高上添加屋顶，则会出现一个对话框，提示将屋顶移动到更高的标高上。如果选择不将屋顶移动到其他标高上，Revit 随后会提示屋顶是否过低。

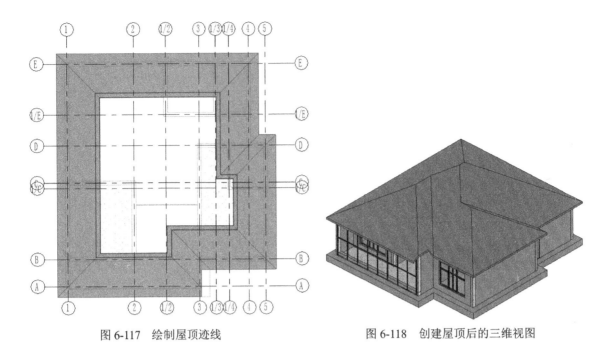

图 6-117 绘制屋顶迹线　　　　　　　　图 6-118 创建屋顶后的三维视图

（7）将视图切换至"标高 2"楼层平面，双击屋顶对屋顶进行编辑。选取最下端的屋顶迹线，打开图 6-119 所示的"属性"选项板，取消勾选"定义屋顶坡度"复选框，此时屋顶迹线上的坡度符号取消，如图 6-120 所示。

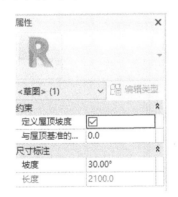

图 6-119 "属性"选项板

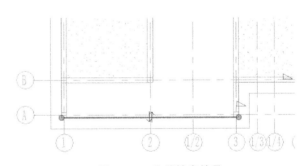

图 6-120 取消坡度符号

定义屋顶坡度。对于迹线屋顶，将屋顶线指定为坡度定义线，可以创建不同的屋顶类型，包括平屋顶、双坡屋顶和四坡屋顶，常见的坡度屋顶如图 6-121 所示。

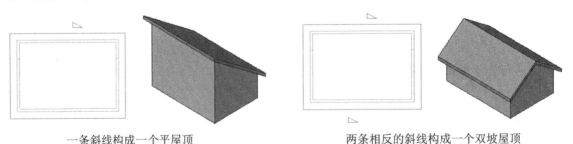

一条斜线构成一个平屋顶　　　　　　　两条相反的斜线构成一个双坡屋顶

图 6-121 根据不同坡度定义线创建屋顶

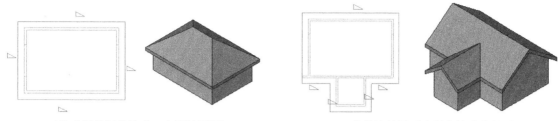

三条或四条斜线构成一个四坡屋顶　　　　　　其他迹线屋顶和斜线构成的屋顶

图 6-121　根据不同坡度定义线创建屋顶（续）

悬挑。调整此线距相关墙体的水平悬挑距离。

板对基准的偏移。此高度高于墙和屋顶相交的底部标高，此高度是相对于屋顶底部标高的高度，默认值为 0。

延伸到墙中（至核心层）。指定从屋顶边界线到外部核心墙的悬挑尺寸标注。默认情况下，悬挑尺寸标注是从墙的外部核心墙测量的。

坡度。指定屋顶的斜度。此属性指定坡度定义线的坡度角。

长度。屋顶边界线的实际长度。

（8）采用相同的方法取消最上端的屋顶迹线的坡度，如图 6-122 所示。

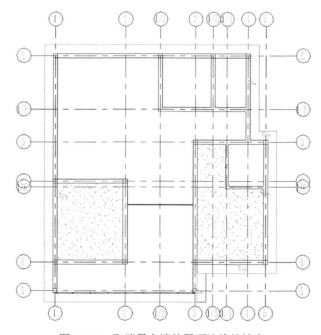

图 6-122　取消最上端的屋顶迹线的坡度

（9）单击"模式"面板中的"完成编辑模式"按钮 ✔，完成屋顶迹线的编辑，如图 6-123 所示。将视图切换到三维视图，观察屋顶，如图 6-124 所示。注意观察带坡度和不带坡度的屋顶有何不同。

（10）从图 6-124 所示中可以看出墙没有到屋顶，选取没有到屋顶的墙，打开"修改|墙"选项卡，单击"修改墙"面板中的"附着到顶部 / 底部"按钮 ，在选项栏中选择"顶部"选项，然后在视图中选择屋顶为墙要附着的屋顶，如图 6-125 所示。采用相同的方式，延伸结构柱至屋顶。

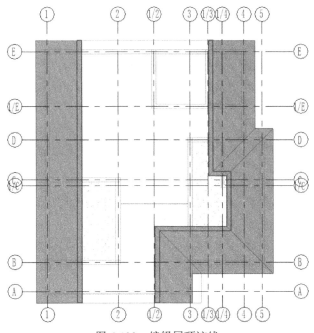

图 6-123　编辑屋顶迹线

图 6-124　取消坡度后的屋顶

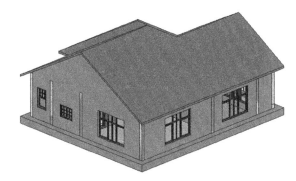

图 6-125　延伸墙至屋顶

6.7.2　拉伸屋顶

拉伸屋顶是通过拉伸绘制的轮廓来创建屋顶。

具体操作步骤如下。

（1）打开拉伸屋顶文件，将视图切换到楼层平面"南立面"。

（2）单击"建筑"选项卡，单击"构建"面板中"屋顶" 下拉列表中的"拉伸屋顶"按钮 ，打开"工作平面"对话框，选择"拾取一个平面"选项，如图 6-126 所示。

（3）单击"确定"按钮，在视图中选择图 6-127 所示的墙面，打开"屋顶参照标高和偏移"对话框，设置标高和偏移量，如图 6-128 所示。

（4）打开"修改 | 创建拉伸屋顶轮廓"选项卡，如图 6-129 所示。

（5）单击"绘制"面板中的"线"按钮 ，绘制图 6-130 所示的拉伸截面。

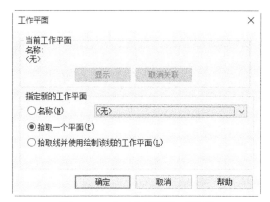

图 6-126　"工作平面"对话框

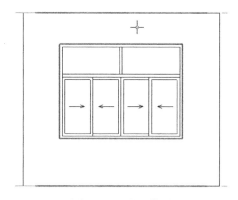

图 6-127　选取墙面

图 6-128　"屋顶参照标高和偏移"对话框

图 6-129　"修改|创建拉伸屋顶轮廓"选项卡

图 6-130　绘制拉伸截面

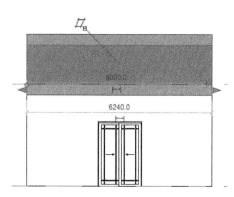

图 6-131　西立面图

（6）单击"模式"面板中的"完成编辑模式"按钮 ✓，完成屋顶拉伸轮廓的绘制。

（7）将视图切换到西立面图，观察图形，如图 6-131 所示。可以看出屋顶没有伸出墙外一段距离。在"属性"选项板中选择"基本屋顶架空隔热保温屋顶 - 混凝土"，输入"拉伸起点"为"500.0"，"拉伸终点"为"-7000.0"，其他采用默认设置，如图 6-132 所示。

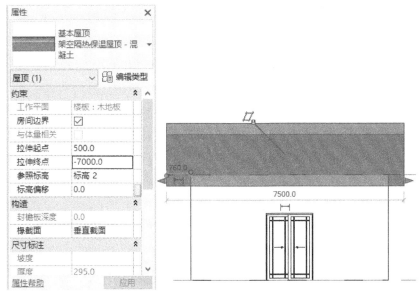

图 6-132　更改拉伸起点和终点

（8）将视图切换到三维视图，如图 6-133 所示。从视图中可以看出东西两面墙没有延伸到屋顶。

（9）选取东西两面墙，打开"修改 | 墙"选项卡，单击"附着到顶部 / 底部"按钮 📄，在选项栏中选择"顶部"选项，然后在视图中选择屋顶为墙要附着的屋顶，选取的墙将延伸至屋顶，如图 6-134 所示。

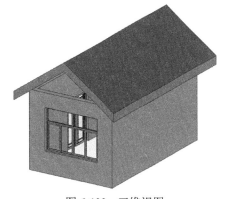

图 6-133　三维视图

图 6-134　墙延伸至屋顶

第二篇
水暖电工程设计篇

本篇导读

本篇按应用领域分类介绍了水暖电设计以及碰撞检查和工程量统计的相关知识。

内容要点

◆ 暖通空调设计

◆ 电气设计

◆ 给水排水设计

◆ 碰撞检查和工程量统计

第 7 章
暖通空调设计

知识导引

Revit 暖通系统主要是通过设计风管系统，来满足建筑的供暖和制冷需求。可以使用工具来创建风管系统，将风道末端和机械设备放置在项目中，可以使用自动系统创建工具创建风管布线布局，以连接送风和回风系统构件。

7.1　风管设计

单击"系统"选项卡，单击"HVAC"面板中的"机械设置"按钮，或单击"管理"选项卡，单击"设置"面板中"MEP 设置"下拉列表中的"机械设置"按钮，打开"机械设置"对话框中的"风管设置"选项，如图 7-1 所示。指定默认的风管类型、尺寸和设置参数。

图 7-1　"机械设置"对话框

对话框中常用的参数介绍如下。

为单线管件使用注释比例。指定是否按照"风管管件注释尺寸"参数所指定的尺寸绘制风管管件。修改该设置时并不会改变已在项目中放置的构件的打印尺寸。

风管管件注释尺寸。指定在单线视图中绘制的管件和附件的打印尺寸。无论图纸比例为多少，该尺寸始终保持不变。

空气密度。用于确定风管尺寸和压降。

空气动态粘度。用于确定风管尺寸。

矩形风管尺寸分隔符。指定用于显示矩形风管尺寸的符号。例如，如果使用 x，则高度为 12 英寸、深度为 12 英寸的风管将显示为 12" x 12"。

矩形风管尺寸后缀。指定附加到矩形风管的风管尺寸后的符号。

圆形风管尺寸前缀。指定前置在圆形风管的风管尺寸的符号。

圆形风管尺寸后缀。指定附加到圆形风管的风管尺寸后的符号。

风管连接件分隔符。指定用于在两个不同连接件之间分隔信息的符号。

椭圆形风管尺寸分隔符。指定用于显示椭圆形风管尺寸的符号。

椭圆形风管尺寸后缀。指定附加到椭圆形风管的风管尺寸后的符号。

风管升 / 降注释尺寸。指定在单线视图中绘制的升 / 降注释的打印尺寸。无论图纸比例为多少，该尺寸始终保持不变。

7.2 风管构件

7.2.1 风管

"风管"工具可用来在项目中绘制管网，以连接风道末端和机械设备。

（1）单击"系统"选项卡，单击"HVAC"面板中的"风管"按钮![icon]，打开"修改 | 放置 风管"选项卡和选项栏，如图 7-2 所示。

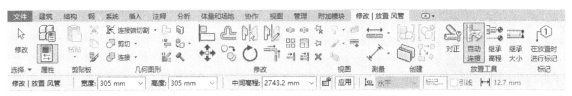

图 7-2 "修改 | 放置 风管"选项卡和选项栏

图 7-3 "对正设置"对话框

对正![icon]。单击此按钮，打开图 7-3 所示"对正设置"对话框，设置水平和垂直方向的对正和偏移。

水平对正。以风管的"中心""左"侧或"右"侧作为参照，将各风管部分的边缘水平对齐，如图 7-4 所示。

水平偏移。用于指定在绘图区域中的单击位置与风管绘制位置之间的偏移。

垂直对正。以风管的"中""底"或"顶"作为参照，将各风管部分的边缘垂直对齐。

自动连接![icon]。在开始或结束创建风管管段时，可以自动连接构件上的捕捉。该选项对于连接不同高程的管段非常有用。但是当沿着与另一条风管相同的路径以不同的偏移量绘制风管时，应取消"自动连接"，以避免生成意外连接。

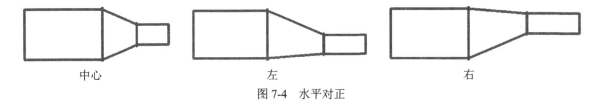

| 中心 | 左 | 右 |

图 7-4 水平对正

继承高程![icon]。继承捕捉到的图元的高程。

继承大小![icon]。继承捕捉到的图元的大小。

宽度。指定矩形或椭圆形风管的宽度。

高度。指定矩形或椭圆形风管的高度。

中间高程。指定风管相对于当前标高的垂直高程。

锁定/解锁指定高程![icon]/![icon]。锁定后，管段会始终保持原高程，不能连接处于不同高程的管段。

（2）在"属性"选项板中选择所需的风管类型，默认的有圆形风管、矩形风管和椭圆形风管，这里选择"矩形风管 半径弯头 /T 形三通"类型。

（3）在选项栏的宽度或高度下拉列表中选择风管尺寸，也可以直接输入所需的尺寸，这里设置宽度和高度均为"1000.0"。

（4）在选项栏或"属性"选项板中输入中间高程，这里采用默认的中间高程。

（5）在"属性"选项板中设置"水平对正"和"竖直对正"，如图 7-5 所示。也可以在"对正设置"对话框中设置水平和垂直方向的对正和偏移。

（6）在"属性"选项板中单击"编辑类型"按钮 ，打开图 7-6 所示的"类型属性"对话框，在"类型"下拉列表中有 4 种管道类型，包括半径弯头 /T 形三通、半径弯头 / 接头、斜接弯头 /T 形三通和斜接弯头 / 接头。

（7）单击"布置系统配置"栏中的"编辑"按钮，打开图 7-7 所示"布管系统配置"对话框，在对话框中可以设置管道的连接方式，连续单击"确定"按钮。

图 7-5 "属性"选项板

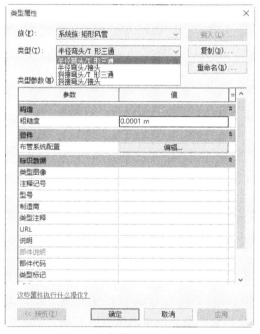

图 7-6 "类型属性"对话框

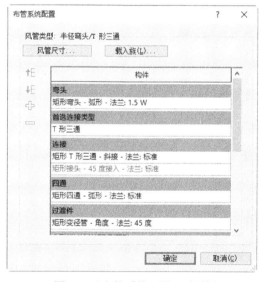

图 7-7 "布管系统配置"对话框

弯头。设置风管改变方向时所用弯头的默认类型。

首选连接类型。设置风管支管连接的默认类型。

连接。设置风管接头的类型。

四通。设置风管四通的默认类型。

过渡件。设置风管变径的默认类型。

多形状过渡件。设置不同轮廓风管（圆形、矩形和椭圆形）间的默认连接方式。

活接头。设置风管活接头的默认连接方式。

管帽。设置风管堵头的默认类型。

（8）在绘图区域中的适当位置单击以指定风管的起点，移动鼠标到适当的位置并单击确定风管的终点，完成一段风管的绘制。继续移动鼠标在适当的位置单击绘制下一段风管，系统自动在连接处采用弯头连接，完成绘制后，按 Esc 键退出风管命令，如图 7-8 所示。

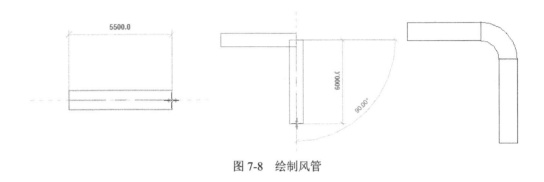

图 7-8　绘制风管

7.2.2　软风管

（1）单击"系统"选项卡，单击"HVAC"面板中的"软风管"按钮，打开"修改 | 放置 软风管"选项卡和选项栏，如图 7-9 所示。

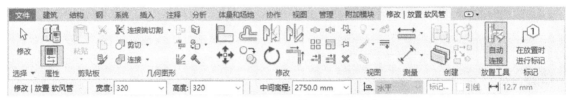

图 7-9　"修改 | 放置 软风管"选项卡和选项栏

图 7-10　"属性"选项板

（2）在"属性"选项板中选择所需的风管类型，默认的有圆形软风管和矩形软风管，这里选择"矩形软风管 软管 - 矩形"类型。

（3）在"属性"选项板中设置软管样式、宽度和高度，如图 7-10 所示。

软管样式。系统提供了 8 种软风管样式，选取不同的样式可以改变软风管在平面视图中的显示。

（4）在绘图区域中的适当位置单击指定软风管的起点，沿着希望软风管经过的路径拖曳风管预览的端点，单击风管弯曲所在位置的各个点，单击风道末端、风管管段或机械设备上的连接件，以指定软风管的端点，完成绘制后，按 Esc 键退出软风管的绘制，如图 7-11 所示。

（5）选取软风管，软风管上显示控制柄，如图 7-12 所示。使用顶点、修改切点和连接件控制柄来调整软风管的布线。

顶点。出现在软风管的长度旁，可以用它来修改风管弯曲位置处的点。

修改切点。出现在软风管的起点和终点处，可以用它来调整第一个弯曲处和第二个弯曲处的切点。

连接件。出现在软风管的各个端点处，可以用它来重新定位软风管的端点；也可以通过它将软风管连接到另一个机械构件，或断开软风管与系统的连接。

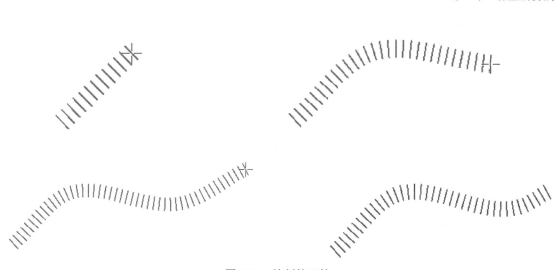

图 7-11　绘制软风管

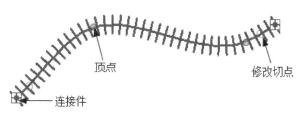

图 7-12　控制柄

（6）在软风管管段上单击鼠标右键，打开图 7-13 所示的快捷菜单，然后单击"插入顶点"选项，根据需要添加顶点，如图 7-14 所示。

图 7-13　快捷菜单

图 7-14　插入顶点

（7）拖曳顶点，调整软风管的布线，如图7-15所示。在软风管管段上单击鼠标右键，打开图7-13所示的快捷菜单，单击"删除顶点"选项，在软风管上单击要删除的顶点，结果如图7-16所示。

图7-15　调整软风管　　　　　　　　　　　　　　　　　图7-16　删除顶点

7.2.3　风管管件

在视图中，很少将风管管件作为独立构件添加，通常是将其添加到现有的管网中。

（1）单击"系统"选项卡，单击"HVAC"面板中的"风管管件"按钮 🐾，打开"修改 | 放置风管管件"选项卡和选项栏，如图7-17所示。

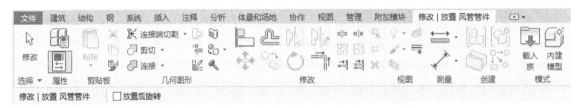

图7-17　"修改 | 放置 风管管件"选项卡和选项栏

放置后旋转。勾选此复选框，构件放置在视图中后会进行旋转。

（2）在"属性"选项板中选择所需的风管管件类型，设置管件的尺寸以及高程，如图7-18所示。

（3）在视图中单击以放置风管管件，如图7-19所示。

图7-18　"属性"选项板

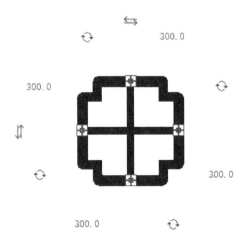

图7-19　放置风管管件

（4）如果要在现有风管中放置管件，将光标移到要放置管件的位置，然后单击风管以将管件捕捉到风管端点处的连接件，如图 7-20 所示。管件会自动调整其高程和大小，直到与风管匹配为止，如图 7-21 所示。

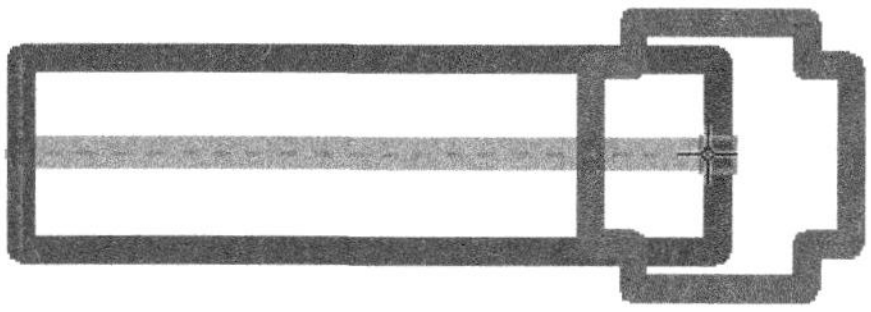

（5）从图 7-19 和图 7-21 中可以看出风管管件提供了一组可用于在视图中修改管件的控制柄。

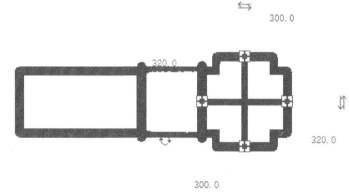

图 7-20　捕捉风管端点

1）风管管件尺寸显示在各个支架的连接件的附近。可以单击该尺寸，并输入值以指定大小，如图 7-22 所示。在必要时会自动创建过渡件。

图 7-21　放置管件

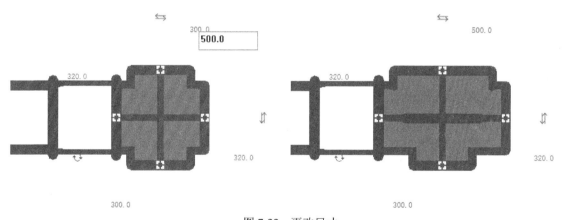

图 7-22　更改尺寸

2）单击"翻转管件"按钮 ⇕，在系统中水平或垂直翻转该管件，以便根据气流确定管件的方向，如图 7-23 所示。

3）如果管件的旁边出现蓝色的风管管件控制柄，加号 ＋ 表示可以升级该管件。例如，弯头可以升级为 T 形三通，T 形三通可以升级为四通，如图 7-24 所示。减号 − 表示可以删除该支架以使管件降级。

4）单击"旋转"按钮 ↻，可以修改管件的方向，每单击一次"旋转"按钮 ↻，都将使管件旋转 90 度，如图 7-25 所示。

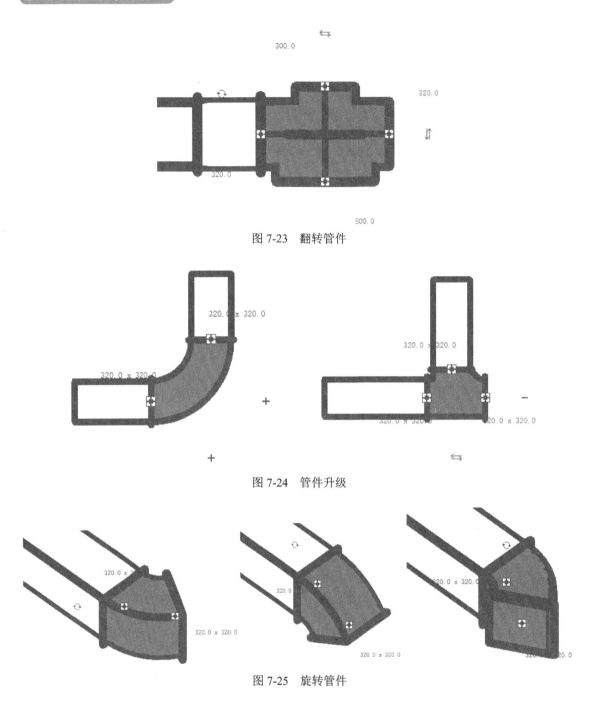

图 7-23　翻转管件

图 7-24　管件升级

图 7-25　旋转管件

7.2.4　风管附件

在平面、剖面、立面和三维视图中添加风管附件，例如排烟阀。

（1）单击"系统"选项卡，单击"HVAC"面板中的"风管附件"按钮，打开"修改 | 放置风管附件"选项卡，如图 7-26 所示。

（2）在"属性"选项板中选择所需的风管附件类型和高程，如图 7-27 所示。

图 7-26　"修改 | 放置 风管附件"选项卡

（3）在视图中单击以放置风管附件，如图 7-28 所示。

图 7-27　"属性"选项板

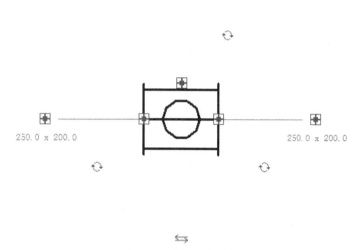

图 7-28　放置风管附件

（4）如果要在现有风管中放置附件，将光标移到要放置附件的位置，然后单击风管以将附件捕捉到风管端点处的连接件，如图 7-29 所示。附件会自动调整其高程，直到与风管匹配为止，如图 7-30 所示。

图 7-29　捕捉风管端点

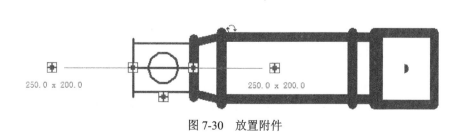

图 7-30　放置附件

7.3 创建风管系统

7.3.1 创建送风、回风和排风风管系统

创建风管系统以调整和分析项目中的管网。

（1）新建一机械项目文件，单击"系统"选项卡，单击"HVAC"面板中的"风管末端"按钮图，打开"修改 | 放置 风道末端装置"选项卡和选项栏，如图 7-31 所示。

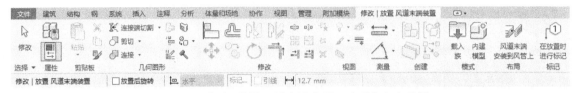

图 7-31　"修改 | 放置 风道末端装置"选项卡和选项栏

（2）在"属性"选项板中选择风道末端装置的类型和参数，这里选择"散流器 - 矩形 360×240"类型，其他采用默认设置，如图 7-32 所示。

（3）在平面视图中的适当位置单击鼠标以放置散流器，如图 7-33 所示，按 Esc 键退出风管末端命令。

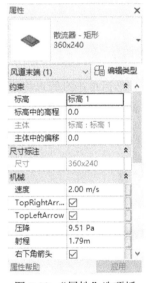

图 7-32　"属性"选项板

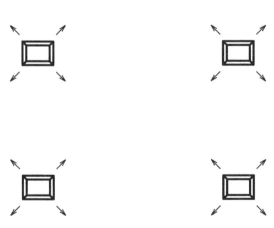

图 7-33　放置散流器

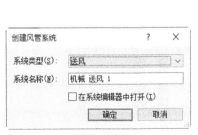

图 7-34　"创建风管系统"对话框

（4）选择图 7-33 所示的散流器，在打开的"修改 | 风道末端"选项卡的"创建系统"面板中单击"风管"按钮，打开图 7-34 所示的"创建风管系统"对话框，采用默认名称，单击"确定"按钮。

系统类型。在视图中选择的风道末端的类型决定将其指定给哪种类型的系统。对于风管系统，默认的系统类型包括"送风""回风"和"排风"。如果选择了送风风道末端，"系统类型"

将自动设置为"送风"。

系统名称。唯一标识系统。系统会提供一个建议名称,用户也可以自己输入一个名称。

(5)选取上一步创建的"机械 送风 1"风管系统,在打开的"修改 | 风道末端"选项卡的"布局"面板中单击"生成布局"按钮，打开图 7-35 所示的"生成布局"选项卡和选项栏。(将在 7.2.4 节中详细介绍)

图 7-35　"生成布局"选项卡和选项栏

(6)生成图 7-36 所示的布局,单击"上一个解决方案"按钮 或"下一个解决方案"按钮 ,在所建议的布线解决方案中循环,然后选择一个适合该平面的解决方案,如图 7-37 所示。

提示

布局路径以单线显示,其中绿色布局线代表支管,蓝色布局线代表干管。

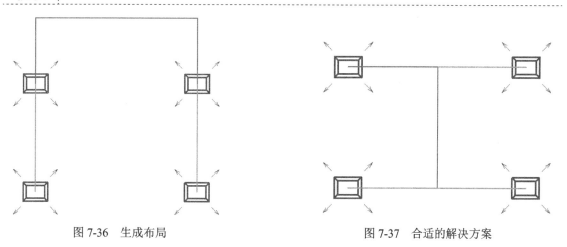

图 7-36　生成布局　　　　　　　　图 7-37　合适的解决方案

(7)如果系统提供的解决方案不符合要求,可单击"编辑布局"按钮，调整布局线路。

(8)单击"完成布局"按钮，最终生成图 7-38 所示的机械送风系统。

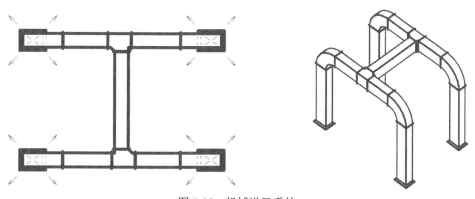

图 7-38　机械送风系统

7.3.2　创建系统类型

可以通过复制现有系统类型，创建新的风管或管道系统类型。

复制系统类型时，新的系统类型将使用相同的系统分类。然后可以修改副本，而不会影响原始系统类型或其实例。

（1）在"项目浏览器"中的"族"→"风管系统"→"风管系统"节点下，选择"送风"，单击鼠标右键，在弹出的快捷菜单中单击"复制"命令，如图 7-39 所示，新建"送风 2"系统。

（2）在新建的"送风 2"系统上单击鼠标右键，弹出图 7-39 所示的快捷菜单。单击"重命名"命令，输入名称为"机械送风系统"，如图 7-40 所示。

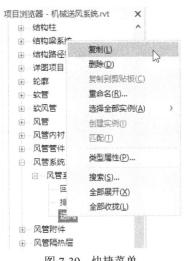

图 7-39　快捷菜单

图 7-40　更改名称

机械送风系统是从"送风"系统类型创建的，并且它们具有相同的系统分类。

7.3.3　生成布局设置

无论何时在平面视图中选择系统，都可以使用"生成布局"工具为管网指定坡度和布线参数、查看不同的布局解决方案以及手动修改系统的布局解决方案。

（1）在生成布局之前最好先创建系统，选择风道末端装置，在打开的"修改 | 风道末端"选项卡的"创建系统"面板中单击"风管"按钮，打开"创建风管系统"对话框，采用默认名称，单击"确定"按钮，创建风管系统。

（2）单击"修改 | 风道末端"选项卡，单击"布局"面板中的"生成布局"按钮或"生成占位符"按钮，打开"生成布局"选项卡。

（3）默认生成图 7-41 所示的布局。

（4）单击"修改布局"面板中的"从系统中删除"按钮，在视图中选择要删除的构件，删除构件，此时构件显示为灰色，布局和解决方案也随之更新，如图 7-42 所示。

（5）单击"修改布局"面板中的"添加到系统"按钮，可以添加之前从布局中删除的构件。该构件不再显示为灰色，布局和解决方案也随之更新，如图 7-43 所示。

（6）单击"修改布局"面板中的"放置基准"按钮，将基准控制放置在布局中开发管道连接所在的位置，放置基准后，布局和解决方案也随之更新。

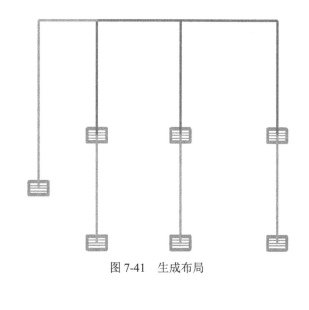

图 7-41　生成布局

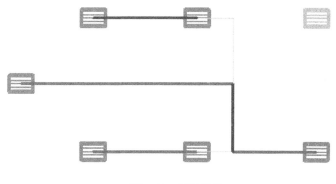

图 7-42　删除构件

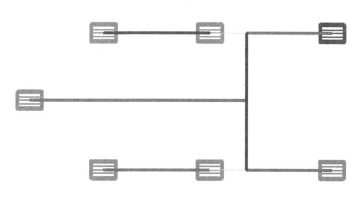

图 7-43　添加构件

注意　　可以将基准控制与构件放置在同一标高上，也可以放置在不同标高上。基准控制类似于临时基准构件，建议在放置基准控制后再对其进行修改。也可以使用基准控制在一个或多个标高上创建更小的子部件布局。

（7）单击"编辑布局"按钮，重新定位各布局线或合并各布局线来修改布局。首先选择要合并的布局线，然后拖曳其弯头 / 端点控制，直到该控制捕捉到相邻的布局线。修改后的布局线将自动被删除，并添加其他布局线，以表示对与修改后的布局线相关联的构件的物理连接。所有与修改后的布局线相关联的构件都保持其初始位置不变。合并布局线可以重新定义布局。

> **注意**　只有相邻的布局线才能合并。但是无法修改连接到系统构件的布局线，因为必须通过它们将构件连接到布局。

（8）要修改布局，可以单击并选择要重新定位或合并的布局线，然后使用下列控制。

✛平移控制。将整条布局线沿着与该布局线垂直的轴移动。如果需要维持系统的连接，将自动添加其他线。

连接控制。┳表示 T 形三通，╋表示四通。可以通过这些连接控制在干管和支管分段之间将 T 形三通或四通连接向左右或上下移动。

▸弯头 / 端点控制。可以使用该控制移动 2 条布局线之间的交点或布局线的端点。

> **注意**　一次操作最多只能将一条布局线移到 T 形三通或四通管件处。

（9）单击"解决方案"按钮，在选项栏上选择"解决方案类型"和建议的解决方案，如图 7-44 所示。每个布局解决方案均包含一个干管（蓝色）和一个支管（绿色）。解决方案类型包括管网、周长、交点和自定义。

图 7-44　"生成布局"选项卡和选项栏

管网。该解决方案围绕为风管系统选择的构件创建一个边界框，然后基于沿着边界框中心线的干管分段提出解决方案，其中支管与干管分段呈 90 度角，如图 7-45 所示。

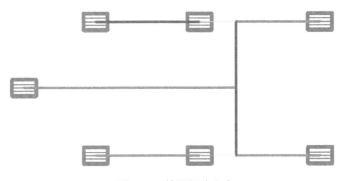

图 7-45　管网解决方案

周长。该解决方案围绕为系统选定的构件创建一个边界框，并提出 5 个可能适用的布线解决方案，如图 7-46 所示。在选项栏中输入嵌入值，用于确定边界框和构件之间的偏移。

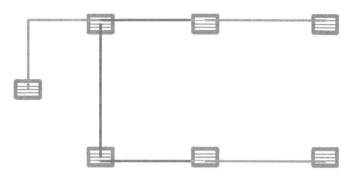

图 7-46　周长解决方案

交点。该解决方案是基于从系统构件的各个连接件延伸出的一对虚拟线作为可能布线而创建的，如图 7-47 所示。该解决方案的可能接合处是从构件延伸出的多条线的相交处。

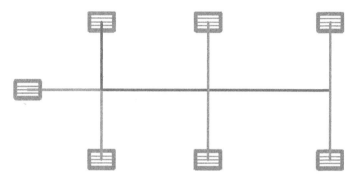

图 7-47　交点解决方案

（10）单击"上一个解决方案"按钮 ◁ 或"下一个解决方案"按钮 ▷ ，循环显示所建议的布线解决方案。

（11）单击"设置"按钮 设置... ，打开图 7-48 所示"风管转换设置"对话框，在对话框中可以指定干管和支管管道的特征。

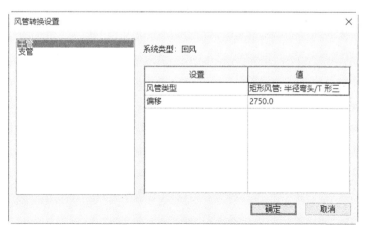

图 7-48　"风管转换设置"对话框

（12）单击"完成布局"按钮 ✅ ，根据规格将布局转换为刚性管网。

7.4 修改风管系统

7.4.1 将构件连接到风管系统

使用"连接到"工具，自动将构件添加到系统中，并在新构件与现有系统之间创建管网。

（1）打开要添加构件的平面视图，然后放置新构件。将风道末端放置在包含现有风管系统的视图中，如图 7-49 所示。

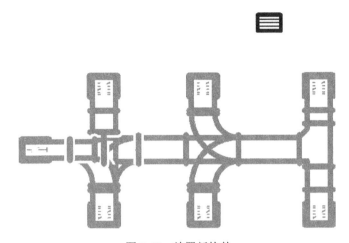

图 7-49　放置新构件

（2）选取上一步添加的新构件，单击"修改 | 风道末端"选项卡，单击"布局"面板中的"连接到"按钮，在图中拾取一个风管以连接到构件，如图 7-50 所示。

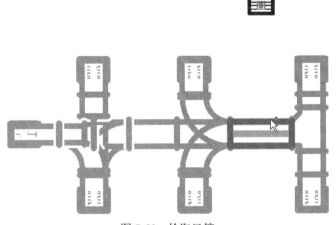

图 7-50　拾取风管

（3）新构件自动添加到系统中，如图 7-51 所示。

（4）如果新构件无法连接到多个系统，则会打开"选择连接件"对话框，在对话框中选择要进行连接的系统，单击"确定"按钮。

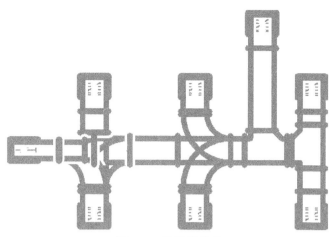

图 7-51　连接新构件

7.4.2　连接或断开设备

（1）打开要添加设备的平面视图，单击"系统"选项卡，单击"机械"面板中的"机械设备"按钮，在"属性"选项板中选择设备类型，将其放置到视图中，如图 7-52 所示。

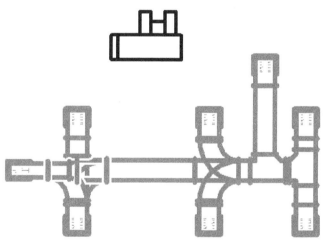

图 7-52　放置设备

（2）选取管网，打开图 7-53 所示的"风管系统"选项卡，单击"选择设备"按钮，选取上一步放置的设备，将其添加到系统。

图 7-53　"风管系统"选项卡

（3）选取上一步添加的设备，单击"风管系统"选项卡中的"断开与设备的连接"按钮，断开设备连接。

7.4.3 为添加的构件创建管网

（1）打开要添加构件的平面视图，然后放置新构件。将风道末端放置在包含现有风管系统的视图中，如图 7-54 所示。

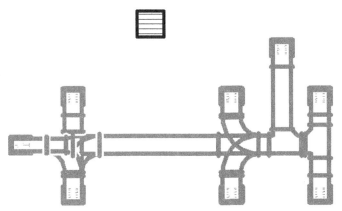

图 7-54 放置新构件

（2）在模型中选择一个管道或风管系统，打开"风管系统"选项卡。

（3）单击"风管系统"选项卡，单击"系统工具"面板中的"编辑系统"按钮，打开图 7-55 所示的"编辑风管系统"选项卡。系统默认激活"添加到系统"按钮。

图 7-55 "编辑风管系统"选项卡

（4）在视图中将鼠标指针放置在构件上时会高亮显示构件，单击要添加到系统的构件，单击"完成编辑系统"按钮，将构件添加到系统中。

（5）选取上一步添加到系统的构件，单击"修改|风道末端"选项卡，单击"布局"面板中的"生成布局"按钮，打开"生成布局"选项卡，并自动创建管网，如图 7-56 所示。

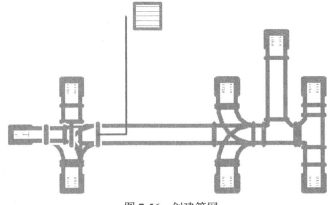

图 7-56 创建管网

（6）单击"下一个解决方案"按钮 ▷，循环显示管网方案，选择合适的解决方案，如图 7-57 所示。

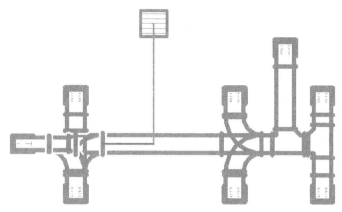

图 7-57　合适的解决方案

（7）单击"完成布局"按钮 ✅，根据规格将布局转换为刚性管网，如图 7-58 所示。

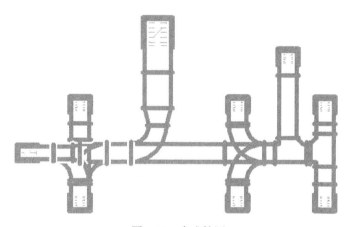

图 7-58　生成管网

7.4.4　分割系统

使用"分割系统"命令可在包含多个物理网络的风管或管道系统中创建单个系统。此命令仅当选定的系统中包含多个物理网络时可用。

（1）打开风管系统文件。

（2）在模型中选择一个管道或风管系统，打开"风管系统"选项卡。

（3）单击"风管系统"选项卡，单击"系统工具"面板中的"分割系统"按钮 📇，打开图 7-59 所示的"分割系统"对话框。该对话框说明从选定系统中创建的系统的数量。

（4）单击"确定"按钮，状态栏显示分割进度，指定给分割系统的名称由原始系统的名称再附加一个数字组成。

图 7-59　"分割系统"对话框

7.4.5　对齐风管

使用对正编辑器，可对齐某一部分系统中管网的顶部、底部或侧面。

（1）新建一机械项目文件，单击"系统"选项卡，单击"HVAC"面板中的"风管"按钮 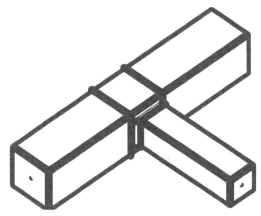，在"属性"选项板中选取类型，设置参数，绘制图 7-60 所示的风管。

图 7-60　绘制风管

（2）选择要对齐的风管，打开"修改 | 风管"选项卡。

（3）单击"修改|风管"选项卡，单击"编辑"面板中的"对正"按钮 ，打开图 7-61 所示的"对正编辑器"选项卡。

图 7-61　"对正编辑器"选项卡

（4）单击"控制点"按钮 ，选择将作为对正参照的管网部分的一端，如图 7-62 所示。每次单击可交替选择开始管段和结束管段，由各支管端点处的箭头指明。

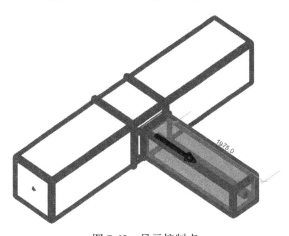

图 7-62　显示控制点

（5）单击"对齐线"按钮 ，在参照风管面的边缘处沿着中心方向显示虚线样式的参照线，如图 7-63 所示。

（6）在绘图区域中单击其中一条对齐线，此对齐线高亮显示，如图 7-64 所示。

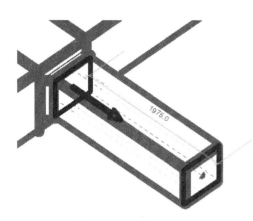

图 7-63　显示参照线

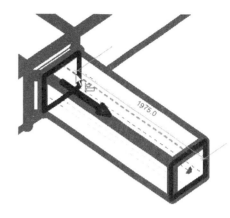

图 7-64　显示对齐线

（7）单击"完成"按钮 ，管网已与连接到 T 形三通的大管段的"中上"对齐。

第 8 章
电气设计

知识导引

在建筑工程设计中,电气设计需要根据建筑规模、功能定位及使用要求确定电气系统,常见的电气系统包括配电系统、照明设计系统和弱电系统等。

本章主要介绍电缆桥架、线管、导线的创建方法和电力、照明以及开关系统的创建方法。

8.1　电气设置

单击"系统"选项卡，单击"电气"面板中的"机械设置"按钮 ，或单击"管理"选项卡，单击"设置"面板中"MEP 设置" 下拉列表中的"机械设置"按钮 ，打开"电气设置"对话框，如图 8-1 所示。在该对话框中可以指定配线参数、电压定义、配电系统、电缆桥架和线管设置以及负荷计算和配电盘明细表。

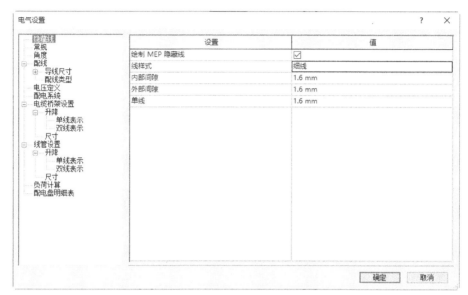

图 8-1　"电气设置"对话框

8.1.1　隐藏线

"隐藏线"选项卡如图 8-1 所示，指定在电气系统中如何绘制隐藏线。

绘制 MEP 隐藏线。指定是否按为隐藏线所指定的线样式和间隙来绘制电缆桥架和线管。

线样式。指定桥架段交叉点处隐藏段的线样式。

内部间隙。指定交叉段内部显示的线的间隙。

外部间隙。指定在交叉段外部显示的线的间隙。

单线。指定在段交叉位置处单隐藏线的间隙。

8.1.2　常规

"常规"选项卡如图 8-2 所示，可以定义基本参数并设置电气系统的默认值。

电气连接件分隔符。指定用于分隔装置的"电气数据"参数的额定值的符号。

电气数据样式。为电气构件"属性"选项板中的"电气数据"参数指定样式，包括连接件说明电压 / 极数 - 负荷、连接件说明电压 / 相位 - 负荷、电压 / 极数 - 负荷和电压 / 相位 - 负荷 4 种样式。

线路说明。指定导线实例属性中的"线路说明"参数的格式。

按相位命名线路 - 相位 A/B/C 标签。只有在使用"属性"选项板为配电盘指定按相位命名线路时才使用这些值。

大写负荷名称。指定线路实例属性中的"负荷名称"参数的格式。

图 8-2 "常规"选项卡

线路序列。指定创建电力线的序列，以便能够按阶段分组创建线路。

线路额定值。指定在模型中创建回路时的默认额定值。

线路路径偏移。指定生成线路路径时的默认偏移。

8.1.3 配线

"配线"选项卡如图 8-3 所示，配线表中的设置决定着 Revit 对于导线尺寸的计算方式以及导线在项目电气系统平面图中的显示方式。

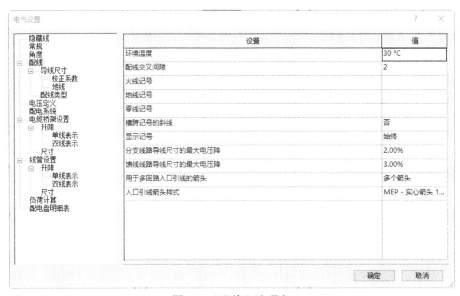

图 8-3 "配线"选项卡

环境温度。指定配线所在环境的温度。

配线交叉间隙。指定用于显示相互交叉的未连接导线的间隙的宽度，如图 8-4 所示。

火线 / 地线 / 零线记号。指定相关导线显示的记号样式。默认对话框中没有记号，单击"插入"选项卡，单击"从库中载入"面板中的"载入族"按钮🔩，打开"载入族"对话框，选择"China"→"注释"→"标记"→"电气"→"记号"文件夹，系统提供了 4 种导线记号，选择一个或多个记号族文件，单击"打开"按钮，载入导线记号。然后在对话框的值列表中选择记号样式。

横跨记号的斜线。指定是否将地线的记号显示为横跨其他导线的记号的斜线，如图 8-5 所示。

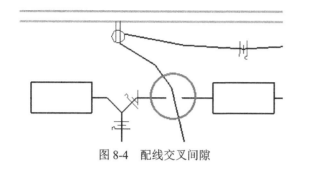

图 8-4　配线交叉间隙

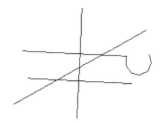

图 8-5　横跨记号的斜线

显示记号。指定始终显示记号、从不显示记号或者只为回路显示记号。

分支线路导线尺寸的最大电压降。指定分支线路允许的最大电压降的百分比。

馈线线路导线尺寸的最大电压降。指定馈线线路允许的最大电压降的百分比。

用于多回路入口引线的箭头。指定单个箭头或多个箭头是在所有线路导线上显示，还是仅在结束导线上显示。

入口引线箭头样式。指定回路箭头的样式，包括箭头角度和大小。

8.1.4　电压定义

"电压定义"选项卡如图 8-6 所示。列表框中显示项目中配电系统所需的电压。单击"添加"按钮，添加"新电压 1"，修改名称并设置电压值，每个电压定义都被指定为一个电压范围，以便适应各个装置的不同额定电压。

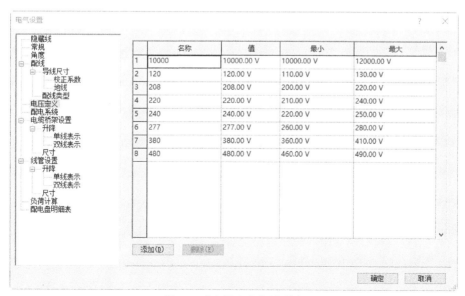

图 8-6　"电压定义"选项卡

8.1.5 配电系统

"配电系统"选项卡如图 8-7 所示。列表框中显示项目中可用的配电系统。

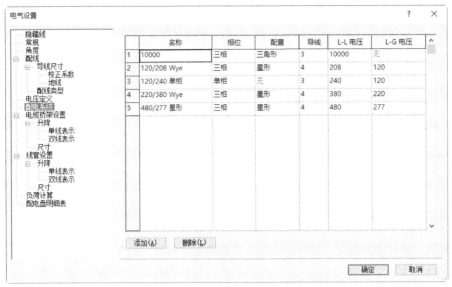

图 8-7 "配电系统"选项卡

L-L 电压。在选项中设置电压定义，以表示在任意两相之间测量的电压。此参数的规格取决于"相位"和"导线"的选择。例如，L-L 电压不适用于单相二线系统。

L-G 电压。在选项中设置电压定义，以表示在相和地之间测量的电压。L-G 总是可用。

8.1.6 电缆桥架和线管设置

"电缆桥架设置"选项卡如图 8-8 所示。在布置电缆桥架和线管前，先按照设计要求对电缆桥架和线管进行设置，为设计和出图做准备。

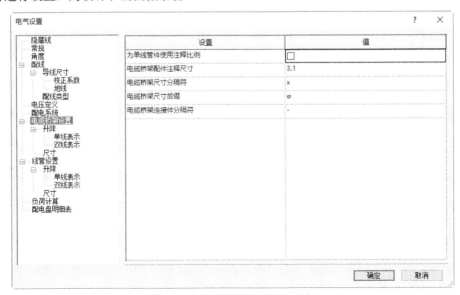

图 8-8 "电缆桥架设置"选项卡

为单线管件使用注释比例。指定是否按照"电缆桥架管件注释尺寸"参数所指定的尺寸绘制电缆桥架管件。修改该设置时并不会改变已在项目中放置构件的打印尺寸。

电缆桥架配件注释尺寸。指定在单线视图中绘制的管件的打印尺寸。无论图纸比例为多少，该尺寸始终保持不变。

电缆桥架尺寸分隔符。指定用于显示电缆桥架尺寸的符号。例如，如果使用 x，则高度为 12 英寸、深度为 4 英寸的电缆桥架的尺寸将显示为 12" x 4"。

电缆桥架尺寸后缀。指定附加到电缆桥架尺寸之后的符号。

电缆桥架连接件分隔符。指定在两个不同连接件之间分隔信息的符号。

"线管设置"选项卡中的选项同"电缆桥架设置"选项卡中的选项类似，这里就不再介绍。

8.1.7　配电盘明细表

"配电盘明细表"选项卡如图 8-9 所示。

备件标签。指定应用到配电盘明细表中任一备件的"负荷名称"参数的默认标签文字。

空间标签。指定应用到配电盘明细表中任一空间的"负荷名称"参数的默认标签文字。

配电盘总数中包括备件。指定在为配电盘明细表中的备件添加负荷值时，是否在配电盘总负荷中包括备件负荷值。

将多极化线路合并到一个单元。指定是否将二极或三极线路合并到配电盘明细表中的一个单元中。

图 8-9　"配电盘明细表"选项卡

8.1.8　负荷计算

"负荷计算"选项卡如图 8-10 所示。设置电气负荷的类型，并为不同的负荷类型指定需求系数，可以确定各个系统照明和用电设备等负荷的容量和计算电流，并选择合适的配电箱。

图 8-10 "负荷计算"选项卡

负荷分类。单击此按钮，或单击"管理"选项卡，单击"设置"面板中"MEP 设置" 下拉列表中的"负荷分类"按钮，打开图 8-11 所示的"负荷分类"对话框，在此对话框中可以对连接到配电盘的每种类型的电气负荷进行分类，还可以新建、复制、重命名和删除负荷类型。

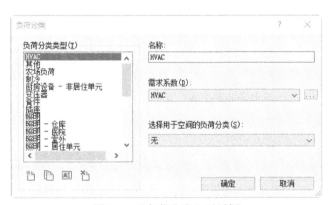

图 8-11 "负荷分类"对话框

需求系数。单击此按钮，或单击"管理"选项卡，单击"设置"面板中"MEP 设置" 下拉列表中的"需求系数"按钮，打开图 8-12 所示的"需求系数"对话框，在此对话框中可以基于系统负荷为项目中的照明、电力、HVAC 或其他系统指定一个或多个需求系数。

可以通过指定需求系数来计算线路的估计需用负荷。需求系数可以通过下列几种形式来确定。

固定值。可以在"需求系数"文本框中直接输入系数值，默认为 100%。

按数量。可以指定多个连接对象的数量范围，并对每个范围应用不同的需求系数或者对所有对象应用相同的需求系数，具体取决于所连接对象的数量。

按负荷。可以为对象指定多个负荷范围并对每个范围应用不同的需求系数，或者对配电盘所连接的总负荷应用相同的需求系数。可以基于整个负荷的百分比来指定需求系数，并指定按递增的方式来计算每个范围的需求系数。

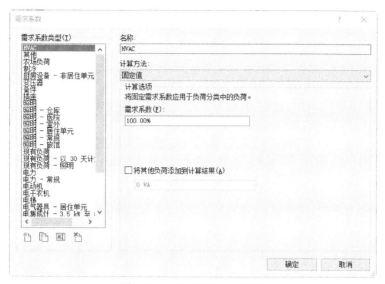

图 8-12　"需求系数"对话框

8.2　布置电气构件

8.2.1　放置电气设备

电气设备由配电盘和变压器组成。电气设备可以是基于主体的构件（必须放置在墙上的配电盘），也可以是不基于主体的构件（可以放置在视图中任何位置的变压器）。

（1）单击"系统"选项卡，单击"电气"面板中的"电气设备"按钮，系统打开图 8-13 所示的提示对话框，单击"是"按钮。

（2）打开"载入族"对话框，选择"China"→"MEP"→"供配电"→"发电机和变压器"文件夹中的"干式变压器 -10-35kV-IP20.rfa"，如图 8-14 所示。

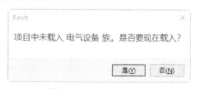

图 8-13　提示对话框

图 8-14　"载入族"对话框

（3）单击"打开"按钮，打开图 8-15 所示的"指定类型"对话框，在对话框中选择一个或多个类型，单击"确定"按钮，载入干式变压器族文件。

图 8-15 "指定类型"对话框

（4）也可以直接在"属性"选项板中选择已有的类型，设置电气设备的放置高程，如图 8-16 所示。

（5）在绘图区域中的适当位置单击以放置电气设备，如图 8-17 所示。按 Esc 键退出电气设备命令。

图 8-16 "属性"选项板

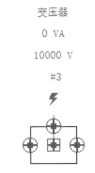

图 8-17 放置电气设备

8.2.2 放置装置

装置由插座、开关、接线盒、电话、通讯、数据终端设备以及护理呼叫设备、壁装扬声器、启动器、烟雾探测器和手拉式火警箱组成。电气装置通常是基于主体的构件（例如必须放置在墙上或工作平面上的插座）。

下面以放置插座为例，介绍放置装置的具体步骤。

图 8-18 提示对话框

（1）单击"系统"选项卡，单击"电气"面板中"设备"下拉列表中的"电气装置"按钮，系统打开图 8-18 所示的提示对话框，单击"是"按钮。

（2）打开"载入族"对话框，选择"China"→"MEP"→"供配电"→"终端"→"插座"文件夹中的"带接地插孔三相插座 - 明装 .rfa"，如图 8-19 所示。

图 8-19　"载入族"对话框

（3）单击"打开"按钮，打开图 8-20 所示的"修改 | 放置 装置"选项卡和选项栏，默认激活"放置在垂直面上"按钮 。

图 8-20　"修改 | 放置 装置"选项卡和选项栏

（4）也可以直接在"属性"选项板中选择已有的类型，设置电气装置的放置高程，如图 8-21 所示。

（5）选取绘图区域中的墙体为放置电气装置的实体面，按空格键左右翻转装置，如图 8-22 所示。在墙体上的适当位置单击以放置电气装置，如图 8-23 所示。按 Esc 键退出电气装置命令。

图 8-21　"属性"选项板

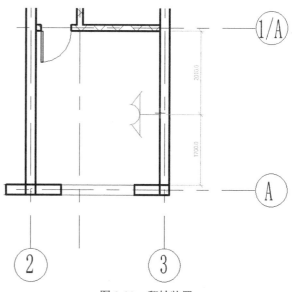

图 8-22　翻转装置

207

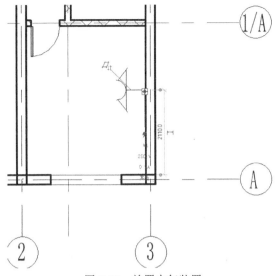

图 8-23 放置电气装置

8.2.3 放置照明设备

大多数照明设备是必须放置在主体构件（天花板或墙）上的基于主体的构件。

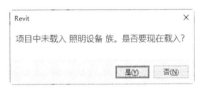

图 8-24 提示对话框

（1）单击"系统"选项卡，单击"电气"面板中的"照明设备"按钮，系统打开图 8-24 所示的提示对话框，单击"是"按钮。

（2）打开"载入族"对话框，选择"China"→"MEP"→"照明"→"室内灯"→"花灯和壁灯"文件夹中的"托架壁灯 - 球形 .rfa"，如图 8-25 所示。

图 8-25 "载入族"对话框

（3）单击"打开"按钮，打开图 8-26 所示的"修改 | 放置 设备"选项卡和选项栏，默认激活"放

置在垂直面上"按钮。

图 8-26 "修改 | 放置 设备"选项卡和选项栏

（4）也可以直接在"属性"选项板中选择已有的类型，设置照明设备的放置高程，如图 8-27 所示。

（5）将光标移至绘图区域中的某一有效主体或位置上时，可以预览照明设备，如图 8-28 所示。在墙体上的适当位置单击以放置照明设备，如图 8-29 所示。按 Esc 键退出照明设备命令。

图 8-27 "属性"选项板

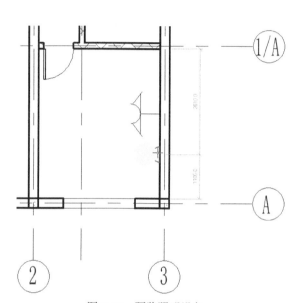

图 8-28 预览照明设备

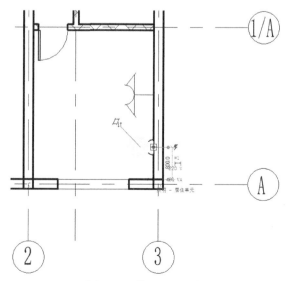

图 8-29 放置照明设备

8.3 电缆桥架

8.3.1 绘制电缆桥架

Revit 提供两种不同的电缆桥架形式，分别为带配件的电缆桥架和无配件的电缆桥架。无配件的电缆桥架适用于设计中不明显区分配件的情况，它们是作为不同的系统族来实现的。

（1）单击"系统"选项卡，单击"电气"面板中的"电缆桥架"按钮，打开"修改 | 放置 电缆桥架"选项卡和选项栏，如图 8-30 所示。

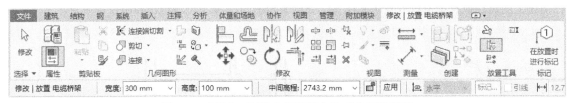

图 8-30 "修改 | 放置 电缆桥架"选项卡和选项栏

（2）在"属性"选项板中选择电缆桥架类型，这里选择"无配件的电缆桥架 槽式电缆桥架"类型，设置电缆桥架的宽度、高度和高程，如图 8-31 所示。

（3）在绘图区域中，单击指定电缆桥架的起点，然后移动光标，并单击指定桥架上的点，如图 8-32 所示。按 Esc 键退出电缆桥架命令。

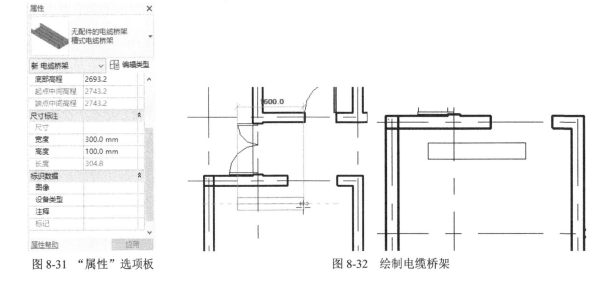

图 8-31 "属性"选项板　　　　　　　图 8-32 绘制电缆桥架

8.3.2 添加电缆桥架配件

（1）单击"系统"选项卡，单击"电气"面板中的"电缆桥架配件"按钮，系统打开图 8-33 所示的提示对话框，单击"是"按钮。

图 8-33 提示对话框

（2）打开"载入族"对话框，选择"China"→"MEP"→"供配电"→"供电设备"→"配
电设备"→"电缆桥架配件"文件夹中的"槽式电缆桥架水平三通 .rfa"，如图 8-34 所示。单击"打
开"按钮，载入槽式电缆桥架水平三通族文件。

图 8-34　"载入族"对话框

（3）在"属性"选项板中选择已有的类型，设置电缆桥架配件的尺寸和放置高程，如图 8-35 所示。

（4）在"属性"选项板中勾选"放置后旋转"复选框，捕捉电缆桥架的端点放置水平三通，然
后将其逆时针旋转 90 度，单击完成槽式电缆桥架水平三通的放置，如图 8-36 所示。也可以将水平
三通放置在其他位置，然后拖曳其控制点与电缆桥架连接。按 Esc 键退出电缆桥架配件命令。

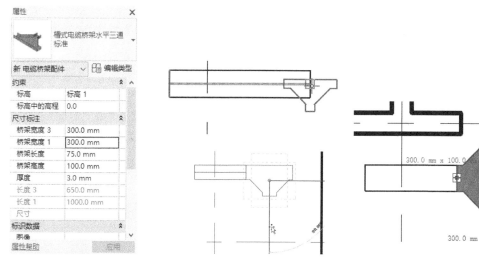

图 8-35　"属性"选项板　　　　图 8-36　放置电缆桥架配件

8.3.3　绘制带配件的电缆桥架

（1）单击"插入"选项卡，单击"从库中载入"面板中的"载入族"按钮，打开图 8-34 所
示的"载入族"对话框，选择"China"→"MEP"→"供配电"→"供电设备"→"配电设备"→"电

缆桥架配件"文件夹中的"槽式电缆桥架异径接头 .rfa""槽式电缆桥架水平四通 .rfa""槽式电缆桥架水平三通 .rfa""槽式电缆桥架活接头 .rfa""槽式电缆桥架垂直等径下弯通 .rfa"和"槽式电缆桥架垂直等径上弯通 .rfa",单击"打开"按钮,将其全部载入当前文件。

（2）单击"系统"选项卡,单击"电气"面板中的"电缆桥架"按钮🖊,打开"修改 | 放置 电缆桥架"选项卡和选项栏,如图 8-30 所示。

（3）在"属性"选项板中选择"带配件的电缆桥架 槽式电缆桥架"类型,单击"编辑类型"按钮🔛,打开图 8-37 所示的"类型属性"对话框,设置电缆桥架接头处的配件,如图 8-38 所示。单击"确定"按钮。

（4）在选项栏中设置电缆桥架的高度、宽度和中间高程。

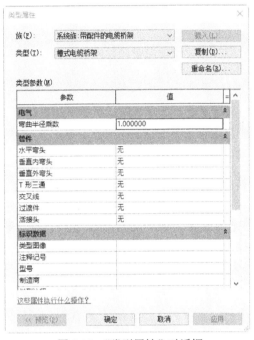

图 8-37　"类型属性"对话框

图 8-38　配件设置

（5）在绘图区域中单击指定电缆桥架的起点,然后移动光标,并单击指定管路上的端点,完成一段电缆桥架的绘制。继续绘制电缆桥架,系统在电缆桥架的转弯或连接处自动生成相应的电缆桥架配件,如图 8-39 所示。按 Esc 键退出电缆桥架命令。

提示　　　　电缆桥架的安装示意图如图 8-40 所示。

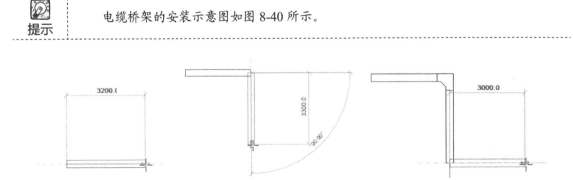

图 8-39　绘制带配件的电缆桥架

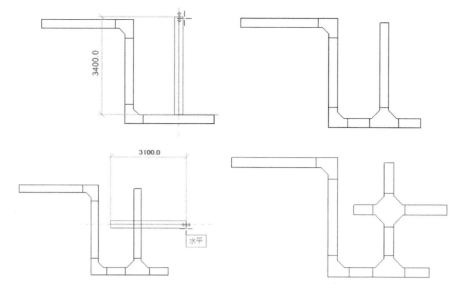

图 8-39　绘制带配件的电缆桥架（续）

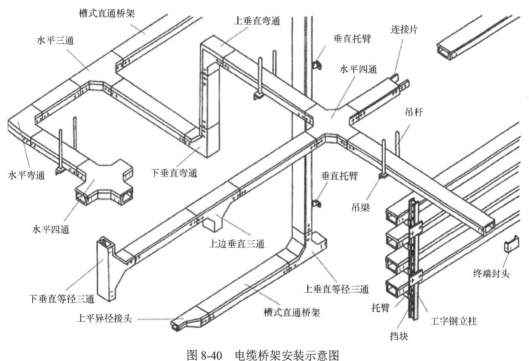

图 8-40　电缆桥架安装示意图

8.4　线管

8.4.1　绘制线管

（1）单击"系统"选项卡，单击"电气"面板中的"线管"按钮 <!-- icon -->，打开"修改 | 放置 线

管"选项卡和选项栏，如图 8-41 所示。

图 8-41 "修改 | 放置 线管"选项卡和选项栏

（2）在"属性"选项板中选择线管类型，这里选择"无配件的线管 线管"类型，设置线管的直径和高程，如图 8-42 所示。

（3）在绘图区域中，单击指定线管的起点，然后移动光标，并单击完成一段线管的绘制，如图 8-43 所示。按 Esc 键退出线管命令。

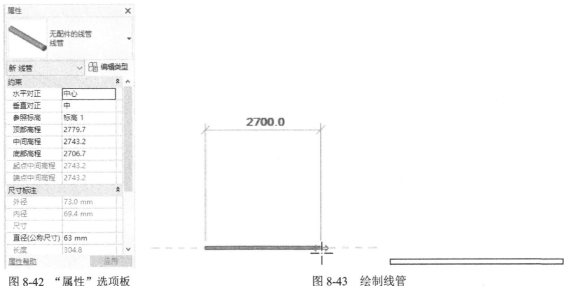

图 8-42 "属性"选项板　　　　　　　　　图 8-43 绘制线管

8.4.2 添加线管配件

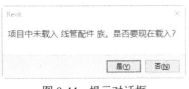

图 8-44 提示对话框

（1）单击"系统"选项卡，单击"电气"面板中的"线管配件"按钮，系统打开图 8-44 所示的提示对话框，单击"是"按钮。

（2）打开"载入族"对话框，选择"China"→"MEP"→"供配电"→"供电设备"→"配电设备"→"导管配件"→"RMC"文件夹中的"导管弯头 - 铝 .rfa"，如图 8-45 所示。单击"打开"按钮，载入导管弯头 - 铝文件。

（3）在"属性"选项板中选择已有的类型，设置线管配件的尺寸和放置高程，如图 8-46 所示。

（4）捕捉线管的端点放置导管弯头，单击完成导管弯头的放置，如图 8-47 所示。也可以将导管弯头放置在其他位置，然后拖曳其控制点与线管连接。按 Esc 键退出线管配件命令。

图 8-45　"载入族"对话框

图 8-46　"属性"选项板

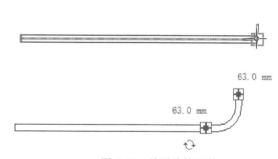

图 8-47　放置线管配件

8.4.3　绘制带配件的线管

（1）单击"插入"选项卡，单击"从库中载入"面板中的"载入族"按钮 ，打开"载入族"对话框，选择"China"→"MEP"→"供配电"→"供电设备"→"配电设备"→"电缆桥架配件"文件夹中的"导管接线盒 - 弯头 - 铝 .rfa""导管接线盒 - 四通 - 铝 .rfa""导管接线盒 - 过渡件 - 铝 .rfa""导管接线盒 -T 形 - 铝 .rfa"和"导管接头 - 铝 .rfa"，单击"打开"按钮，将其全部载入当前文件。

（2）单击"系统"选项卡，单击"电气"面板中的"线管"按钮，打开"修改 | 放置 线管"选项卡和选项栏，如图 8-41 所示。

（3）在"属性"选项板中选择"带配件的线管 线管"类型，单击"编辑类型"按钮，打开图 8-48 所示的"类型属性"对话框，设置线管接头处的配件，如图 8-49 所示。单击"确定"按钮。

（4）在选项栏中设置线管的直径、中间高程和弯曲半径。

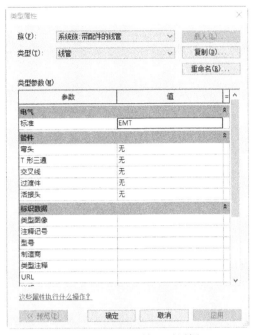

图 8-48 "类型属性"对话框

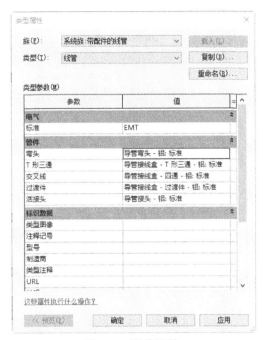

图 8-49 配件设置

（5）在绘图区域中单击指定线管的起点，然后移动光标，并单击指定线管的端点，完成一段线管的绘制。继续绘制线管，系统在线管的转弯或连接处自动生成相应的线管配件，如图 8-50 所示。按 Esc 键退出线管配件命令。

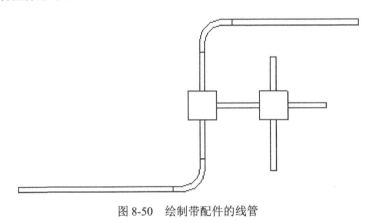

图 8-50 绘制带配件的线管

8.4.4 绘制平行线管

可以将平行线管添加到通过设备表面连接件连接的现有线管上，也可以添加到与电缆桥架连接的现有线管上。

（1）单击"系统"选项卡，单击"电气"面板中的"平行线管"按钮🖳，打开"修改 | 放置 平行线管"选项卡，如图 8-51 所示。

相同弯曲半径🖳。使用原始线管的弯曲半径绘制平行线管。

同心弯曲半径🖳。使用不同的弯曲半径绘制平行线管，此选项仅适用于无管件的线管。

图 8-51　"修改 | 放置 平行线管"选项卡

（2）在选项卡中输入"水平数"为"3"，"水平偏移"为"400.0"，其他采用默认设置。

（3）在绘图区域中，将鼠标指针移动到现有线管以高亮显示一段线管。将鼠标指针移动到现有线管的任一侧时，将显示平行线管的轮廓，如图 8-52 所示。

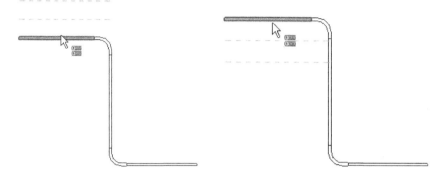

图 8-52　显示平行管道的轮廓

（4）按 Tab 键选取整个线管，如图 8-53 所示。

（5）单击以放置平行线管，按 Esc 键退出平行线管命令，如图 8-54 所示。

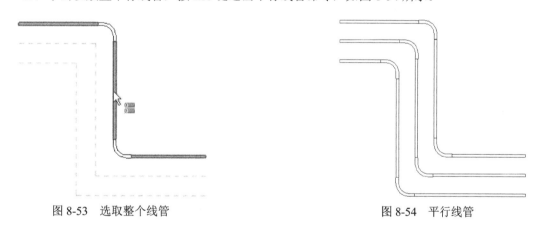

图 8-53　选取整个线管　　　　　　　　图 8-54　平行线管

8.5　导线

可以在设计中的电气构件之间手动创建导线。

8.5.1　绘制弧形导线

（1）单击"系统"选项卡，单击"电气"面板中"导线"下拉列表中的"弧形导线"按钮 ，

打开"修改 | 放置 导线"选项卡和选项栏，如图 8-55 所示。

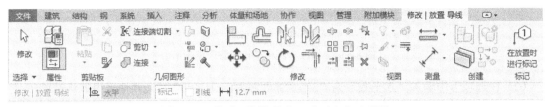

图 8-55 "修改 | 放置 导线"选项卡和选项栏

（2）在"类型选择器"中，选择导线类型，采用默认设置。

（3）将光标移动到要连接的第一个构件上，显示捕捉。单击确定导线回路的起点，如图 8-56 所示。

（4）移动光标到要连接构件中间的适当位置，单击确定中点，如图 8-57 所示。

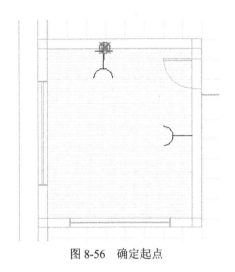

图 8-56 确定起点

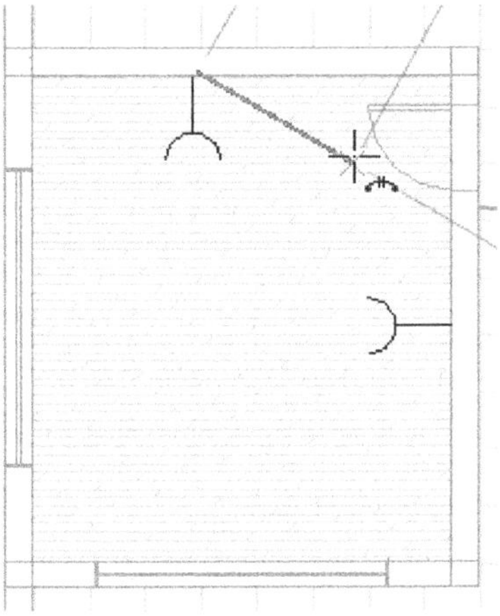

图 8-57 确定中点

（5）将光标移动到下一个构件上，然后单击连接件捕捉以指定导线回路的终点，如图 8-58 所示。结果如图 8-59 所示。

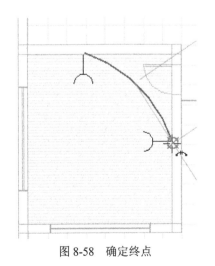

图 8-58 确定终点

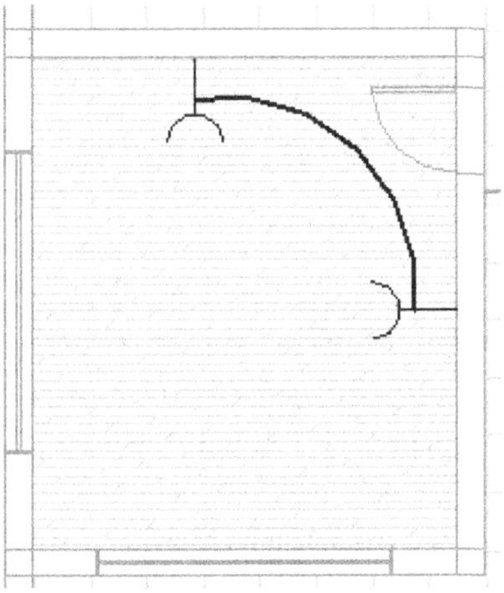

图 8-59 弧形导线

8.5.2　绘制样条曲线导线

（1）单击"系统"选项卡，单击"电气"面板中"导线"下拉列表中的"带倒角导线"按钮 ⌐⌐，打开"修改 | 放置 导线"选项卡和选项栏。

（2）在"类型选择器"中，选择导线类型，采用默认设置。

（3）将光标移动到要连接的第一个构件上，显示捕捉，单击确定导线回路的起点。

（4）移动光标到要连接构件中间的适当位置，单击确定第二点，如图 8-60 所示。

（5）继续移动光标，在适当位置单击以确定第三点，如图 8-61 所示。继续移动光标，在适当位置单击以确定第四点。

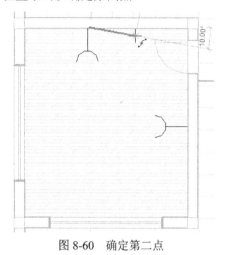

图 8-60　确定第二点

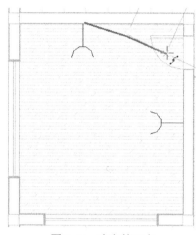

图 8-61　确定第三点

（6）将光标移动到下一个构件上，然后单击连接件捕捉以指定导线回路的终点，结果如图 8-62 所示。

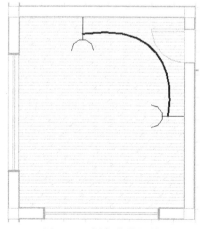

图 8-62　样条曲线导线

8.5.3　绘制带倒角导线

（1）单击"系统"选项卡，单击"电气"面板中"导线"下拉列表中的"带倒角导线"按钮

，打开"修改 | 放置 导线"选项卡和选项栏。

（2）在"类型选择器"中，选择导线类型，采用默认设置。

（3）将光标移动到要连接的第一个构件上，显示捕捉，单击确定导线回路的起点。

（4）移动光标到要连接构件中间的适当位置，单击确定第二点，如图 8-63 所示

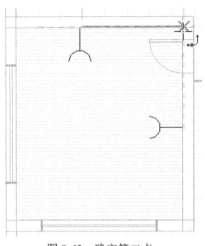

图 8-63　确定第二点

（5）将光标移动到下一个构件上，然后单击连接件捕捉以指定导线回路的终点，如图 8-64 所示。结果如图 8-65 所示。

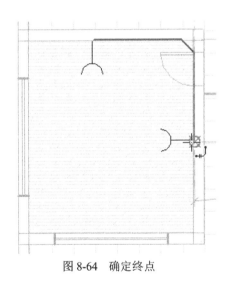

图 8-64　确定终点

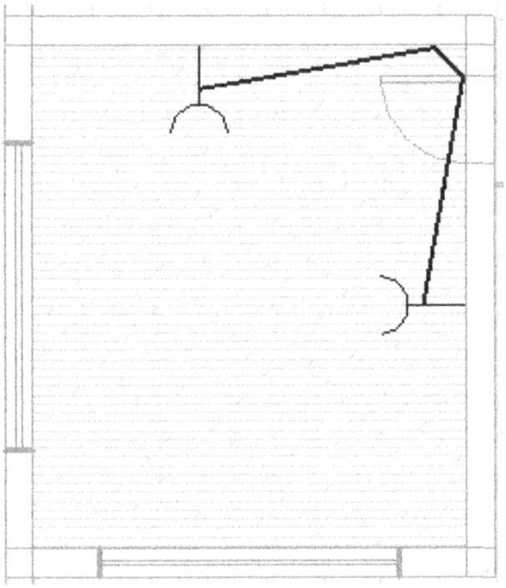

图 8-65　带倒角导线

8.6　创建线路

8.6.1　创建电力和照明线路

可以为连接兼容电气装置和照明设备的电力系统（电力和照明负荷分类）创建线路，然后将线

路连接到电气设备配电盘。

　　Revit 会自动为电力和照明线路计算导线尺寸以保持低于 3% 的电压降。

　　（1）选择一个或多个电气装置或照明设备，这里选取多个照明设备，如图 8-66 所示。

　　（2）单击"修改 | 照明设备"选项卡，单击"创建系统"面板中的"电力"按钮⑪，自动生成照明线路，如图 8-67 所示。

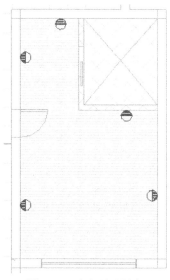

图 8-66　选取照明设备

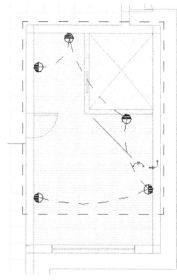

图 8-67　照明线路

8.6.2　创建数据、电话和火警线路

　　（1）选择一个或多个电话或火警设备，这里选取多个火警设备，如图 8-68 所示。

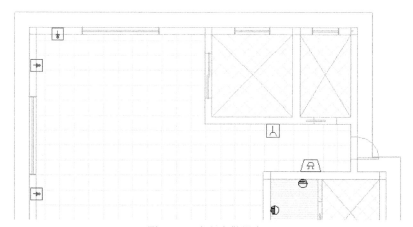

图 8-68　选取火警设备

　　（2）单击"修改 | 照明设备"选项卡，单击"创建系统"面板中的"电力"按钮🔥，自动生成火警线路，如图 8-69 所示。

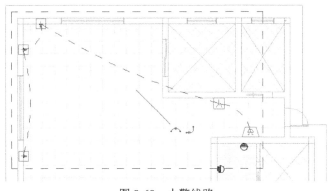

图 8-69　火警线路

8.6.3　创建永久性配线

（1）在该线路中高亮显示一个构件，按 Tab 键以高亮显示该线路，然后单击以选择该线路。

（2）单击"修改 | 电路"选项卡，单击"转换为导线"面板中的"弧形导线"按钮 或者"带倒角导线"按钮 ，也可以直接单击导线上的 图标或 图标，将临时线路转换为永久性配线，如图 8-70 所示。

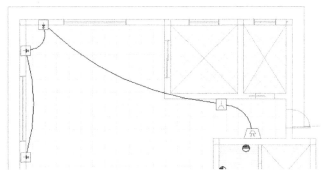

图 8-70　永久性配线

提示　　　弧形配线通常用于表示在墙、天花板或楼板内隐藏的配线。带倒角配线通常用于表示外露的配线。

8.6.4　调整导线回路

可以添加或删除导线，改变其形状和布线，以及修改项目中导线回路的记号位置。

（1）在视图中选择一个导线回路，如图 8-71 所示。

（2）导线回路的控制柄会以蓝色显示。使用加号和减号可以修改回路中导线的数量。单击加号 可增加导线的数量，每次单击会给回路添加一个记号，一个记号表示一根导线；单击减号 可减少导线的数量，每次单击会从回路中删除一个记号，一个记号表示一根导线。达到导线的最小数量时，会禁用减号。

（3）拖曳顶点以修改导线回路的形状，如图 8-72 所示。

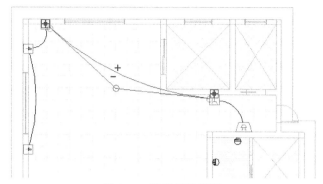

图 8-71　选择导线回路

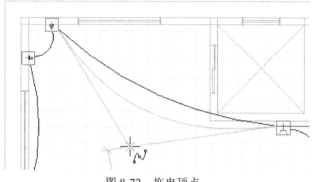

图 8-72　拖曳顶点

（4）在导线回路上单击鼠标右键，弹出图 8-73 所示的快捷菜单，单击"插入顶点"选项，在导

图 8-73　快捷菜单

线回路上将显示一个新的顶点控制柄（最初显示为一个实点），如图 8-74 所示，

（5）移动鼠标，在所需的位置单击以放置顶点，拖曳新顶点可以修改导线回路的形状。

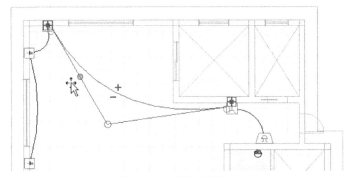

图 8-74　显示新的顶点

（6）采用相同的方法，添加其他的顶点，如图 8-75 所示。

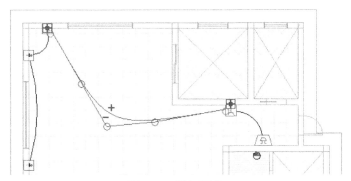

图 8-75　添加顶点

（7）在导线回路上单击鼠标右键，弹出图 8-73 所示的快捷菜单，单击"删除顶点"选项，移动鼠标指针到要删除的顶点上，当顶点显示为一个实点时单击，删除顶点。

提示

强弱电线路的分设原则如下。

由于弱电线路（如电信、有线电视、计算机网络和其他建筑智能线路）易受强电线路电磁场的干扰，因此强电线路与弱电线路不应铺设在同一个电缆槽内。如必须铺设在一个线槽内，线槽内应加隔板，将强弱电线路分开。

8.7　创建开关系统

可以将照明设备指定给项目中的特定开关。开关系统与照明线路和配线不相关。

（1）选择一个或多个电气装置或照明设备，这里选取多个照明设备，如图 8-76 所示。

（2）单击"修改 | 照明设备"选项卡，单击"创建系统"面板中的"开关"按钮▣，创建开关系统，并打开图 8-77 所示的"修改 | 开关系统"选项卡。

（3）单击"修改 | 开关系统"选项卡，单击"系统工具"面板中的"选择开关"按钮▣₊，选择

视图中的开关，将其指定给开关系统，结果如图 8-78 所示。

（4）单击"修改|开关系统"选项卡，单击"系统工具"面板中的"编辑开关系统"按钮，打开图 8-79 所示的"编辑开关系统"选项卡和选项栏。系统默认激活"添加到系统"按钮，选项栏中将显示开关系统中开关的名称以及开关控制的设备数量。

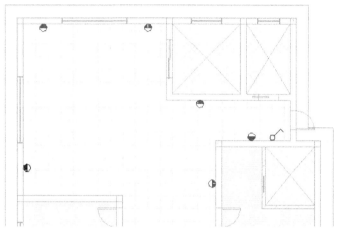

图 8-76　选取照明设备

图 8-77　"修改|开关系统"选项卡

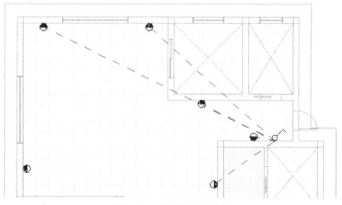

图 8-78　创建开关系统

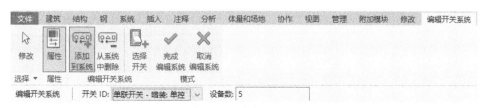

图 8-79　"编辑开关系统"选项卡和选项栏

（5）在绘图区域中选择要添加的构件（绘图区域中除了所选线路中的构件之外，所有构件都会变暗），如图 8-80 所示。

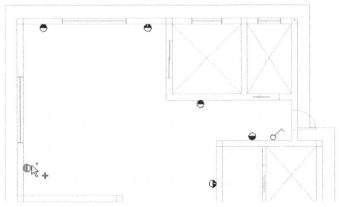

图 8-80　选择构件

（6）单击"完成编辑系统"按钮，完成构件的添加，如图 8-81 所示。

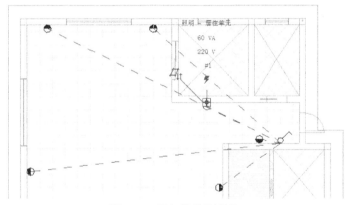

图 8-81　添加构件到系统

第 9 章
给水排水设计

知识导引

    Revit 给排水是属于 MEP 管道系统的一部分，可以通过在项目中放置机械构件，并将其指定给排水系统来创建管道系统。然后使用布局工具可以为连接系统构件的管道确定最佳布线。

9.1 管道设置

单击"系统"选项卡，单击"HVAC"面板中的"机械设置"按钮↘，或单击"管理"选项卡，单击"设置"面板中"MEP 设置"下拉列表中的"机械设置"按钮，打开"机械设置"对话框的"管道设置"选项卡，如图 9-1 所示。可以指定将应用于所有的管道、卫浴和消防等系统的设置。

图 9-1 "机械设置"对话框

为单线管件使用注释比例。指定是否按照"风管管件注释尺寸"参数所指定的尺寸绘制风管管件。修改该设置时并不会改变已在项目中放置的构件的打印尺寸。

管件注释尺寸。指定在单线视图中绘制的管件和附件的打印尺寸。无论图纸比例为多少，该尺寸始终保持不变。

管道尺寸前缀。指定管道尺寸之前的符号。

管道尺寸后缀。指定管道尺寸之后的符号。

管道连接件分隔符。指定当使用两个不同尺寸的连接件时，用来分隔信息的符号。

管道连接件允差。指定管道连接件可以偏离指定的匹配角度的度数。默认设置为 5.00°。

管道升 / 降注释尺寸。指定在单线视图中绘制的升 / 降注释的打印尺寸。无论图纸比例为多少，该尺寸始终保持不变。

9.1.1 角度设置

在图 9-1 所示的"机械设置"对话框的"管道设置"选项卡中单击"角度"选项，右侧面板将显示用于指定管件角度的选项，如图 9-2 所示。

图 9-2　角度设置

使用任意角度。选择此选项，Revit 将使用管件支持的任意角度，如图 9-3 所示。

使用特定的角度。选择此选项，在列表中指定角度以绘制管道，如图 9-4 所示。

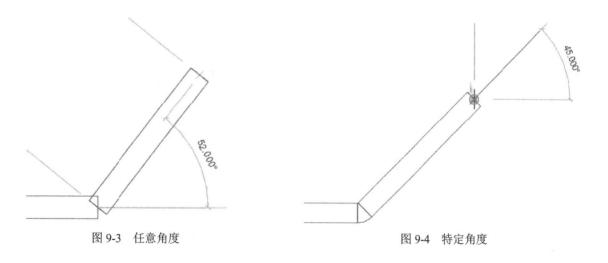

图 9-3　任意角度　　　　　　　　　　　　图 9-4　特定角度

9.1.2　转换设置

在图 9-1 所示的"机械设置"对话框的"管道设置"选项卡中单击"转换"选项，显示"转换"面板，用于指定"干管"和"支管"系统的使用参数，如图 9-5 所示。

管道类型。指定选定系统类别要使用的管道类型。

中间高程。指定当前标高之上的管道高度。可以输入偏移值或从建议偏移值列表中选择值。

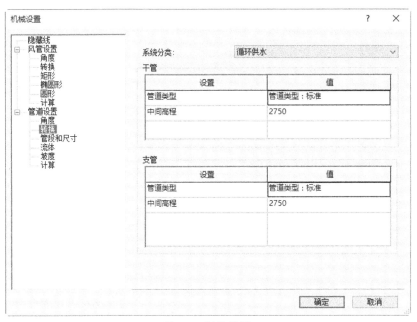

图 9-5　转换设置

9.1.3　管段和尺寸设置

在图 9-1 所示的"机械设置"对话框的"管道设置"选项卡中单击"管段和尺寸"选项，显示"管段和尺寸"面板，用于指定管段的尺寸参数，如图 9-6 所示。

图 9-6　管段和尺寸设置

粗糙度。表示管道沿程损失的水力计算值。

新建尺寸。单击此按钮，添加管道尺寸。

删除尺寸：单击此按钮，删除管道尺寸。

用于调整大小：勾选此复选框，将该尺寸应用于系统提供的"调整风管 / 管道大小"功能中。

9.2　绘制管道

9.2.1　绘制基本管道

可以在平面视图中绘制水平、垂直和倾斜管道，然而，对于垂直和倾斜管道而言，在立面视图或剖面视图中通常更容易绘制。

（1）单击"系统"选项卡，单击"卫浴和管道"面板中的"管道"按钮 ，打开"修改 | 放置管道"选项卡和选项栏，如图 9-7 所示。

图 9-7　"修改 | 放置 管道"选项卡和选项栏

对正 。单击此按钮，打开"对正设置"对话框，设置水平和垂直方向的对正和偏移。

自动连接 。在开始或结束创建风管管段时，可以自动连接构件上的捕捉。该选项对于连接不同高程的管段非常有用。但是，当沿着与另一条风管相同的路径以不同偏移量绘制风管时，应取消"自动连接"，以避免生成意外连接。

继承高程 。继承捕捉到的图元的高程。

继承大小 。继承捕捉到的图元的大小。

添加垂直 。使用当前坡度值来倾斜管道连接。

更改坡度 。不考虑坡度值来倾斜管道连接。

禁用坡度 。绘制不带坡度的管道。

向上坡度 。绘制向上倾斜的管道。

向下坡度 。绘制向下倾斜的管道。

坡度值。指定绘制倾斜管道时的坡度值。

显示坡度工具提示 。在绘制倾斜管道时显示坡度信息。

直径。指定管道的直径。

中间高程。指定管道相对于当前标高的垂直高程。

锁定 / 解锁指定高程 / 。锁定后，管段会始终保持原高程，不能连接不同高程的管段。

（2）在"属性"选项板中选择所需的管道类型，默认值为"管道类型标准"，可以选择所需的系统类型。

（3）在选项栏的"直径"下拉列表中选择管道尺寸，也可以直接输入所需的尺寸，这里设置直径为"200.0mm"。

（4）在选项栏或"属性"选项板中输入中间高程的值，这里采用默认的中间高程。

图 9-8　"属性"选项板

（5）在"属性"选项板中设置水平对正和垂直对正，如图 9-8 所示。也可以在"对正设置"对话框中设置水平和垂直方向的对正和偏移。

（6）在绘图区域中的适当位置单击以指定管道的起点，移动光标到适当位置单击确定管道的终点，完成一段管道的绘制。继续移动光标在适当位置单击绘制下一段管道，系统自动在连接处采用弯头连接，完成绘制后，按 Esc 键退出管道命令，如图 9-9 所示。

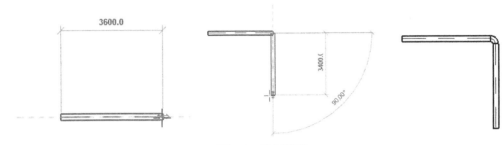

图 9-9　绘制管道

图 9-10　选项卡设置

（7）重复执行"管道"命令，在选项卡中单击"向上坡度"按钮和"显示坡度工具提示"按钮，在"坡度值"下拉列表中选择坡度值为"2.0000%"，如图 9-10 所示。

（8）在绘图区域中的适当位置单击以指定管道的起点，移动光标到适当位置单击确定管道的终点，完成管道的绘制，如图 9-11 所示。

（9）选取上一步绘制的倾斜管道，管道上显示端点高程和坡度值，如图 9-12 所示。

图 9-11　绘制倾斜管道

图 9-12　选取倾斜管道

（10）单击管道任意一端的高程，输入大于或小于初始值的值作为偏移，然后按 Enter 键，坡度值根据输入的高程进行更改，如图 9-13 所示。

（11）单击管道上的坡度值，输入坡度值，然后按 Enter 键，坡度值发生变化时，参照端点仍然保持其当前高程不变，如图 9-14 所示。

图 9-13　更改高程

图 9-14 更改坡度

（12）参照端点一般为绘制原始管道时使用的起点。单击"切换参照端点"按钮 ∠，以切换坡度的参照端点，如图 9-15 所示。

图 9-15 切换参照端点

9.2.2 绘制平行管道

可以在包含管道和弯头的现有管道管路中添加平行管道。

（1）单击"系统"选项卡，单击"卫浴和管道"面板中的"平行管道"按钮 ，打开"修改 |放置平行管道"选项卡，如图 9-16 所示。

图 9-16 "修改 | 放置平行管道"选项卡

（2）在选项卡中输入"水平数"为"3"，"水平偏移"为"500"，其他采用默认设置。

（3）在绘图区域中，将鼠标指针移动到现有管道以高亮显示一段管段。将鼠标指针移动到现有管道的任一侧时，将显示平行管道的轮廓，如图 9-17 所示。

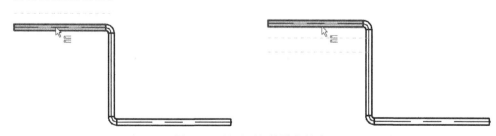

图 9-17 显示平行管道的轮廓

（4）按 Tab 键选取整个管道管路，如图 9-18 所示。

（5）单击以放置平行管道，按 Esc 键退出平行管道命令，如图 9-19 所示。

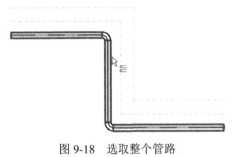

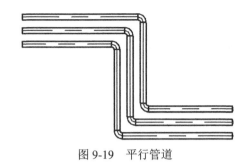

图 9-18　选取整个管路　　　　　　　　　　图 9-19　平行管道

9.2.3　绘制软管

（1）单击"系统"选项卡，单击"卫浴和管道"面板中的"软管"按钮，打开"修改 | 放置软管"选项卡和选项栏，如图 9-20 所示。

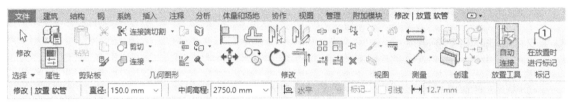

图 9-20　"修改 | 放置 软管"选项卡和选项栏

图 9-21　"属性"选项板

（2）在"属性"选项板中选择所需的风管类型，默认值为"圆形软管 软管 - 圆形"，设置软管样式，如图 9-21 所示。

软管样式。系统提供了 8 种软管样式，包括单线、圆形、椭圆形、软管、软管 2、曲线、单线 45 和未定义。可以通过选取不同的样式，改变软管在平面视图中的显示，如图 9-22 所示。

（3）在选项栏中输入直径和中间高程的值。

（4）在绘图区域中的适当位置单击以指定软管的起点，沿着希望软管经过的路径拖曳管道预览的端点，单击管道弯曲位置的各个点，最后指定管道的终点，完成绘制后，按 Esc 键退出软管命令，如图 9-23 所示。

（5）选取软管，软管上显示控制柄，如图 9-24 所示。使用顶点、修改切点和连接件控制柄来调整软管的布线。

顶点。沿着软管的走向分布，可以用它来修改软管弯曲处的点。

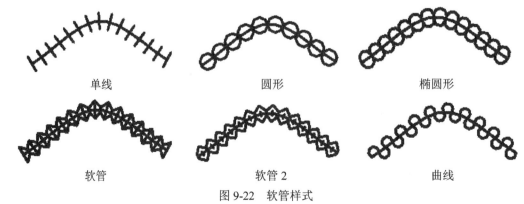

单线　　　　　　　　　　圆形　　　　　　　　　　椭圆形

软管　　　　　　　　　　软管 2　　　　　　　　　　曲线

图 9-22　软管样式

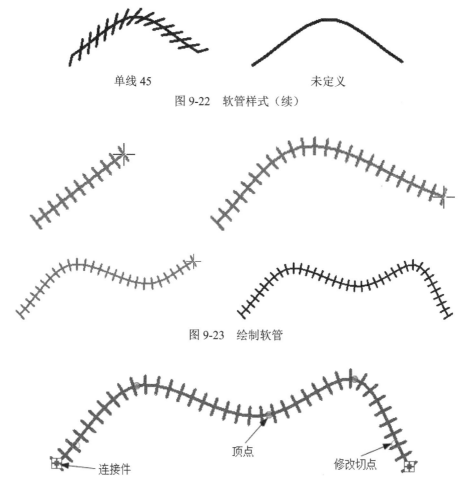

单线 45　　　　　　　　　　　未定义

图 9-22　软管样式（续）

图 9-23　绘制软管

顶点

连接件

修改切点

图 9-24　控制柄

修改切点。出现在软管的起点和终点处，可以用它来调整首个和最后一个弯曲处的切点。

连接件。出现在软管的两端点处，可以用它来重新定位软管的端点，可以通过它将软管连接到另一个构件，或断开软管与另一个构件的连接。

（6）在软管管段上单击鼠标右键，打开图 9-25 所示的快捷菜单，然后单击"插入顶点"选项，根据需要添加顶点，如图 9-26 所示。

取消(C)

重复 [删除](T)
最近使用的命令(E)　　　　>

插入顶点(I)
删除顶点(D)

在视图中隐藏(H)　　　　>
替换视图中的图形(V)　　　>

创建类似实例(S)
编辑族(F)
上次选择(L)
选择全部实例(A)　　　　>
删除

查找相关视图(R)

区域放大(I)
缩小两倍(O)
缩放匹配(M)

上一次平移/缩放(Z)
下一次平移/缩放(N)

浏览器(B)　　　　　　　>
✓　属性(P)

图 9-25　快捷菜单

图 9-26　插入顶点

（7）拖曳顶点，调整软管的布线，如图 9-27 所示。在软管管段上单击鼠标右键，打开图 9-25 所示的快捷菜单，单击"删除顶点"选项，在软管上单击要删除的顶点，结果如图 9-28 所示。

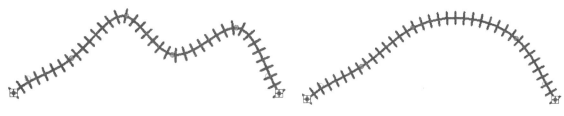

图 9-27　调整软管　　　　　　　　　　　　　　　图 9-28　删除顶点

9.2.4　添加管件

（1）单击"系统"选项卡，单击"卫浴和管道"面板中的"管件"按钮，打开"修改 | 放置管件"选项卡和选项栏，如图 9-29 所示。

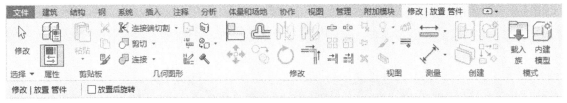

图 9-29　"修改 | 放置 管件"选项卡和选项栏

放置后旋转。勾选此复选框，构件放置在视图中后会进行旋转。

（2）在"属性"选项板中选择所需的管件类型，设置管件的尺寸以及高程，如图 9-30 所示。

（3）在视图中单击以放置管件，如图 9-31 所示。

图 9-30　"属性"选项板

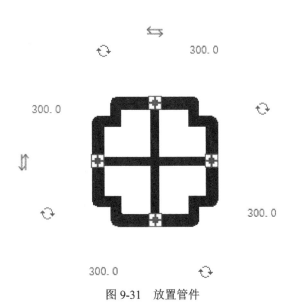

图 9-31　放置管件

（4）如果要在现有风管中放置管件，将光标移到要放置管件的位置，然后单击管道以放置管件，如图 9-32 所示。绘制管件的大小取决于管道的大小，如图 9-33 所示。

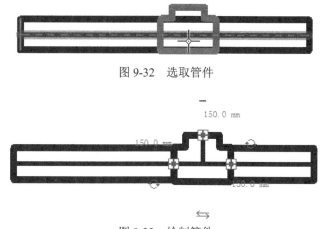

图 9-32　选取管件

图 9-33　绘制管件

（5）从图 9-31 和图 9-33 中可以看出管件提供了一组可用于在视图中修改管件的控制柄。

1）管件尺寸显示在各个支架的连接件的附近。可以单击该尺寸，并输入值以指定大小，如图 9-34 所示。如果尺寸显示为灰色，则不能更改。

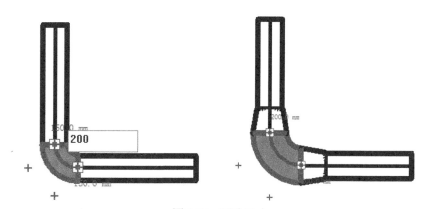

图 9-34　更改尺寸

2）如果管件的旁边出现蓝色的风管管件控制柄，加号 ✚ 表示可以升级该管件。例如，弯头可以升级为 T 形三通，T 形三通可以升级为四通，如图 9-35 所示。减号 ━ 表示可以删除该支架以使管件降级。

3）单击"翻转管件"按钮 ⇆，在系统中水平或垂直翻转该管件，以便根据气流确定管件的方向。

4）单击"旋转"按钮 ↻，可以修改管件的方向，每单击一次"旋转"按钮 ↻，都将使管件旋转 90 度，如图 9-36 所示。

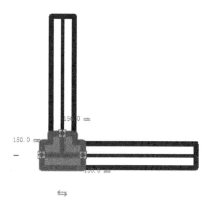

图 9-35　升级管件

图 9-36　旋转管件

9.2.5　添加管路附件

（1）单击"系统"选项卡，单击"卫浴和管道"面板中的"管件附件"按钮 ⚒，打开"修改 | 放置 管道附件"选项卡和选项栏，如图 9-37 所示。

图 9-37　"修改 | 放置 管道附件"选项卡和选项栏

（2）在"属性"选项板中选择所需的管道附件类型和高程，如图 9-38 所示。

（3）在视图中单击以放置管道附件，如图 9-39 所示。

图 9-38　"属性"选项板

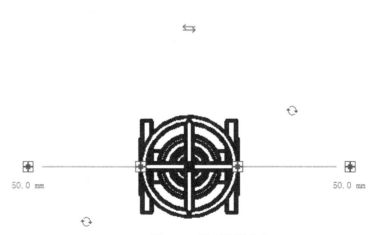

图 9-39　放置管道附件

（4）如果要在现有管道中放置附件，将光标移到要放置附件的位置，然后单击管道的中心线以放置管道附件，如图 9-40 所示。附件会自动调整其高程，直到与管道匹配为止，如图 9-41 所示。

图 9-40　捕捉风管端点

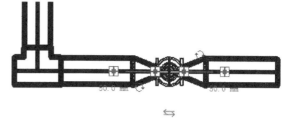

图 9-41　放置管道附件

9.3　创建管道系统

9.3.1　创建卫生系统

（1）单击主页上的"模型"→"新建"按钮 □ 新建...，打开"新建项目"对话框，在"样板文件"下拉列表中选择"机械样板"，单击"确定"按钮，新建项目文件。

（2）单击"插入"选项卡，单击"连接"面板中的"链接 Revit"按钮 ，打开"导入 / 链接 RVT"对话框，选取"居室 .rvt"文件，设置"定位"为"自动 - 原点到原点"，如图 9-42 所示。单击"打开"按钮，将建筑模型链接到项目文件中，如图 9-43 所示。

图 9-42　"导入 / 链接 RVT"对话框

（3）单击"系统"选项卡，单击"卫浴和管道"面板中的"卫浴装置"按钮 ，打开"Revit"提示对话框，提示"当前项目中未载入卫浴装置族，是否要现在载入？"，单击"是"按钮。

（4）打开"载入族"对话框，选择"China"→"MEP"→"卫生器具"→"洗脸盆"文件夹中的"洗脸盆 - 椭圆形 .rfa"文件，单击"打开"按钮，载入文件。

（5）在视图中沿卫生间墙体显示洗脸盆，在适当位置单击以放置洗脸盆，如图 9-44 所示。

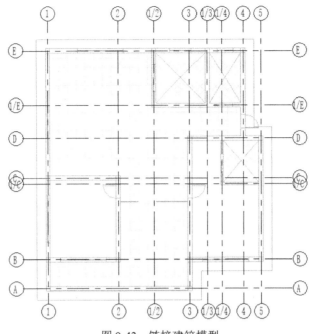

图 9-43　链接建筑模型

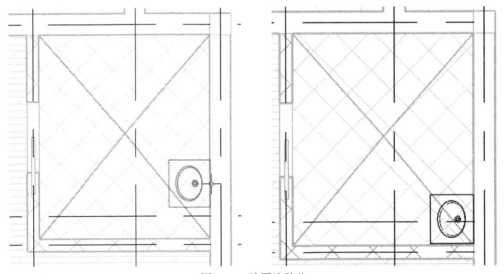

图 9-44　放置洗脸盆

（6）继续单击"载入族"按钮，打开"载入族"对话框，选择"China"→"MEP"→"卫生器具"→"大便器"文件夹中的"坐便器 - 冲洗阀 - 壁挂式 .rfa"文件，单击"打开"按钮，载入文件。

（7）在视图中沿卫生间墙体显示坐便器，按 Tab 键调整放置方向，在适当位置单击以放置坐便器，如图 9-45 所示。

（8）选取上面布置的洗脸盆和坐便器，单击"修改 | 卫浴装置"选项卡，单击"创建系统"面板中的"管道"按钮，打开"创建管道系统"对话框，输入"系统名称"为"卫生系统"，如图9-46 所示。单击"确定"按钮，创建卫生系统。

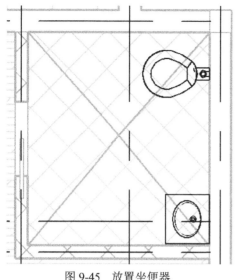

图 9-45 放置坐便器

图 9-46 "创建管道系统"对话框

（9）单击"修改 | 管道系统"选项卡，单击"布局"面板中的"生成布局"按钮 ，打开"生成布局"选项卡和选项栏，如图 9-47 所示。

图 9-47 "生成布局"选项卡和选项栏

（10）在选项卡的"坡度值"下拉列表中选择坡度值为"0.8000%"，设置"解决方案类型"为"管网"，单击"下一个解决方案"按钮 ，在所建议的布线解决方案中循环，以选择一个最适合该平面的解决方案，如图 9-48 所示。

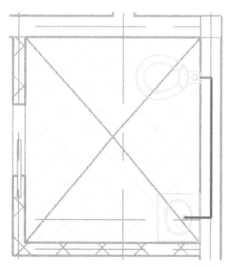
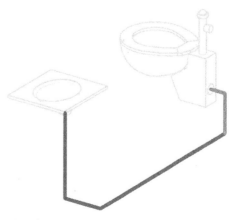

图 9-48 解决方案

（11）单击"完成布局"按钮 ✅，生成图 9-49 所示的卫生系统。

（12）选取视图中用于连接垂直管道和坐便器后面卫生系统干管的弯头，如图 9-50 所示。

（13）单击弯头上方的加号 ➕，将管件升级为 T 形三通，如图 9-51 所示。

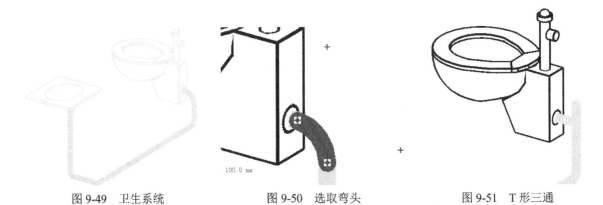

图 9-49　卫生系统　　　　图 9-50　选取弯头　　　　图 9-51　T 形三通

9.3.2　创建家用冷水系统

（1）选取上面布置的洗脸盆和坐便器，单击"修改|卫浴装置"选项卡，单击"创建系统"面板中的"管道"按钮 🖳，打开"创建管道系统"对话框，选择"系统类型"为"家用冷水"，输入"系统名称"为"家用冷水系统"，如图 9-52 所示。单击"确定"按钮，创建家用冷水系统。

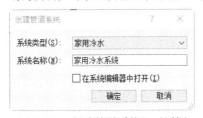

图 9-52　"创建管道系统"对话框

（2）单击"修改|管道系统"选项卡，单击"布局"面板中的"生成布局"按钮 🖳，打开"生成布局"选项卡和选项栏。

（3）在选项卡的"坡度值"下拉列表中选择坡度值为"0.8000%"，设置"解决方案类型"为"管网"，单击"下一个解决方案"按钮 ▷，在所建议的布线解决方案中循环，以选择一个最适合该平面的解决方案，如图 9-53 所示。

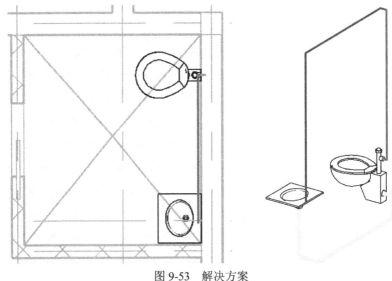

图 9-53　解决方案

（4）单击"生成布局"选项卡中的"编辑布局"按钮，选取水平管段，显示移动图标，如图 9-54 所示。

（5）拖曳移动图标，调整水平管段的位置，如图 9-55 所示。

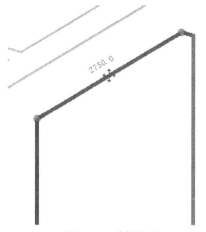

图 9-54　编辑管段

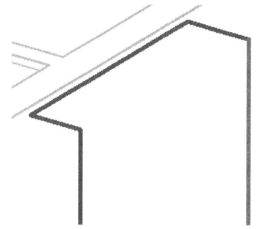

图 9-55　移动水平管段

（6）单击"完成布局"按钮，生成家用冷水系统，设置"详细程度"为"精细"，如图 9-56 所示。

（7）从图 9-56 中可以看出家用冷水系统并不完整，管道没有连接到洗脸盆。单击"系统"选项卡，单击"卫浴和管道"面板中的"管道"按钮，捕捉洗脸盆上的出水口，在选项栏中设置"直径"为"25mm"，绘制水平管段，如图 9-57 所示。

图 9-56　家用冷水系统

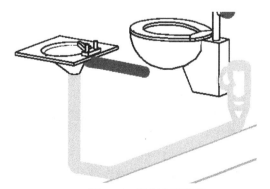

图 9-57　绘制水平管段

提示　　　系统默认蓝色管道为冷水管道，红色管道为热水管道。

（8）选取管道，拖曳管道的控制点，调整管道的长度，如图 9-58 所示。

（9）单击"系统"选项卡，单击"卫浴和管道"面板中的"管道"按钮 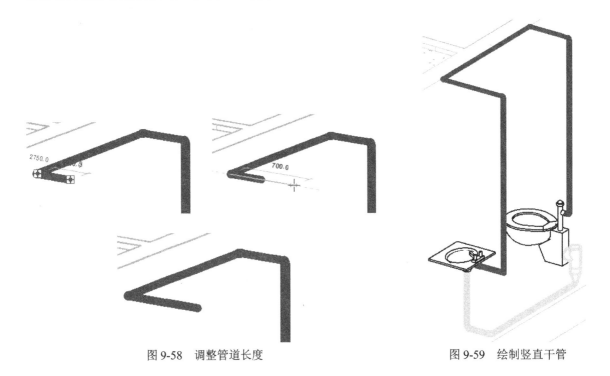，捕捉上一步调整的管道的端点绘制竖直干管，如图 9-59 所示。

图 9-58　调整管道长度　　　　　　　　　图 9-59　绘制竖直干管

9.3.3　创建家用热水系统

（1）单击"系统"选项卡，单击"卫浴和管道"面板中的"卫浴装置"按钮 ，打开"修改 | 放置 卫浴装置"选项卡和选项栏，单击"载入族"按钮 ，打开"载入族"对话框，选择"China"→"MEP"→"卫生器具"→"浴盆"文件夹中的"浴盆 - 亚克力 .rfa"文件，单击"打开"按钮，载入文件。

（2）在视图中沿卫生间墙体显示浴盆，按 Tab 键调整放置方向，在适当位置单击以放置浴盆，如图 9-60 所示。

（3）选取上面布置的洗脸盆和坐便器，单击"修改 | 卫浴装置"选项卡，单击"创建系统"面板中的"管道"按钮 ，打开"创建管道系统"对话框，选择"系统类型"为"家用热水"，输入"系统名称"为"家用热水系统"，如图 9-61 所示。单击"确定"按钮，创建家用热水系统。

（4）单击"修改 | 管道系统"选项卡，单击"布局"面板中的"生成布局"按钮 ，打开"生成布局"选项卡和选项栏。

（5）在选项卡的"坡度值"下拉列表中选择坡度值为"0.8000%"，设置"解决方案类型"为"管网"，单击"下一个解决方案"按钮 ，在所建议的布线解决方案中循环，以选择一个最适合该平面的解决方案，如图 9-62 所示。

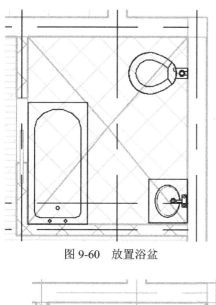

图 9-60 放置浴盆

图 9-61 "创建管道系统"对话框

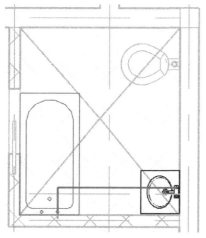

图 9-62 解决方案

（6）从图 9-62 所示中可以看出家用热水系统的管网和家用冷水系统的管网之间有干涉。单击"设置"按钮，打开"管道转换设置"对话框，设置干管和支管的"偏移"均为"3050.0"，如图 9-63 所示。单击"确定"按钮，结果如图 9-64 所示。

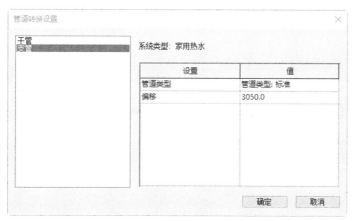

图 9-63 "管道转换设置"对话框

当热水管道和冷水管道水平铺设时，热水管道布置在冷水管道的上方，且间距不宜小于 300mm；当热水管道和冷水管道垂直铺设时，冷水管道应在热水管道的右侧。

（7）单击"完成布局"按钮✔，生成家用热水系统，设置"详细程度"为"精细"，如图 9-65 所示。

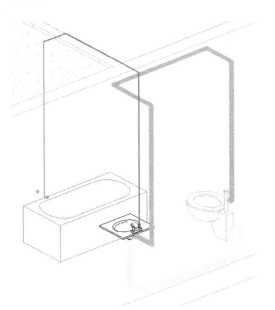

图 9-64　调整热水管道高度

图 9-65　家用热水系统

（8）采用绘制家用冷水系统管道的方法，绘制热水管道，管道直径为 15mm，如图 9-66 所示。

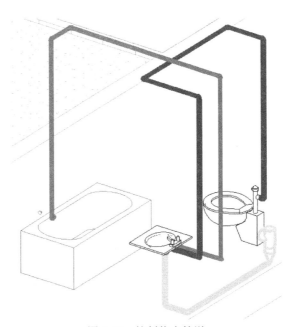

图 9-66　绘制热水管道

管道的布置原则如下

（1）先大后小原则。先布置管径较大的管线，后布置管径较小的管线。遇管线交叉时，应小管避让大管，因为小管易于安装，成本低。

（2）有压让无压原则。

（3）冷水管让热水管原则。因热水管如果连续调整标高，易造成积气等问题。

（4）气体管道让液体管道原则。因为液体管道比气体管道造价高，液体比气体流动动力费用大。

（5）少让多原则。附件少的管道避让附件多的管道。这样有利于施工操作和维护及更换管件。

（6）可弯管道让不可弯管道原则。

（7）各种管线在垂直方向上布置时，遵循以下原则。

1）风管在上，电气管槽在中间，给排水在下。

2）风管在线槽或电气管上面，水管在线槽或电缆下面。

3）风管在上，水管在下。

4）热水管在上，冷水管在下。

5）无腐蚀性介质管道在上，腐蚀性介质管道在下。

6）气体介质管道在上，液体介质管道在下。

7）保温管道在上，不保温管道在下。

8）高压管道在上，低压管道在下。

9）金属管道在上，非金属管道在下。

10）不经常检修的管道在上，经常检修的管道在下。

11）电线管与热水管、蒸汽管同侧铺设时，应铺设在热水管、蒸汽管的下面。

12）给水管线在上，排水管线在下。

13）电缆（动力、自控、通信等）桥架与输送液体的管道宜分开布置或电缆管道布置在上方，以免液体管道渗漏时损坏线缆造成事故。如必须在一起铺设，电缆应考虑设置防水保护措施。

9.4　修改管道系统

9.4.1　将构件连接到管道系统

使用"连接到"命令添加新构件并在新构件与现有系统之间创建管道。

（1）打开管道系统文件。

（2）在视图中选取浴盆，单击"修改|卫浴装置"选项卡，单击"布局"面板中的"连接到"按钮，打开"选择连接件"对话框，选择卫生设备类型，如图 9-67 所示。

（3）在视图中选择要连接到的管道，如图 9-68 所示。

（4）系统提示没有足够的空间放置所需管件，如图 9-69所示。单击"取消"按钮。

图 9-67　"选择连接件"对话框

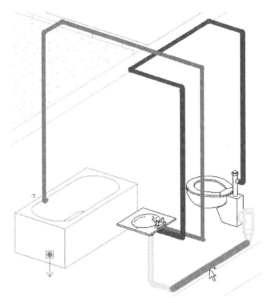

图 9-68　选择管道

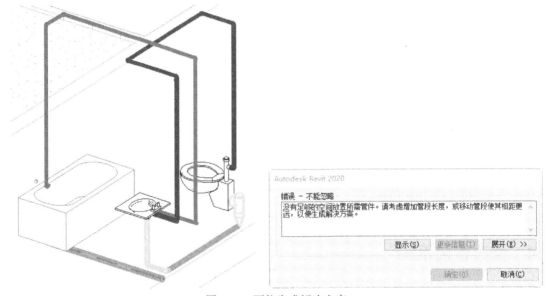

图 9-69　不能生成解决方案

9.4.2　为添加的构件创建管道

（1）打开管道系统文件。

（2）在模型中选择卫生系统中的构件或管道，打开图 9-70 所示的"管道系统"选项卡。

（3）单击"管道系统"选项卡，单击"系统工具"面板中的"编辑系统"按钮，打开图 9-71 所示的"编辑管道系统"选项卡。系统默认激活"添加到系统"按钮。

（4）在视图中将鼠标指针放置在构件（浴盆）上时高亮显示构件（浴盆），如图 9-72 所示。单击要添加到系统的构件（浴盆），单击"完成编辑系统"按钮，将构件（浴盆）添加到卫生系统中。

图 9-70 "管道系统"选项卡

图 9-71 "编辑管道系统"选项卡

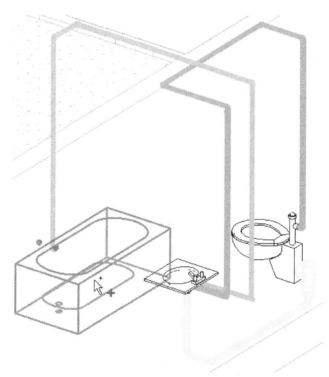

图 9-72 高亮显示构件

（5）选取上一步添加到系统的构件（浴盆），单击"修改 | 风道末端"选项卡，单击"布局"面板中的"生成布局"按钮，打开图 9-73 所示的"选择系统"对话框，选择"卫生系统"，单击"确定"按钮。

（6）打开"生成布局"选项卡和选项栏，并生成解决方案，单击"下一个解决方案"按钮，循环显示管网方案，选择合适的解决方案，如图 9-74 所示。

（7）在"生成布局"选项卡中设置"坡度值"为"1.0000%"，单击"完成布局"按钮，根据规格将布局转换为刚性管网，如图 9-75 所示。

图 9-73 "选择系统"对话框

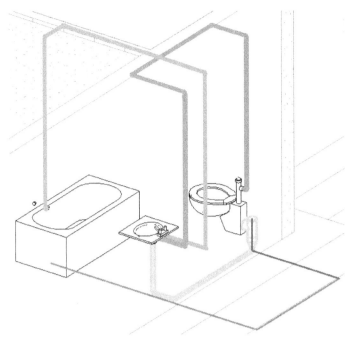

图 9-74　合适的解决方案

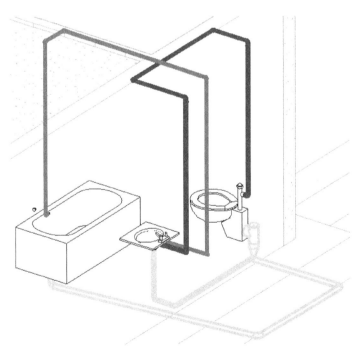

图 9-75　生成刚性管网

9.4.3　更改坡度

可以使用坡度编辑器指定整个管道系统、部分系统或各个管段的坡度值和方向。

（1）打开管道系统文件。

（2）按 Tab 键一次或多次可高亮显示要应用坡度的分段，然后单击以选择管道。

（3）单击"修改 | 管道"选项卡，单击"编辑"面板中的"坡度"按钮 🖉，打开图9-76所示的"坡度编辑器"选项卡。

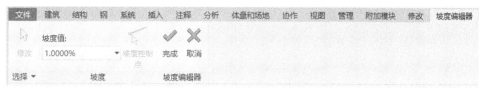

图9-76 "坡度编辑器"选项卡

（4）在"坡度值"下拉列表中选择坡度值。此时参照端点会显示一个箭头，如图9-77所示。坡度的参照端点被设置为选定管道部分的最低点。

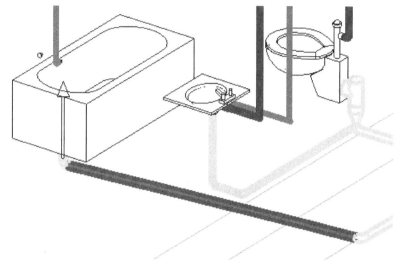

图9-77 参照端点

（5）如果同一高程上有多个支管，单击"控制点"按钮 ⬉，指定坡度的参照端点。每单击一次可交替选择坡度参照（由各支管端点处的箭头表示）。

（6）单击"完成"按钮 ✅，完成坡度的编辑。

9.4.4 添加隔热层

（1）打开管道系统文件。

（2）按 Tab 键一次或多次可高亮显示要应用坡度的分段，然后单击以选择热水管道。

（3）单击"修改 | 管道"选项卡，单击"管道隔热层"面板中的"添加隔热层"按钮 🌡，打开"添加管道隔热层"对话框，在对话框中设置"隔热层类型"为"矿棉"，输入"厚度"为"25mm"，如图9-78所示。

（4）单击"确定"按钮，对所选的管道添加隔热层。

（5）选取添加隔热层的管道，单击"修改 | 管道"选项卡，单击"管道隔热层"面板中的"编辑隔热层"按钮 🌀，打开图9-79所示的"属性"选项板。

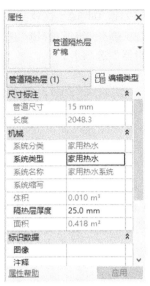

图 9-79 "属性"选项板

图 9-78 "添加管道隔热层"对话框

（6）在"属性"选项板中单击"编辑类型"按钮 ，打开图 9-80 所示的"类型属性"对话框，单击"复制"按钮，打开"名称"对话框，输入"名称"为"纤维玻璃"，如图 9-81 所示。单击"确定"按钮。

图 9-80 "类型属性"对话框

图 9-81 "名称"对话框

（7）返回到"类型属性"对话框，在"材质"栏中单击 按钮，打开"材质浏览器"对话框，选择"隔热层 - 纤维玻璃"材质，其他采用默认设置，如图 9-82 所示。连续单击"确定"按钮。

图 9-82　"材质浏览器"对话框

（8）在"属性"选项板中设置"隔热层厚度"为"30mm"，单击"应用"按钮，完成管道隔热层的编辑。

（9）选取添加隔热层的管道，单击"修改 | 管道"选项卡，单击"管道隔热层"面板中的"删除隔热层"按钮 ，打开图 9-83 所示的"删除管道隔热层"对话框，单击"是"按钮，删除隔热层。

图 9-83　"删除管道隔热层"对话框

第 10 章
碰撞检查和工程量统计

知识导引

　　碰撞检查可以对水暖电模型进行管线的综合检查，找出并调整有碰撞的管线。

　　创建明细表可以统计工程量，在明细表中修改参数，可以将修改的参数反映到项目文件中。

10.1　碰撞检查

使用"碰撞检查"工具可以快速准确地查找出项目中图元之间或主体项目和链接模型的图元之间的碰撞并加以解决。

10.1.1　运行碰撞检查

（1）单击"协作"选项卡，单击"坐标"面板中"碰撞检查"  下拉列表中的"运行碰撞检查"按钮 ，打开图 10-1 所示的"碰撞检查"对话框。

图 10-1　"碰撞检查"对话框

可以通过对话框检查如下图元类别。

"当前选择"与"链接模型（包括嵌套链接模型）"之间的碰撞检查。

"当前项目"与"链接模型（包括嵌套链接模型）"之间的碰撞检查。

不能进行两个"链接模型"之间的碰撞检查。

（2）在"类别来自"下拉列表中分别选择图元类别以进行碰撞检查，如在左侧"类别来自"下拉列表中选择"当前项目"，在下拉列表中勾选"管件"和"管道"；在右侧"类别来自"下拉列表中选择"当前项目"，在列表中勾选"管件"和"管道"复选框，如图 10-2 所示。单击"确定"按钮表示与同一项目中的"管件"和"管道"执行碰撞检查操作。

碰撞检查提示如下。

1）碰撞检查的处理时间可能会有很大不同。在大模型中，对所有类别进行相互检查费时较长，建议不要进行此类操作。如要缩短处理时间，请选择有限的图元集或有限数量的类别。

图 10-2　选择同一类别

2）要对所有可用类别运行检查，在"碰撞检查"对话框中单击"全选"按钮，然后勾选其中一个类别旁边的复选框。

3）单击"全部不选"按钮将清除所有类别的选择。

4）单击"反选"按钮将在当前选定类别与未选定类别之间切换选择。

（3）如在左侧"类别来自"下拉列表中选择"链接模型（居室）"，在列表中勾选"管件"和"管道"复选框，单击"确定"按钮，表示在模型与管件和管道之间进行碰撞检查。

（4）如果先在绘图区域中选择需要进行碰撞进行的图元，如图 10-3 所示。然后单击"协作"选项卡，单击"坐标"面板中"碰撞检查" 下拉列表中的"运行碰撞检查"按钮，打开图 10-4 所示的"碰撞检查"对话框，在该对话框中仅显示所选图元的名称，单击"确定"按钮，仅对所选图元进行碰撞检查。

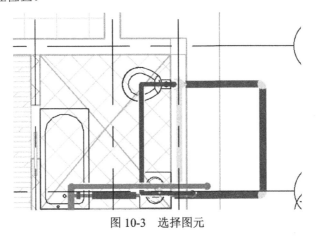

图 10-3　选择图元

图 10-4　"碰撞检查"对话框

10.1.2　冲突报告

（1）如果管道之间没有碰撞，执行上述操作后，弹出图 10-5 所示的提示对话框，显示当前所选图元之间未检测到冲突。

（2）如果管道之间有碰撞，执行上述操作后，打开图 10-6 所示的"冲突报告"对话框，对话框的列表中显示发生冲突的图元。

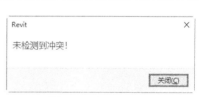

图 10-5　提示对话框

图 10-6　"冲突报告"对话框

（3）在对话框中选择有冲突的图元，单击"显示"按钮，该图元在视图中高亮显示，如图 10-7 所示。在视图中修改图元以解决冲突。

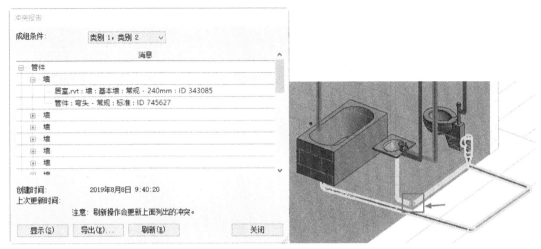

图 10-7　显示冲突

（4）修改图元后，单击"刷新"按钮，如果冲突已解决，则会从冲突列表中删除发生冲突的图元，"刷新"仅重新检查当前报告中的冲突，不会重新进行碰撞检查。

（5）单击"导出"按钮，打开"将冲突报告导出为文件"对话框，在该对话框中设置保存报告的位置，并输入文件名，如图 10-8 所示。单击"保存"按钮，生成 HTML 格式的报告文件。

图 10-8　"将冲突报告导出为文件"对话框

（6）在"冲突报告"对话框中单击"关闭"按钮，退出对话框。

（7）单击"协作"选项卡，单击"坐标"面板上"碰撞检查" 下拉列表中的"显示上一个报告"按钮 ，打开"冲突报告"对话框，查看上一次碰撞检查的结果。

10.2　明细表

明细表以表格的形式显示信息，这些信息是从项目中的图元属性中提取的。明细表可以列出要创建明细表的图元类型的每个实例，或根据明细表的成组标准将多个实例压缩到一行中。

10.2.1　明细表概述

明细表是模型的另一种视图。可以在设计过程中的任何时候创建明细表。还可以将明细表添加到图纸中。可以将明细表导出到其他软件程序中，如电子表格程序。

如果对模型的修改会影响明细表，则明细表将自动更新以反映这些修改。例如，如果移动一面墙，则房间明细表中的平方英尺也会相应更新。

修改模型中建筑构件的属性时，相关明细表会自动更新。例如，可以在模型中选择一扇门并修改其制造商属性。门明细表将更新制造商属性。

与其他任何视图一样，可以在 Revit 中创建和修改明细表。

1．带图像的明细表

要生成包含图像的明细表，可以在模型中将图像与图元关联。

与图元关联的图像包含导入模型的图像，以及通过将模型视图（如三维或渲染视图）保存到项目所创建的图像。

如果包含在明细表定义中，图像会显示在图纸上放置的明细表视图中。明细表视图本身包含的是图像名称，而不是图像。

对于系统族，如墙、楼板和屋顶，可以编辑模型中图元的"图像"属性，以将图像与实例或族类型相关联。

对于可载入的族，编辑模型中的"图像"属性可以将图像与可载入族的实例关联。若要更改与族类型关联的图像，必须在"族编辑器"中打开该族，编辑族的"类型图像"属性，然后将族重新载入模型中。

对于钢筋形状族，可在"族编辑器"中打开该族，修改"钢筋形状参数"对话框（族类型）中的"形状图像"属性并重新加载族来管理与族关联的图像。"形状图像"属性与钢筋形状组关联。更改模型中钢筋图元的指定形状，也会更改"形状图像"属性。

2．明细表视图样板

明细表视图样板可应用到明细表、材质提取、图纸列表、视图列表和注释块以及由部件创建的视图。它具有以下特征。

（1）参数兼容性。

应用或指定明细表视图样板时，仅兼容的参数可用于目标明细表。例如，应用钢筋专用明细表视图与结构框架材质提取的参数化需求不匹配，只应用那些与目标兼容的参数。请注意，无论视图是否兼容，"外观"和"阶段过滤器"参数均可用。

（2）视图样板属性。

明细表视图的"属性"选项板和"视图样板"对话框中的"字段""过滤器""排序 / 成组""格式""外观""阶段过滤器"和"可见性 / 图形替换"参数可用。指定明细表视图样板时，"属性"选项板上的兼容参数不可用，这是因为样板控制了其数值。其他情况下仅兼容参数可用。在明细表视图样板中可编辑兼容参数。

（3）可见性 / 图形替换。

在模型中执行链接模型、嵌套链接模型和 / 或设计选项操作时，它们将具有可用于明细表的替换参数。在"视图样板"对话框中访问这些参数时，它们被列为单独的参数：V/G 替换 RVT 链接，V/G 替换设计选项。

（4）应用多个明细表视图样板。

可以将明细表视图样板应用到先前已应用过视图样板的明细表。系统会发出警告：只有当前未被模板控制的属性可用于新样板应用程序。新样板将添加到当前应用的样板，但不会覆盖它。

10.2.2 创建明细表

（1）单击"视图"选项卡，单击"创建"面板中"明细表" 下拉列表中的"明细表 / 数量"按钮，打开"新建明细表"对话框，如图 10-9 所示。

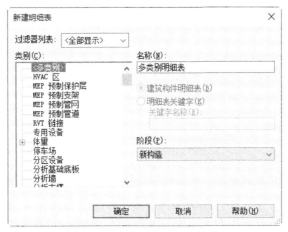

图 10-9 "新建明细表"对话框

（2）在"类别"列表中选择"管道"对象类型，输入"名称"为"管道明细表"，选择"建筑构件明细表"单选项，其他采用默认设置，如图 10-10 所示。单击"确定"按钮。

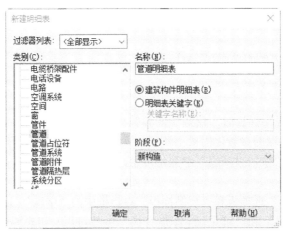

图 10-10 设置参数

（3）打开"明细表属性"对话框，在"选择可用的字段"下拉列表中选择"管道"，在"可用的字段"列表框中依次选择"类型""材质""直径""长度""隔热层类型"，单击"添加参数"按钮 ⬅，将其添加到"明细表字段"列表中，单击"上移"按钮 ⬆ 和"下移"按钮 ⬇，调整"明细表字段"列表中参数的顺序，如图 10-11 所示。

图 10-11　"明细表属性"对话框

"明细表属性"对话框中的选项说明如下。

"可用的字段"列表。显示"选择可用的字段"中设置的类别中所有可用在明细表中显示的实例参数和类型参数。

添加参数 ⬅。将字段添加到"明细表字段"列表中。

移除参数 ➡。从"明细表字段"列表中删除字段，移除合并参数时，合并参数会被删除。

上移 ⬆ 和下移 ⬇。将列表中的字段上移或下移。

新建参数 📄。添加自定义字段，单击此按钮，打开"参数属性"对话框，选择是添加项目参数还是共享参数。

添加计算参数 f_x。单击此按钮，打开图 10-12 所示的"计算值"对话框。

1）在对话框中输入字段的名称，设置其类型，然后对其输入使用明细表中现有字段的公式。例如，如果要根据房间面积计算占用负荷，可以添加一个根据"面积"字段计算而来的称为"占用负荷"的自定义字段。公式支持和族编辑器中一样的数学功能。

图 10-12　"计算值"对话框

2）在对话框中输入字段的名称，将其类型设置为百分比，然后输入要取其百分比的字段的名称。例如，如果按楼层对房间明细表进行成组，则可以显示该房间占楼层总面积的百分比。默认情况下，百分比是根据整个明细表的总数计算出来的。如果在"排序／成组"选项卡中设置成组字段，则可以选择此处的一个字段。

合并参数 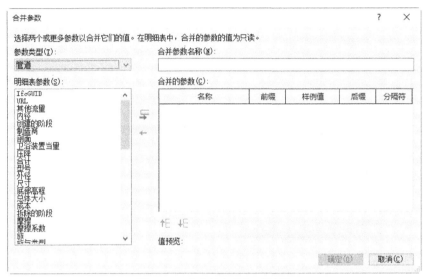。合并单个字段中的参数。打开图 10-13 所示的"合并参数"对话框，选择要合并的参数以及可选的前缀、后缀和分隔符。

图 10-13 "合并参数"对话框

（4）在"排序／成组"选项卡中设置"排序方式"为"类型"，选择"升序"单选项，勾选"逐项列举每个实例"复选框，如图 10-14 所示。

图 10-14 "排序／成组"选项卡

"排序 / 成组"选项卡中的选项说明如下。

排序方式。选择"升序"或"降序"。

页眉。勾选此复选框，将添加排序参数值作为排序组的页眉。

页脚。勾选此复选框，在排序组下方添加页脚信息。

空行。勾选此复选框，在排序组间插入一空行。

逐项列举每个实例。勾选此复选框，在单独的行中显示图元的所有实例。取消勾选此复选框，则多个实例会根据排序参数压缩到同一行中。

（5）在"外观"选项卡的图形栏中勾选"网格线"和"轮廓"复选框，设置"网格线"为"细线"，"轮廓"为"中粗线"，取消勾选"页眉 / 页脚 / 分隔符中的网格"和"数据前的空行"复选框，在文字栏中勾选"显示标题"和"显示页眉"复选框，分别设置"标题文本""标题""正文"为"3.5mm 常规 _ 仿宋"，如图 10-15 所示。

图 10-15　"外观"选项卡

网格线。勾选此复选框，在明细表行周围显示网格线。从下拉列表中选择网格线样式。

页眉 / 页脚 / 分隔符中的网格。将垂直网格线延伸至页眉、页脚和分隔符。

数据前的空行。勾选此复选框，在数据前插入空行。会影响图纸上的明细表部分和明细表视图。

显示标题。显示明细表的标题。

显示页眉。显示明细表的页眉。

标题文本 / 标题 / 正文。在其下拉列表中选择文字类型。

（6）在对话框中单击"确定"按钮，完成明细表属性的设置。系统自动生成"管道明细表"，如图 10-16 所示。

（7）单击"文件"下拉菜单中的"另存为"→"项目"命令，打开"另存为"对话框，指定保存位置并输入文件名，单击"保存"按钮。

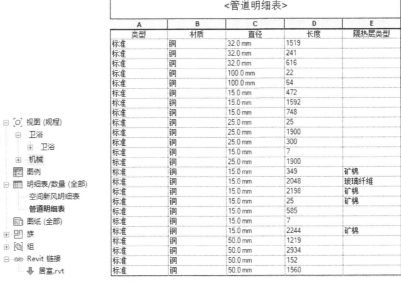

图 10-16　生成管道明细表

10.2.3　修改明细表

修改明细表并设置其格式可提高可读性，以及提供所需的特定信息以记录和管理模型。其中图形柱明细表是视觉明细表的一个独特类型，不能像标准明细表那样修改。

（1）按住鼠标左键并拖曳鼠标选取"直径"和"长度"页眉，如图 10-17 所示，打开图 10-18 所示的"修改明细表 / 数量"选项卡。

<管道明细表>				
A	B	C	D	E
类型	材质	直径	长度	隔热层类型
标准	铜	32.0 mm	1519	
标准	铜	32.0 mm	241	
标准	铜	32.0 mm	616	
标准	铜	100.0 mm	22	
标准	铜	100.0 mm	64	
标准	铜	15.0 mm	472	
标准	铜	15.0 mm	1592	
标准	铜	15.0 mm	748	
标准	铜	25.0 mm	25	

图 10-17　选取页眉

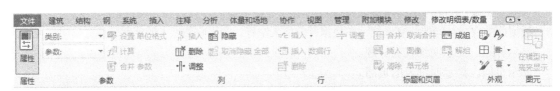

图 10-18　"修改明细表 / 数量"选项卡

插入　　。将列添加到正文。单击此按钮，打开"选择字段"对话框，其作用类似于"明细表属性"对话框的"字段"选项卡。添加新的明细表字段，并根据需要调整字段的顺序。

插入数据行　。将数据行添加到房间明细表、面积明细表、关键字明细表、空间明细表或图纸列表。新行显示在明细表的底部。

在选定位置上方或在选定位置下方 ⊐⊏。在选定位置的上方或下方插入空行。注意：与在"配电盘明细表样板"中插入行的方式有所不同。

删除列 ⩍ 删除。选择多个单元格，单击此按钮，删除列。

删除行 ⩍ 删除。选择一行或多行中的单元格，单击此按钮，删除行。

隐藏 ⩍ 隐藏。选择一个单元格或列页眉，单击此按钮，隐藏选中单元格的一列，单击"取消隐藏 全部"按钮 ⩍，显示隐藏的列。注意：隐藏的列不会显示在明细表视图或图纸中，位于隐藏列中的值可以用于过滤、排序和分组明细表中的数据。

调整 ⊪ 调整。选取单元格，单击此按钮，打开图 10-19 所示的"调整柱尺寸"对话框，输入尺寸，单击"确定"按钮，根据对话框中的值调整列宽。如果选择多个列，则将它们全部设置为一个尺寸。

调整 ⊹。选择标题部分中的一行或多行，单击此按钮，打开图 10-20 所示的"调整行高"对话框，输入尺寸，单击"确定"按钮，根据对话框中的值调整行高。

图 10-19　"调整柱尺寸"对话框

图 10-20　"调整行高"对话框

合并 / 取消合并 ⊞。选择要合并的页眉单元格，单击此按钮，合并单元格；再次单击此按钮，分离合并的单元格。

插入图像 ⩍。将图形插入标题部分的单元格中。

清除单元格 ⩍。删除标题单元格中的参数。

着色 ⩍。设置单元格的背景颜色。

边界 ⊞。单击此按钮，打开图 10-21 所示"编辑边框"对话框，为单元格指定线样式和边框。

重置 ⩍。删除与选定单元关联的所有格式，条件格式将保持不变。

（2）单击"修改明细表 / 数量"选项卡，单击"外观"面板中的"成组"按钮 ⩍，合并生成新标头单元格，如图 10-22 所示。

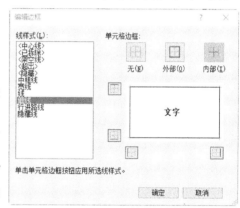

图 10-21　"编辑边框"对话框

<管道明细表>				
A	B	C	D	E
类型	材质	直径	长度	隔热层类型
标准	铜	32.0 mm	1519	
标准	铜	32.0 mm	241	
标准	铜	32.0 mm	616	
标准	铜	100.0 mm	22	
标准	铜	100.0 mm	64	
标准	铜	15.0 mm	472	
标准	铜	15.0 mm	1592	
标准	铜	15.0 mm	748	
标准	铜	25.0 mm	25	
标准	铜	25.0 mm	1900	

图 10-22　生成新标头单元格

（3）单击新标头单元格，进入文字输入状态，输入文字为"尺寸"，如图 10-23 所示。

A	B	C	D	E
		尺寸		
类型	材质	直径	长度	隔热层类型
标准	铜	32.0 mm	1519	
标准	铜	32.0 mm	241	
标准	铜	32.0 mm	616	
标准	铜	100.0 mm	22	
标准	铜	100.0 mm	64	
标准	铜	15.0 mm	472	
标准	铜	15.0 mm	1592	
标准	铜	15.0 mm	748	
标准	铜	25.0 mm	25	
标准	铜	25.0 mm	1900	
标准	铜	25.0 mm	300	
标准	铜	15.0 mm	7	
标准	铜	25.0 mm	1900	
标准	铜	15.0 mm	349	矿棉
标准	铜	15.0 mm	2048	玻璃纤维

<管道明细表>

图 10-23　输入文字

（4）在"属性"选项板的"格式"栏中单击"编辑"按钮，打开"明细表属性"对话框中的"格式"选项卡，在"字段"列表中选择"材质"，设置"对齐"为"中心线"，如图 10-24 所示。单击"确定"按钮，"材质"列的文字全部居中显示，如图 10-25 所示。

图 10-24　"格式"选项卡

（5）单击"修改明细表 / 数量"选项卡，单击"列"面板中的"插入"按钮 ，打开"选择字段"对话框，在"可用的字段"列表中选择"系统分类"，单击"添加参数"按钮 ，将其添加到"明细表字段"列表中，如图 10-26 所示。单击"确定"按钮，在管道明细表中添加"系统分类"列，如图 10-27 所示。

<管道明细表>				
A	B	C	D	E
		尺寸		
类型	材质	直径	长度	隔热层类型
标准	铜	32.0 mm	1519	
标准	铜	32.0 mm	241	
标准	铜	32.0 mm	616	
标准	铜	100.0 mm	22	
标准	铜	100.0 mm	64	
标准	铜	15.0 mm	472	
标准	铜	15.0 mm	1592	
标准	铜	15.0 mm	748	
标准	铜	25.0 mm	25	
标准	铜	25.0 mm	1900	
标准	铜	25.0 mm	300	
标准	铜	15.0 mm	7	
标准	铜	25.0 mm	1900	
标准	铜	15.0 mm	349	矿棉
标准	铜	15.0 mm	2048	玻璃纤维
标准	铜	15.0 mm	2198	矿棉
标准	铜	15.0 mm	25	矿棉
标准	铜	15.0 mm	585	
标准	铜	15.0 mm	7	
标准	铜	15.0 mm	2244	矿棉
标准	铜	50.0 mm	1219	
标准	铜	50.0 mm	2934	
标准	铜	50.0 mm	152	
标准	铜	50.0 mm	1560	

图 10-25　居中显示

图 10-26　"选择字段"对话框

（6）选取明细表的标题栏，单击"修改明细表 / 数量"选项卡，单击"外观"面板中的"着色"
按钮，打开图 10-28 所示"颜色"对话框，选择颜色，单击"确定"按钮，为标题栏添加背景颜
色，如图 10-29 所示。

<管道明细表>					
A	B	C	D	E	F
		尺寸			
类型	材质	直径	长度	隔热层类型	系统分类
标准	铜	32.0 mm	1519		卫生设备
标准	铜	32.0 mm	241		卫生设备
标准	铜	32.0 mm	616		卫生设备
标准	铜	100.0 mm	22		卫生设备
标准	铜	100.0 mm	64		卫生设备
标准	铜	15.0 mm	472		家用冷水
标准	铜	15.0 mm	1592		家用冷水
标准	铜	15.0 mm	748		家用冷水
标准	铜	25.0 mm	25		家用冷水
标准	铜	25.0 mm	1900		家用冷水
标准	铜	25.0 mm	300		家用冷水
标准	铜	15.0 mm	7		家用冷水
标准	铜	25.0 mm	1900		家用冷水
标准	铜	15.0 mm	349	矿棉	家用热水
标准	铜	15.0 mm	2048	玻璃纤维	家用热水
标准	铜	15.0 mm	2198	矿棉	家用热水
标准	铜	15.0 mm	25	矿棉	家用热水
标准	铜	15.0 mm	585		家用热水
标准	铜	15.0 mm	7		家用热水
标准	铜	15.0 mm	2244	矿棉	家用热水
标准	铜	50.0 mm	1219		卫生设备
标准	铜	50.0 mm	2934		卫生设备
标准	铜	50.0 mm	152		卫生设备
标准	铜	50.0 mm	1560		卫生设备

图 10-27　添加列

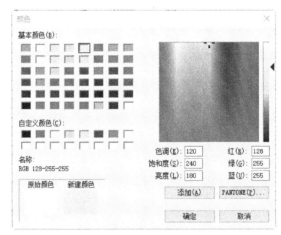

图 10-28　"颜色"对话框

图 10-29　添加标题栏背景颜色

（7）选取表头栏，单击"修改明细表 / 数量"选项卡，单击"外观"面板中的"字体"按钮，打开"编辑字体"对话框，设置"字体"为"宋体"，"字体大小"为"7.0000mm"，勾选"粗体"复选框，单击"字体颜色"色块，打开"颜色"对话框，选择红色，单击"确定"按钮，返回到"编辑字体"对话框，如图 10-30 所示。单击"确定"按钮，更改字体，如图 10-31 所示。

（8）在"属性"选项板中的"过滤器"栏中单击"编辑"按钮，打开"明细表属性"对话框，设置过滤条件为"系统分类"，选择"家用冷水"，如图 10-32 所示。单击"确定"按钮，明细表中只显示"家用冷水"系统的管道，其他不属于"家用冷水"系统的管道被排除在外，隐藏显示，如图 10-33 所示。

图 10-30　"编辑字体"对话框

<管道明细表>					
A	B	C	D	E	F
类型	材质	尺寸		隔热层类型	系统分类
		直径	长度		
标准	铜	32.0 mm	1519		卫生设备

图 10-31　更改字体

图 10-32　"明细表属性"对话框

<管道明细表>					
A	B	C	D	E	F
类型	材质	尺寸		隔热层类型	系统分类
		直径	长度		
标准	铜	15.0 mm	472		家用冷水
标准	铜	15.0 mm	1592		家用冷水
标准	铜	15.0 mm	748		家用冷水
标准	铜	25.0 mm	25		家用冷水
标准	铜	25.0 mm	1900		家用冷水
标准	铜	25.0 mm	300		家用冷水
标准	铜	15.0 mm	7		家用冷水
标准	铜	25.0 mm	1900		家用冷水

图 10-33　过滤显示

10.2.4 明细表导出到 CAD

（1）打开明细表文件，在明细表视图中单击"文件"→"导出"→"CAD 格式"命令，导出为 CAD 格式的选项不可用，如图 10-34 所示。

图 10-34 "导出"选项卡

（2）单击"文件"→"导出"→"报告"→"明细表"命令，打开"导出明细表"对话框，设置保存位置，并输入文件名，如图 10-35 所示。

图 10-35 "导出明细表"对话框

（3）单击"保存"按钮，打开图 10-36 所示的"导出明细表"对话框，采用默认设置，单击"确定"按钮。

（4）将上一步保存的"管道明细表 .txt"文件的后缀名改为".xls"，然后将其打开，如图 10-37 所示。

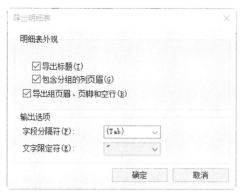

图 10-36　"导出明细表"对话框

图 10-37　Excel 表格

（5）框选明细表中的内容，单击"编辑"→"复制"命令，复制明细表。

（6）打开 AutoCAD，并新建一空白文件，单击"默认"选项卡，单击"剪贴板"面板中"粘贴"下拉列表中的"选择性粘贴"按钮，打开"选择性粘贴"对话框，选择"AutoCAD 图元"，如图 10-38 所示。单击"确定"按钮。

图 10-38　"选择性粘贴"对话框

（7）系统命令行中提示"指定插入点或 [作为文字粘贴]"，在绘图中的适当位置单击，插入明细表，如图 10-39 所示。

管道明细表					
类型	材质	尺寸	隔热层类型	系统分类	
直径	长度				
标准	铜	15 mm	472.0000	家用冷水	
标准	铜	15 mm	1592.0000	家用冷水	
标准	铜	15 mm	748.0000	家用冷水	
标准	铜	25 mm	25.0000	家用冷水	
标准	铜	25 mm	1900.0000	家用冷水	
标准	铜	25 mm	300.0000	家用冷水	
标准	铜	15 mm	7.0000	家用冷水	
标准	铜	25 mm	1900.0000	家用冷水	

图 10-39　CAD 中的明细表

（8）选取单元格，打开图 10-40 所示的"表格单元"选项卡，可以对明细表进行编辑，这里就不再详细介绍，用户可以根据自己的需要利用 CAD 软件进行编辑。

图 10-40　"表格单元"选项卡

第三篇
餐厅管线设计综合实例篇

本篇导读

本篇内容通过介绍餐厅管线设计综合实例使读者加深对
Revit MEP 2020 功能的理解和掌握。

内容要点

◆ 创建餐厅模型

◆ 创建暖通系统

◆ 创建消防给水系统

◆ 创建照明系统

第 11 章
创建餐厅模型

知识导引

在进行综合布线之前，先绘制餐厅模型。首先导入 CAD 图纸，以 CAD 图纸为参考创建一层建筑模型。

11.1　创建标高

具体操作步骤如下。

（1）在主页中单击"模型"→"新建"按钮
打开"新建项目"对话框，在"样板文件"下拉列表中选择"建筑样板"，如图 11-1 所示。单击"确定"按钮，新建一项目文件，系统自动切换视图到楼层平面"标高 1"。

（2）在"项目浏览器"中双击"立面"节点下的"东"，将视图切换到东立面视图。

图 11-1　"新建项目"对话框

（3）单击"建筑"选项卡，单击"基础"面板中的"标高"按钮 ，绘制标高线，如图 11-2 所示。

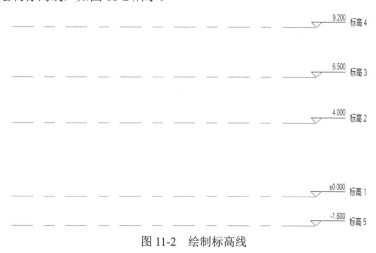

图 11-2　绘制标高线

（4）选取标高线，更改标高线之间的尺寸值或直接更改标头上的数值，结果如图 11-3 所示。

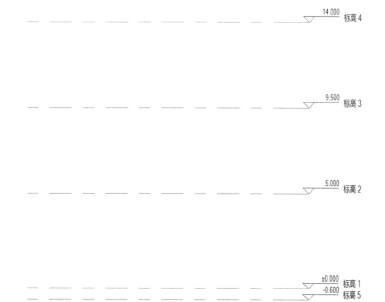

图 11-3　更改标高尺寸

（5）双击标高的名称，打开"确认标高重命名"对话框，单击"是"按钮，更改相应的标高名称，结果如图 11-4 所示。

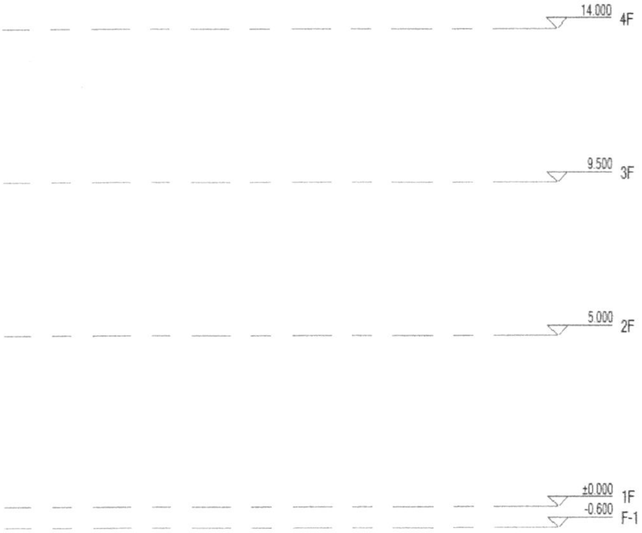

图 11-4 更改标高名称

（6）选取"F-1"标高线，在"属性"选项板中选择"标高 下标头"类型，更改其标头的类型，如图 11-5 所示。

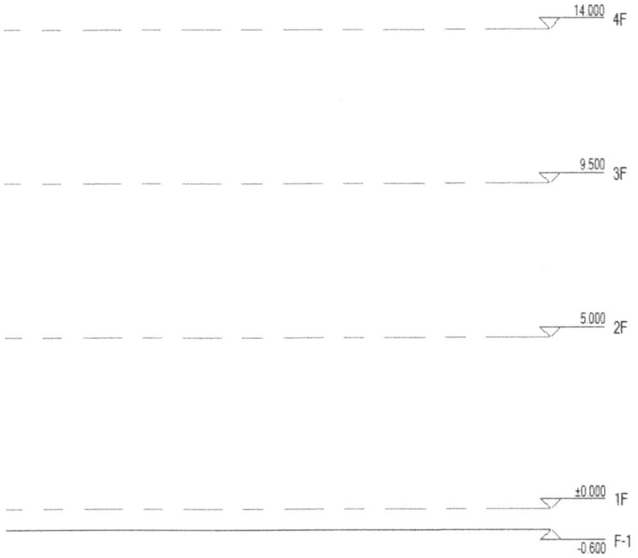

图 11-5 更改标头类型

11.2 创建轴网

具体操作步骤如下。

（1）在"项目浏览器"中双击"楼层平面"节点下的"1F"，将视图切换到 1F 楼层平面视图。

（2）单击"插入"选项卡，单击"导入"面板中的"导入 CAD"按钮 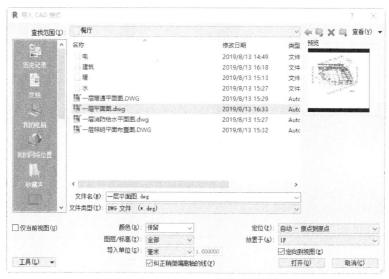，打开"导入 CAD 格式"对话框，选择"一层平面图 .dwg"，设置"定位"为"自动 - 原点到原点"，设置"放置于"为"1F"，勾选"定向到视图"复选框，设置"导入单位"为"毫米"，其他采用默认设置，如图 11-6 所示。单击"打开"按钮，导入 CAD 图纸。

图 11-6　"导入 CAD 格式"对话框

（3）移动立面索引符号的位置，或者移动图纸使其位于立面索引符号的中间，调整好位置后，选取图纸，单击"修改"面板中的"锁定"按钮 ，将图纸锁定使其不能进行移动，如图 11-7 所示。当图纸被锁定后，软件将无法删除该对象，需要解锁后才能删除。

图 11-7　锁定图纸

（4）单击"建筑"选项卡，单击"基准"面板中的"轴网"按钮⌗，打开"修改 | 放置 轴网"选项卡和选项栏，单击"拾取线"按钮。

（5）在"属性"选项板中选择"轴网 6.5mm 编号"类型，单击"编辑类型"按钮▦，打开"类型属性"对话框，勾选"平面视图轴号端点 1（默认）"复选框，其他采用默认设置，如图 11-8 所示。单击"确定"按钮。

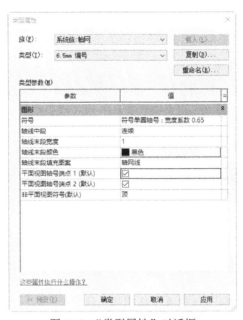

图 11-8　"类型属性"对话框

（6）在绘图区中先拾取 CAD 图纸中的斜轴线，然后再拾取 CAD 图纸中的水平轴线，双击水平方向的轴线编号，更改编号为英文字母，调整轴线的长度，暂时将 CAD 图纸隐藏，查看轴网，如图 11-9 所示。

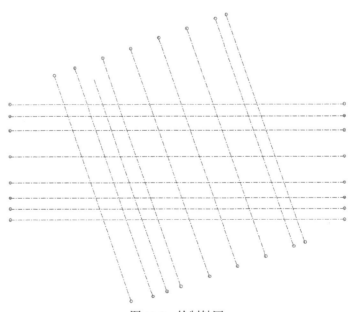

图 11-9　绘制轴网

11.3　创建柱

具体操作步骤如下。

（1）单击"建筑"选项卡，单击"构建"面板中"柱"⬚下拉列表中的"结构柱"按钮⬚，打开"修改 | 放置 结构柱"选项卡和选项栏。

（2）单击"模式"面板中的"载入族"按钮⬚，打开"载入族"对话框，选择"China"→"结构"→"柱"→"混凝土"文件夹中的"混凝土 - 圆形 - 柱 .rfa"族文件，如图 11-10 所示。单击"打开"按钮，载入混凝土 - 圆形 - 柱 .rfa 族文件。

图 11-10　"载入族"对话框

（3）在"属性"选项板中选择"圆形柱 750mm"类型，单击"编辑类型"按钮⬚，打开"类型属性"对话框，单击"复制"按钮，新建"700mm"类型，更改"b"为"700.0"，如图 11-11 所示。单击"确定"按钮。

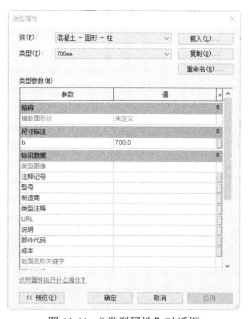

图 11-11　"类型属性"对话框

（4）在选项板中设置为"高度：2F"，根据 CAD 图纸放置圆形柱，如图 11-12 所示。

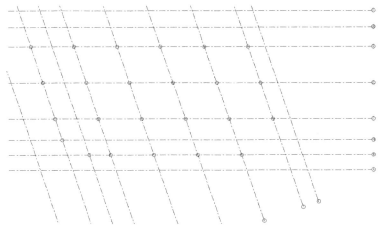

图 11-12　放置圆形柱

（5）单击"模式"面板中的"载入族"按钮，打开"载入族"对话框，选择"China"→"结构"→"柱"→"混凝土"文件夹中的"混凝土 - 矩形 - 柱 .rfa"族文件，单击"打开"按钮，载入混凝土 - 矩形 - 柱 .rfa 族文件。

（6）在"属性"选项板中选择"矩形柱 450×600mm"类型，单击"编辑类型"按钮，打开"类型属性"对话框，单击"复制"按钮，新建"600×600mm"类型，更改"b"为"600.0"，"h"为"600.0"，如图 11-13 所示。单击"确定"按钮。

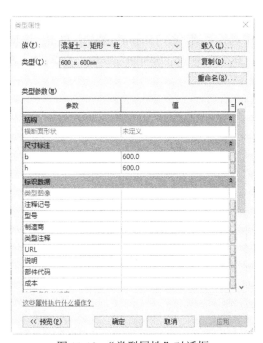

图 11-13　"类型属性"对话框

（7）在选项板中设置为"高度：2F"，根据 CAD 图纸放置 600×600mm 的矩形柱。

（8）在"属性"选项板中单击"编辑类型"按钮，打开"类型属性"对话框，单击"复制"

按钮，新建"500×500mm"类型，更改"b"为"500"，"h"为"500"，单击"确定"按钮。

（9）在选项板中设置为"高度：2F"，勾选"放置后旋转"复选框，根据 CAD 图纸放置 500×500mm 的矩形柱。

（10）在"属性"选项板中单击"编辑类型"按钮，打开"类型属性"对话框，单击"复制"按钮，新建"300×600mm"类型，更改"b"为"300"，"h"为"600"，单击"确定"按钮。

（11）在选项板中设置为"高度：2F"，根据 CAD 图纸放置 300×600mm 的矩形柱，如图 11-14 所示。

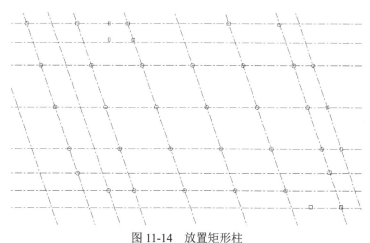

图 11-14　放置矩形柱

（12）单击"建筑"选项卡，单击"构建"面板中"构件" 下拉列表中的"内建模型"按钮，打开"族类别和族参数"对话框，在列表中选择"结构柱"族类别，如图 11-15 所示。单击"确定"按钮，打开"名称"对话框，输入"异形结构柱"，如图 11-16 所示。单击"确定"按钮，进入族编辑器。

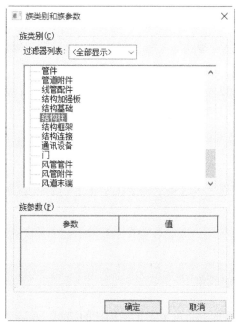

图 11-15　"族类别和族参数"对话框

图 11-16　"名称"对话框

（13）单击"创建"选项卡，单击"形状"面板中的"拉伸"按钮，打开"修改 | 创建拉伸"选项卡，单击"绘制"面板中的"线"按钮，根据 CAD 图纸绘制结构柱轮廓线，如图 11-17 所示。

（14）单击"模式"面板中的"完成编辑模式"按钮，在"属性"选项板中设置"拉伸起点"为"0.00"，"拉伸终点"为"2500.00"，如图 11-18 所示。单击"应用"按钮，完成拉伸模型的创建。

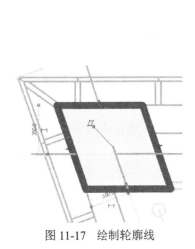

图 11-17　绘制轮廓线

图 11-18　设置拉伸参数

（15）将视图切换至西立面图，选取拉伸体，并拖曳拉伸体的控制点，直到 2F 标高线，然后单击"锁定"按钮，将拉伸体的高度与 2F 标高线保持一致，如图 11-19 所示。

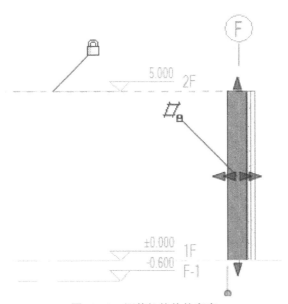

图 11-19　调整拉伸体的高度

（16）单击"在位编辑器"面板中的"完成模型"按钮，完成异形结构柱的绘制，单击"修改"面板中的"复制"按钮，将异形结构柱参照 CAD 图纸中的位置进行复制，如图 11-20 所示。

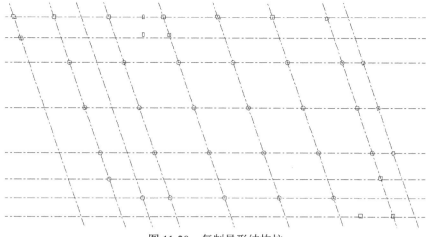

图 11-20 复制异形结构柱

11.4 创建墙

具体操作步骤如下。

（1）单击"建筑"选项卡，单击"构建"面板中的"墙"按钮⬜，在"属性"选项板中选择"基本墙 常规 -200mm"类型，单击"编辑类型"按钮⬜，打开"类型属性"对话框。单击"结构"栏中的"编辑"按钮，打开"编辑部件"对话框，单击结构栏材质列表中的按钮⬛，打开"材质浏览器"对话框，单击"AEC 材质"→"混凝土"，选择"混凝土 - 现场浇注"材质，单击"将材质添加到文档中"按钮⬆，将"混凝土 - 现场浇注"材质添加到项目材质列表中，如图 11-21 所示。连续单击"确定"按钮，返回到"类型属性"对话框。

图 11-21 "材质浏览器"对话框

（2）在"功能"下拉列表中选择"外部"，其他采用默认设置，如图 11-22 所示。单击"确定"按钮。

（3）在"属性"选项板中设置"定位线"为"墙中心线"，"底部约束"为"1F"，"顶部约束"为"直到标高：2F"，其他采用默认设置，如图 11-23 所示。

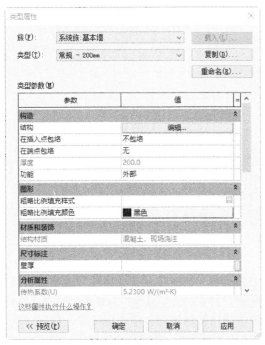

图 11-22 "类型属性"对话框

图 11-23 "属性"选项板

（4）根据 CAD 图纸中的墙体轮廓绘制 200mm 厚的墙体，如图 11-24 所示。

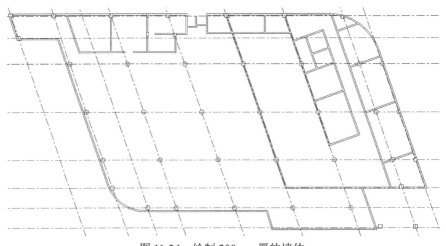

图 11-24 绘制 200mm 厚的墙体

（5）重复执行"墙体"命令，在"属性"选项板中选择"基本墙 常规 –200mm 混凝土"类型，单击"编辑类型"按钮，打开"类型属性"对话框，新建"常规 –100mm"类型，单击"结构"栏中的"编辑"按钮，打开"编辑部件"对话框，设置结构的"厚度"为"100"，连续单击"确定"按钮。绘制 100mm 厚的隔墙，如图 11-25 所示。

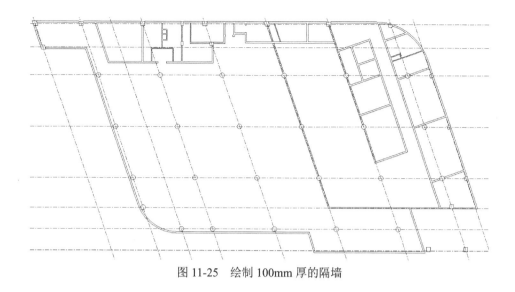

图 11-25　绘制 100mm 厚的隔墙

11.5　布置门和窗

具体操作步骤如下。

（1）单击"建筑"选项卡，单击"构建"面板中的"门"按钮，打开"修改|放置门"选项卡。

（2）单击"模式"面板中的"载入族"按钮，打开"载入族"对话框，选择"China"→"建筑"→"门"→"普通门"→"平开门"→"单扇"文件夹中的"单嵌板镶玻璃门 3.rfa"族文件，如图 11-26 所示。单击"打开"按钮，载入族文件。

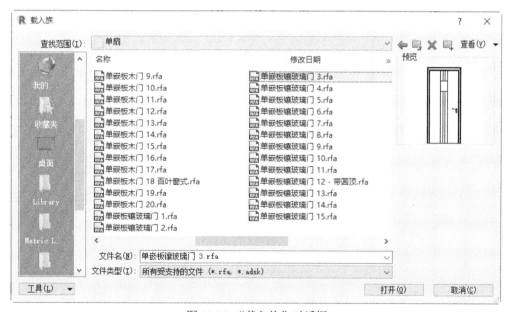

图 11-26　"载入族"对话框

（3）在"属性"选项板中选取"单嵌板镶玻璃门 3900×2100mm"类型，单击"编辑类型"按

钮 ，打开"类型属性"对话框，新建"1000×2200mm"类型，更改"高度"为"2200.0"，"宽度"为"1000.0"，其他采用默认设置，如图11-27所示。单击"确定"按钮。

图11-27 "类型属性"对话框

（4）根据CAD图纸，在图11-28所示的位置放置单扇门。

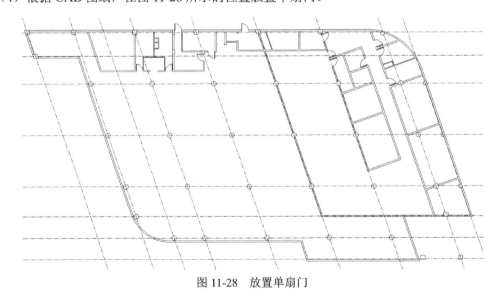

图11-28 放置单扇门

（5）重复执行"门"命令，单击"模式"面板中的"载入族"按钮，打开"载入族"对话框，选择"China"→"建筑"→"门"→"普通门"→"平开门"→"双扇"文件夹中的"双面嵌板格栅门1.rfa"族文件，如图11-29所示。单击"打开"按钮，载入族文件。

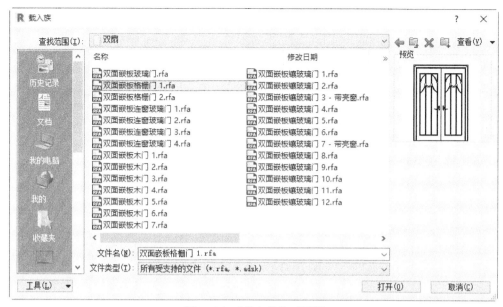

图 11-29 "载入族"对话框

（6）在"属性"选项板中选取"双面嵌板格栅门 11800×2100mm"类型，单击"编辑类型"按钮 ，打开"类型属性"对话框，新建"1800×2200mm"类型，更改"高度"为"2200.0"，其他采用默认设置，如图 11-30 所示。单击"确定"按钮。

图 11-30 "类型属性"对话框

（7）在图 11-31 所示的位置放置双扇平开门。

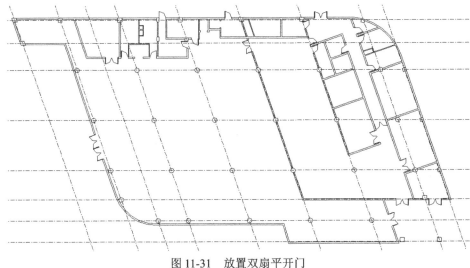

图 11-31　放置双扇平开门

（8）单击"建筑"选项卡，单击"构建"面板中的"窗"按钮▦，打开"修改 | 放置 窗"选项卡。

（9）单击"模式"面板中的"载入族"按钮⬇️，打开"载入族"对话框，选择"China"→"建筑"→"窗"→"普通门"→"推拉窗"文件夹中的"上下拉窗 1.rfa"族文件，单击"打开"按钮，载入族文件。

（10）在"属性"选项板中选取"上下拉窗 1600×1200mm"类型，单击"编辑类型"按钮▦，打开"类型属性"对话框，新建"600×2400mm"类型，更改"高度"为"2400.0"，其他采用默认设置，如图 11-32 所示。单击"确定"按钮。输入"底高度"为"500"，根据 CAD 图纸在图 11-33 所示的位置放置窗。

图 11-32　"类型属性"对话框

（11）在"属性"选项板中选择"固定 1000×1200mm"类型，设置"底高度"为"800"，根据 CAD 图纸在图 11-33 所示的位置放置窗。

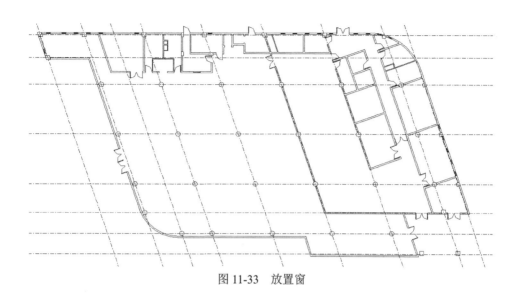

图 11-33　放置窗

11.6　创建天花板

（1）在"项目浏览器"中双击"天花板平面"节点下的"1F"，将视图切换到 1F 天花板平面视图。

（2）单击"建筑"选项卡，单击"构建"面板中的"天花板"按钮 🚩，打开图 11-34 所示的"修改 | 放置 天花板"选项卡，单击"绘制天花板"按钮 🖻。

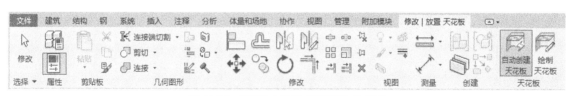

图 11-34　"修改 | 放置 天花板"选项卡

（3）打开"修改 | 创建天花板边界"选项卡，单击"边界线"按钮 🏓 和"拾取墙"按钮 🗇，提取墙内边线，并调整线段长度，使边界线闭合成环，如图 11-35 所示。

（4）在"属性"选项板中选择"复合天花板 光面"类型，设置"自标高的高度偏移"为"3400.0"，其他采用默认设置，如图 11-36 所示。

（5）单击"模式"面板中的"完成编辑模式"按钮 ✅，完成天花板的创建。

用户可以根据源文件中的 CAD 图纸绘制二层、三层的建筑模型，这里就不再介绍绘制过程了。

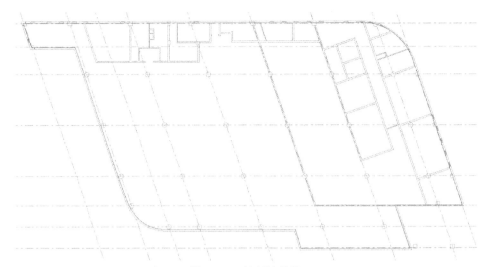

图 11-35　绘制边界线

图 11-36　"属性"选项板

第 12 章
创建暖通系统

知识导引

本章以餐厅一层为例，介绍创建暖通系统的操作方法。首先在建筑模型的基础上导入 CAD 图纸，然后以 CAD 图纸为参考布置风管、设备等，从而创建暖通系统。

12.1　链接模型

（1）在主页中单击"模型"→"新建"按钮 🗋 新建...，打开"新建项目"对话框，在样板文件下拉列表中选择"机械样板"，单击"确定"按钮，新建机械样板文件，系统自动切换视图到楼层平面 1。

（2）单击"插入"选项卡，单击"链接"面板中的"链接 Revit"按钮 🏗，打开"导入 / 链接 RVT"对话框，在"定位"下拉列表中选择"自动 - 原点到原点"选项，其他采用默认设置，如图 12-1 所示。单击"打开"按钮，将建筑模型链接至项目文件中，如图 12-2 所示。

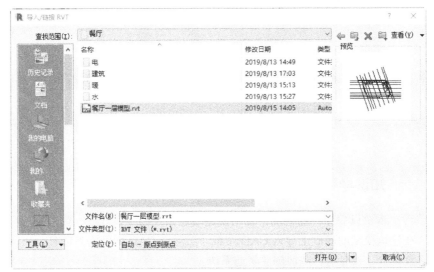

图 12-1　"导入 / 链接 RVT"对话框

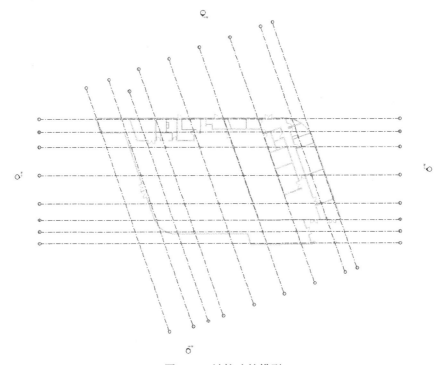

图 12-2　链接建筑模型

（3）将视图切换至东 - 机械立面视图，发现绘图区域中包含两套标高，一套是机械样板文件中自带的标高，另一套是链接模型的标高，如图 12-3 所示。

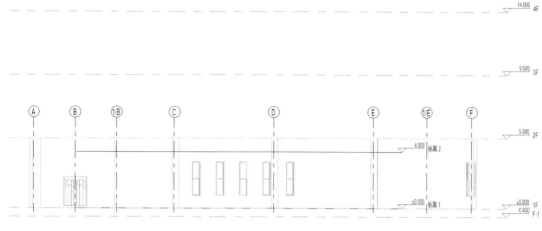

图 12-3　立面视图

（4）选取机械样板自带的标高 1 和标高 2，按 Delete 键删除，弹出"警告"对话框，提示各视图将被删除，如图 12-4 所示。单击"确定"按钮，删除机械样板自带的平面和标高。

（5）单击"协作"选项卡，单击"坐标"面板中"复制 / 监视" 下拉列表中的"选择链接"按钮 ，在视图中选择链接模型，打开图 12-5 所示的"复制 / 监视"选项卡。

图 12-4　"警告"对话框

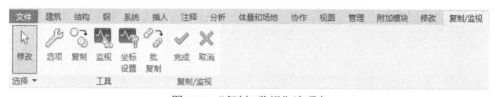

图 12-5　"复制 / 监视"选项卡

（6）单击"工具"面板中的"复制"按钮 ，在立面视图中选取所有标高，单击"完成"按钮 ，完成标高的复制。

（7）单击"视图"选项卡，单击"创建"面板中"平面视图" 下拉列表中的"楼层平面"按钮 ，打开"新建楼层平面"对话框，选取所有的标高，如图 12-6 所示。单击"确定"按钮，平面视图名称显示在"项目浏览器"中。

（8）单击"快速访问"工具栏中的"保存"按钮 ，将项目文件进行保存，并复制一份以便创建电气系统和水系统。

图 12-6　"新建楼层平面"对话框

12.2　导入 CAD 图纸

（1）单击"插入"选项卡，单击"导入"面板中的"导入 CAD"按钮 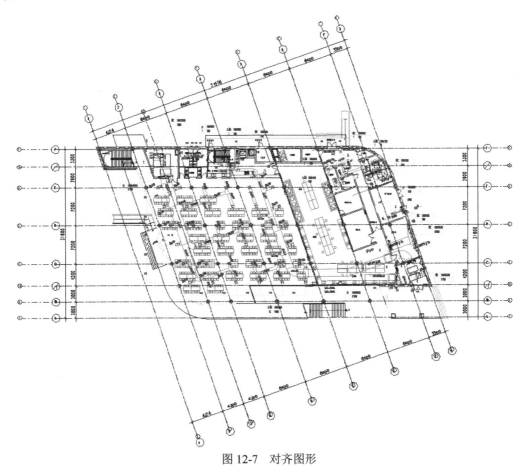，打开"导入 CAD 格式"对话框，选择"一层暖通平面图"，设置"定位"为"自动 - 原点到原点"，"放置于"为"1F"，勾选"定向到视图"复选框，设置"导入单位"为"毫米"，其他采用默认设置，单击"打开"按钮，导入 CAD 图纸。

（2）单击"修改"选项卡，单击"修改"面板中的"对齐"按钮 ，在建筑模型中单击①轴线，然后单击链接的 CAD 图纸中的①轴线，将①轴线对齐；接着在建筑模型中单击 A 轴线，然后单击链接的 CAD 图纸中的 A 轴线，将 A 轴线对齐。此时，CAD 文件与建筑模型重合，如图 12-7 所示。

图 12-7　对齐图形

（3）单击"修改"选项卡，单击"修改"面板中的"锁定"按钮 ，选择 CAD 图纸，将其锁定。

12.3　设置风管颜色

（1）将视图切换至 3D 视图。

（2）单击"视图"选项卡，单击"图形"面板中的"可见性 / 图形"按钮 ，打开"三维视图：{3D} 的可见性 / 图形替换"对话框，选择"过滤器"选项卡，如图 12-8 所示。

图 12-8　"过滤器"选项卡

（3）单击"添加"按钮，打开图 12-9 所示的"添加过滤器"对话框。单击"编辑 / 新建"按钮，打开图 12-10 所示"过滤器"对话框。单击"新建"按钮 🗋，打开"过滤器名称"对话框，输入"名称"为"送风系统"，如图 12-11 所示。单击"确定"按钮。

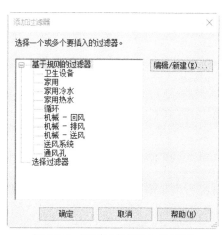

图 12-9　"添加过滤器"对话框

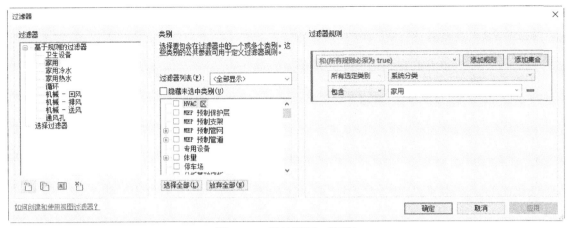

图 12-10 "过滤器"对话框

图 12-11 "过滤器名称"对话框

（4）返回到"过滤器"对话框中，在过滤器列表框中勾选与风管有关的复选框，在过滤器规则中设置过滤条件为"系统名称""包含""送风"，如图 12-12 所示。单击"确定"按钮，在三维视图：{3D} 的"可见性 / 图形替换"对话框中添加了送风系统。

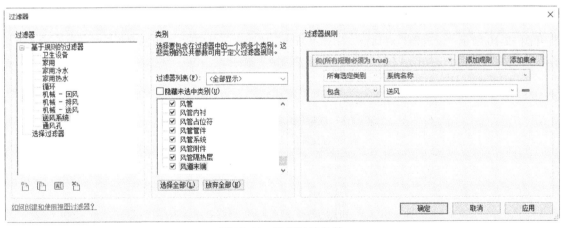

图 12-12 设置过滤条件

（5）单击"投影 / 表面"列表下"图案填充"单元格中的"替换"按钮，打开"填充样式图形"对话框，在"填充图案"下拉列表中选择"< 实体填充 >"。单击"颜色"选项，打开"颜色"对话框，选择蓝色，如图 12-13 所示。单击"确定"按钮，返回到"填充样式图形"对话框，其他采用默认设置，如图 12-14 所示。单击"确定"按钮。

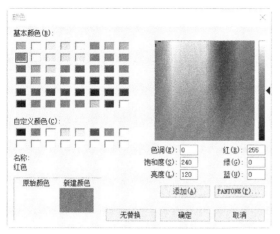

图 12-13　"颜色"对话框

图 12-14　"填充样式图形"对话框

（6）返回到"三维视图：{3D} 的可见性 / 图形替换"对话框，采用相同的方法添加排风系统，如图 12-15 所示。

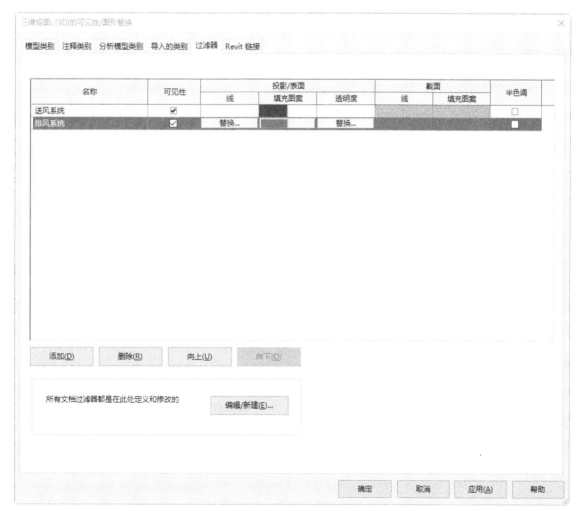

图 12-15　添加排风系统

12.4　创建送风系统

（1）在"项目浏览器"中双击"机械"→"HVAC"→"楼层平面"节点下的"1F"，将视图切换到 1F 楼层平面视图。

（2）单击"系统"选项卡，单击"机械"面板中的"机械设备"按钮 ⬚，打开"修改 | 放置 机械设备"选项卡，单击"模式"面板中的"载入"按钮 ⬚，打开"载入族"对话框，选择"China"→"MEP"→"空气调节"→"变风量空调末端"文件夹中的"变风量空调机组 - 串联式风机动力型 - 5400-7560 CMH.rfa"族文件，如图 12-16 所示。单击"打开"按钮，载入文件。

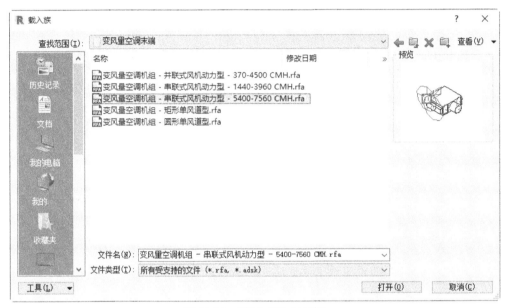

图 12-16　"载入族"对话框

（3）在"属性"选项板中选择"变风量空调机组 - 串联式风机动力型 - 5400-7560 CMH：4680-7560 CMH"，设置"标高中的高程"为"4000.0"，如图 12-17 所示。

（4）在"属性"选项板中单击"编辑类型"按钮 ⬚，打开"类型属性"对话框，新建"4680-7560 CMH 2000×500"类型，更改"送风口宽度"为"2000.0"，"送风口高度"为"500.0"，"变风量空调机组宽度"为"1500.0"，"变风量空调机组高度"为"600.0"，"变风量空调机组厚度"为"2200"，其他采用默认设置，如图 12-18 所示。单击"确定"按钮。

（5）按空格键调整空调机组的方向，根据 CAD 图纸，将变风量空调机组放置在图 12-19 所示的位置。

（6）单击"系统"选项卡，单击"HVAC"面板中的"风管"按钮 ⬚，在"属性"选项板中选择"矩形风管 半径弯头 /T 形三通"，输入"宽度"为"1800.0"，"高度"为"1200.0"，如图 12-20 所示。

（7）在"属性"选项板中单击"编辑类型"按钮 ⬚，打开"类型属性"对话框，单击"布管系统配置"栏中的"编辑"按钮，打开"布管系统配置"对话框，设置"弯头"为"矩形弯头 - 弧形 - 法兰：1.0W"，"首选连接类型"为"接头"，"过渡件"为"矩形变径管 - 角度 - 法兰：60 度"，其他采用默认设置，如图 12-21 所示。连续单击"确定"按钮。

图 12-17 "属性"选项板（1）

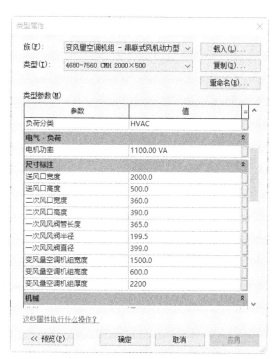

图 12-18 "类型属性"对话框

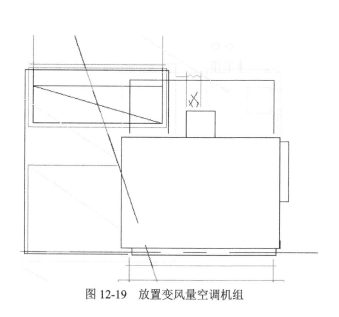

图 12-19 放置变风量空调机组

图 12-20 "属性"选项板（2）

（8）在视图中捕捉空调机组上端的进风口中心，在选项栏中设置标高中的高程为"4000"，移动鼠标绘制风管，直至墙体，如图 12-22 所示。

（9）单击"系统"选项卡，单击"HVAC"面板中的"风道末端"按钮，打开"修改 | 放置机械设备"选项卡，单击"模式"面板中的"载入"按钮，打开"载入族"对话框，选择"China"→"MEP"→"风管附件"→"风口"文件夹中的"送风口 - 矩形 - 单层 - 可调 - 侧装 .rfa"族文件，如图 12-23 所示。单击"打开"按钮，打开图 12-24 所示"指定类型"对话框，单击"确定"按钮，载入文件。

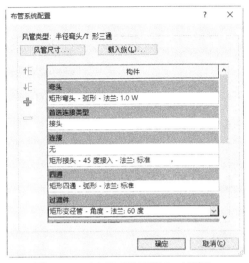

图 12-21 "布管系统配置"对话框

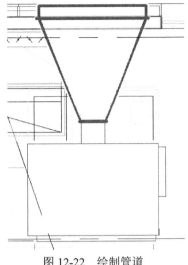

图 12-22 绘制管道

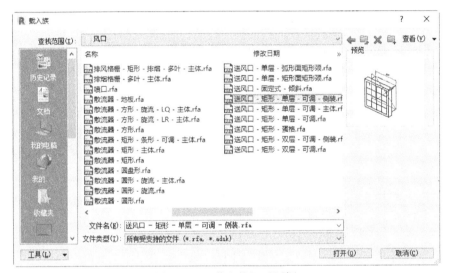

图 12-23 "载入族"对话框

图 12-24 "指定类型"对话框

（10）在"属性"选项板中单击"编辑类型"按钮，打开"类型属性"对话框，新建"1800×1200"类型，更改"风管宽度"为"1800.0"，"风管高度"为"1200.0"，其他采用默认设置，如图 12-25 所示。单击"确定"按钮。

（11）将送风口放置在风道上端，如图 12-26 所示。

图 12-25　"类型属性"对话框

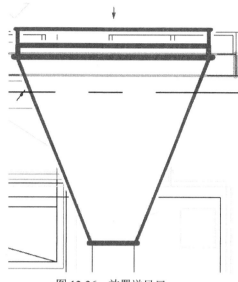

图 12-26　放置送风口

（12）选取空调机组，单击空调机组下端的"创建风管"图标▧，在选项栏中输入"宽度"为"2000"，"高度"为"500"，根据 CAD 图纸绘制图 12-27 所示 2000×500 风管。

（13）根据 CAD 图纸上的尺寸，继续绘制风管，如图 12-28 所示。

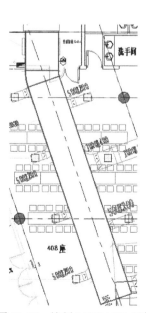

图 12-27　绘制 2000×500 风管

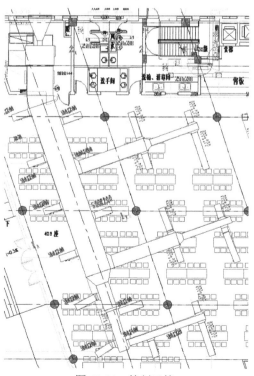

图 12-28　绘制风管

（14）单击"系统"选项卡，单击"HVAC"面板中的"风道附件"按钮，打开"修改|放置 风管附件"选项卡，单击"模式"面板中的"载入"按钮，打开"载入族"对话框，选择"China"→"消防"→"防排烟"→"风阀"文件夹中的"防火阀 - 矩形 - 电动 - 70 摄氏度 .rfa"族文件，如图 12-29 所示。单击"打开"按钮，载入文件。

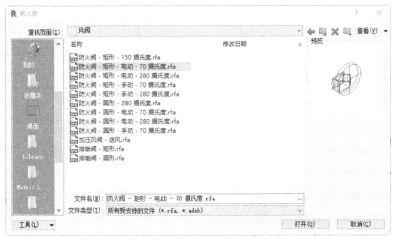

图 12-29 "载入族"对话框

（15）在"属性"选项板中设置"风管""宽度"为"2000.0"，"风管高度"为"500.0"，如图 12-30 所示。

（16）将防火阀放置在风管上，如图 12-31 所示。

图 12-30 "属性"选项板

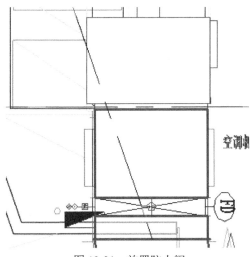

图 12-31 放置防火阀

（17）单击"系统"选项卡，单击"HVAC"面板中的"风道附件"按钮，打开"修改|放置 风管附件"选项卡，单击"模式"面板中的"载入"按钮，打开"载入族"对话框，选择"China"→"MEP"→"风管附件"→"消声器"文件夹中的"消声器 - ZP100 片式 .rfa"族文件，如图 12-32 所示。单击"打开"按钮，打开图 12-33 所示"指定类型"对话框，选择"2000×800"类型，单击"确定"按钮，载入文件。

（18）在"属性"选项板中单击"编辑类型"按钮，打开"类型属性"对话框，新建"2000×500"类型，更改"B"为"500.0"，其他采用默认设置，如图 12-34 所示。单击"确定"按钮。

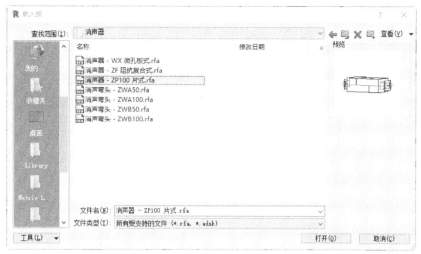

图 12-32　"载入族"对话框

图 12-33　"指定类型"对话框

（19）在"属性"选项板中输入"标高中的高程"为"3982.0"，根据 CAD 图纸将其放置在风管上的适当位置，如图 12-35 所示。

图 12-34　"类型属性"对话框

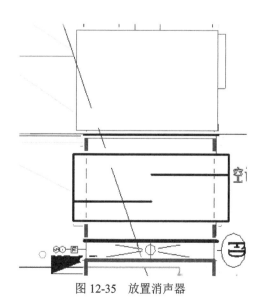

图 12-35　放置消声器

（20）单击"系统"选项卡，单击"HVAC"面板中的"风道末端"按钮图，打开"修改 | 放置 机械设备"选项卡，单击"模式"面板中的"载入"按钮，打开"载入族"对话框，选择"China"→"MEP"→"风管附件"→"风口"文件夹中的"散流器 - 方形 .rfa"族文件，如图12-36 所示。单击"打开"按钮，载入文件。

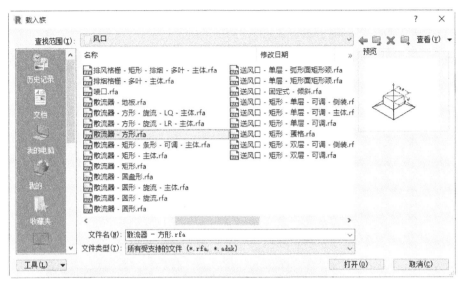

图 12-36 "载入族"对话框

（21）在"属性"选项板中选择"散流器 - 方形 300×300"类型，单击"编辑类型"按钮，打开"类型属性"对话框，新建"330×330"类型，更改"风管宽度"为"330.0"，"风管高度"为"330.0"，其他采用默认设置，如图 12-37 所示。单击"确定"按钮。

图 12-37 "类型属性"对话框

（22）在"属性"选项板中设置"标高中的高程"为"3500.0"，将散流器放置在风道支管上的适当位置，如图 12-38 所示。系统根据放置的散流器自动生成连接管道，如图 12-39 所示。

（23）采用相同的方法，根据 CAD 图纸，在其他支管上放置散流器，完成送风系统 1 的创建，如图 12-40 所示。

（24）采用相同的方法，创建送风系统 2，如图 12-41 所示。

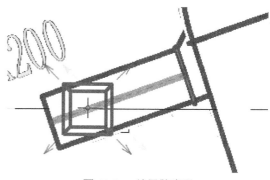

图 12-38　放置散流器

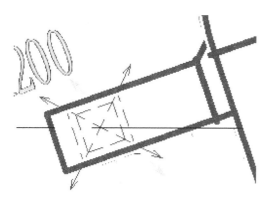

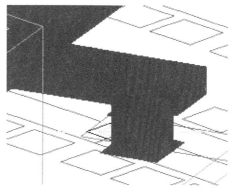

图 12-39　生成连接管道

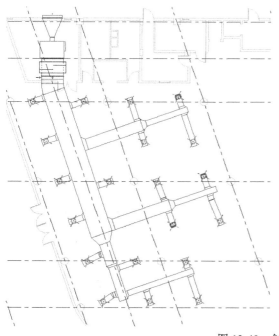

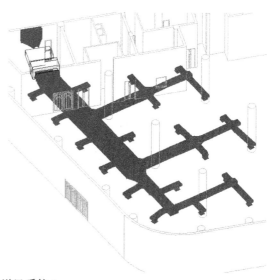

图 12-40　创建送风系统 1

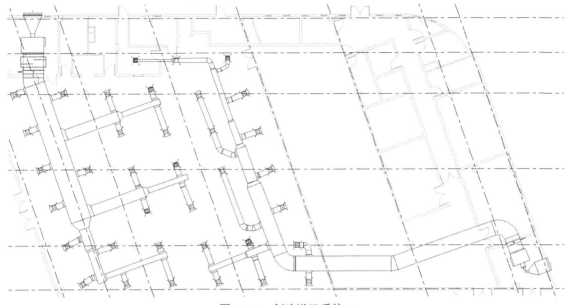

图 12-41　创建送风系统 2

12.5　创建排风系统

（1）单击"系统"选项卡，单击"机械"面板中的"机械设备"按钮，打开"修改 | 放置 机械设备"选项卡，单击"模式"面板中的"载入"按钮，打开"载入族"对话框，选择"China"→"MEP"→"通风除尘"→"风机"文件夹中的"轴流式风机 - 风管安装 .rfa"族文件，如图 12-42 所示。单击"打开"按钮，载入文件。

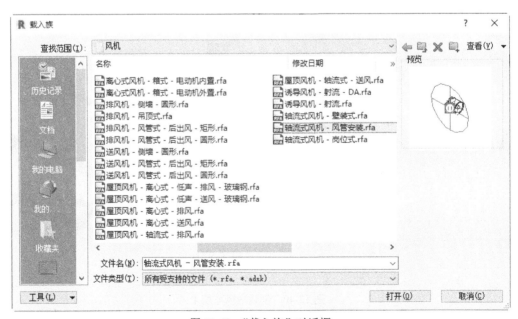

图 12-42　"载入族"对话框

（2）在"属性"选项板中选择"轴流式风机 - 风管安装 5000 CMH"，设置"标高中的高程"为"4000.0"，如图 12-43 所示。

（3）在选项栏中勾选"放置后旋转"复选框，根据 CAD 图纸，将轴流风机放置在图 12-44 所示的位置。

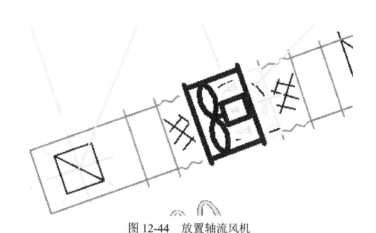

图 12-43　"属性"选项板

图 12-44　放置轴流风机

（4）单击"系统"选项卡，单击"HVAC"面板中的"风管"按钮，在"属性"选项板中选择"矩形风管 半径弯头 /T 形三通"，设置"系统类型"为"排风"。

（5）在选项栏输入"宽度"为"400"，"高度"为"200"，"中间高程"为"4250"。

（6）分别捕捉轴流风机的两端，根据 CAD 图纸绘制排风管道，如图 12-45 所示。

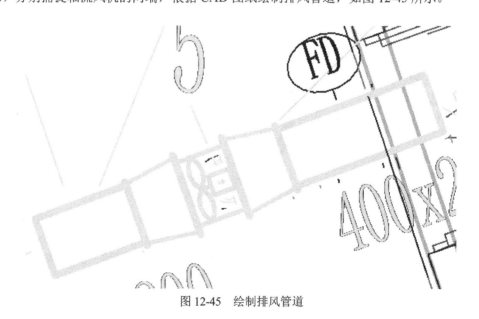

图 12-45　绘制排风管道

（7）单击"系统"选项卡，单击"HVAC"面板中的"风道末端"按钮，打开"修改|放置机械设备"选项卡，在"属性"选项板中选择"排风格栅-矩形-排烟-板式-主体400×400"类型。

（8）在"属性"选项板中单击"编辑类型"按钮，打开"类型属性"对话框，新建"400×200"类型，更改"风管高度"为"200.0"，其他采用默认设置，如图12-46所示。单击"确定"按钮。

（9）在"属性"选项板中设置"标高中的高程"为"4250.0"，将排风格栅放置在风道支管上的端部，如图12-47所示。

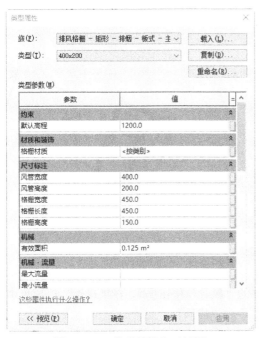

图12-46 "类型属性"对话框

图12-47 放置排风格栅

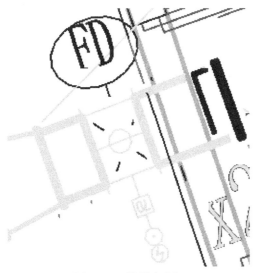

图12-48 放置防火阀

（10）单击"系统"选项卡，单击"HVAC"面板中的"风道附件"按钮，在"属性"选项板中选择"防火阀-矩形-电动-70摄氏度 标准"类型，设置"风管宽度"为"400.0"，"风管高度"为"200.0"。

（11）根据CAD图纸，将防火阀放置在风管上的适当位置，如图12-48所示。

（12）单击"系统"选项卡，单击"HVAC"面板中的"风道末端"按钮，在"属性"选项板中选择"散流器-方形240×240"类型，设置"标高中的高程"为"3500.0"。

（13）根据CAD图纸，将散流器放置在风管上的末端，如图12-49所示。

（14）采用相同的方法，根据CAD图纸创建卫生间内的排风系统，如图12-50所示。

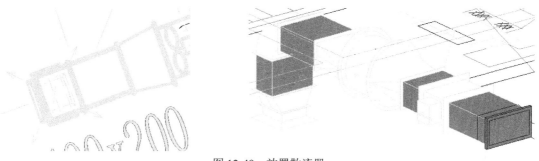

图 12-49　放置散流器

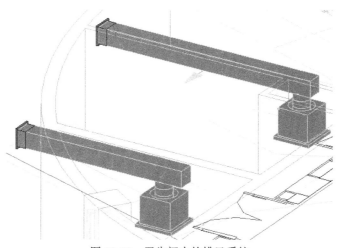

图 12-50　卫生间内的排风系统

12.6　创建新风系统

（1）单击"系统"选项卡，单击"机械"面板中的"机械设备"按钮🖲，打开"修改 | 放置机械设备"选项卡，单击"模式"面板中的"载入"按钮📥，打开"载入族"对话框，选择源文件中的"全新交换新风机 .rfa"族文件，如图 12-51 所示。单击"打开"按钮，载入文件。

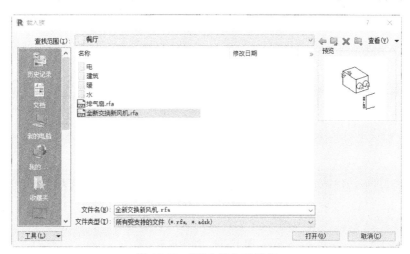

图 12-51　"载入族"对话框

（2）在"属性"选项板中设置"标高中的高程"为"4000.0"，如图 12-52 所示。

（3）在选项栏中勾选"放置后旋转"复选框，根据 CAD 图纸，将全新交换新风机放置在图 12-53 所示的位置。

图 12-52　"属性"选项板

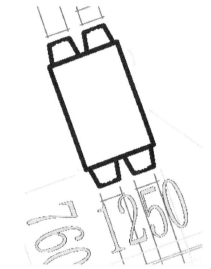

图 12-53　放置全新交换新风机

（4）选取全新交换新风机，单击全新交换新风机上的"创建风管"图标⊠，在"属性"选项板中选择"矩形风管 半径弯头 /T 形三通"类型，在选项栏中设置风管"宽度"为"151"，"高度"为"120"，其他采用默认设置，根据 CAD 图纸绘制风管，如图 12-54 所示。

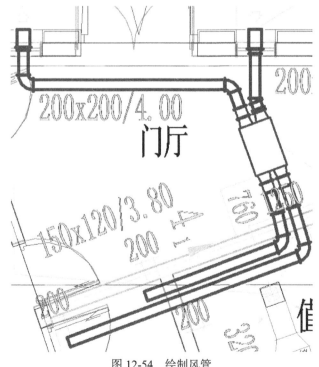

图 12-54　绘制风管

（5）单击"系统"选项卡，单击"HVAC"面板中的"风道末端"按钮，在"属性"选项板中选择"送风口 - 矩形 - 单层 - 可调 - 侧装 1250×1000"类型，单击"编辑类型"按钮，打开"类型属性"对话框，新建"200×200"类型，更改"风管宽度"和"风管高度"为"200.0"，其他采用默认设置，如图 12-55 所示。单击"确定"按钮。

（6）根据 CAD 图纸，将送风口放置在送风管道的端部，如图 12-56 所示。

图 12-55 "类型属性"对话框

图 12-56 放置送风口

（7）单击"系统"选项卡，单击"HVAC"面板中的"风道末端"按钮，在"属性"选项板中选择"排风格栅 - 矩形 - 排烟 - 板式 - 主体 250×250"类型，单击"编辑类型"按钮，打开"类型属性"对话框，新建"200×200"类型，更改"风管宽度"和"风管高度"为"200.0"，其他采用默认设置，如图 12-57 所示。单击"确定"按钮。

（8）在"属性"选项板中设置"标高中的高程"为"4000.0"，根据 CAD 图纸，将排风格栅放置在排风管道的端部，如图 12-58 所示。

（9）单击"系统"选项卡，单击"HVAC"面板中的"风道末端"按钮，在"属性"选项板中选择"散流器 - 方形 120×120"，设置"标高中的高程"为"3500.0"。

（10）根据 CAD 图纸，将散流器放置在风道支管上的适当位置，如图 12-59 所示。

注意

　　在绘制风管与设备连接时，系统常常在软件界面的右下角弹出警示对话框，提示由于各种原因导致所绘制的风管不正确。用户可以尝试多种方式来绘制风管与设备连接。例如，可以先绘制风管，再在风管上布置设备；或者先绘制一小段风管，再通过拖曳风管使其与设备或另一段风管相接。

（11）将视图切换至三维视图，隐藏 CAD 图纸，观察暖通系统的创建结构，如图 12-60 所示。

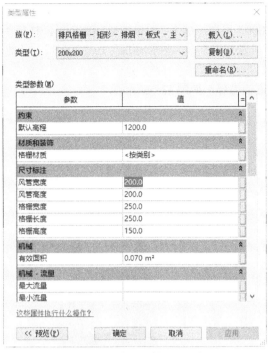

图 12-57 "类型属性"对话框

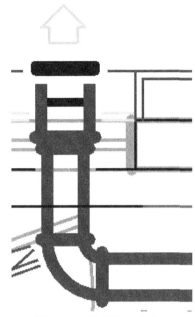

图 12-58 放置排风格栅

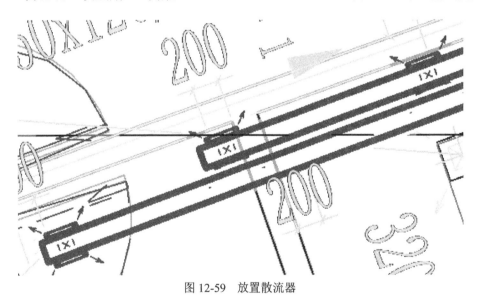

图 12-59 放置散流器

（1）进风口应直接设置在室外空气较流通的地点，应尽量设在排风口的上侧且低于排风口。

（2）进、排风口的底部距室外地坪不宜小于 2m，当进风口设在绿化带附近时，距绿化带不宜小于 1m。

（3）事故排风的排风口不应布置在人员经常停留或经常通行的地点。

（4）事故排风的排放口与机械进风系统的进风口的水平距离不应小于 20m；当进风口、排风口水平距离不足 20m 时，排风口必须高于进风口，并不得小于 6m。

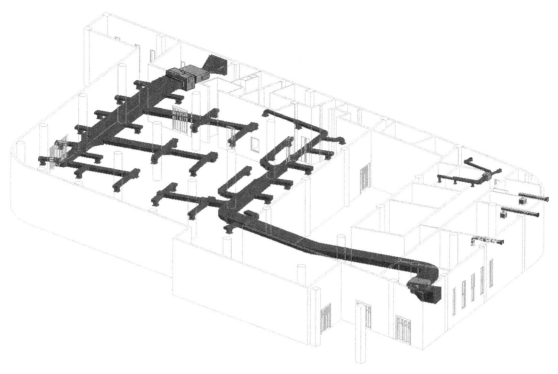

图 12-60　暖通系统

用户可以根据源文件中的 CAD 图纸绘制二层、三层的暖通系统，这里就不再介绍绘制过程了。

第 13 章
创建消防给水系统

知识导引

本章以餐厅一层为例，介绍创建消防给水系统的操作方法。首先在建筑模型的基础上导入 CAD 图纸，然后以 CAD 图纸为参考布置管道、设备和喷头等，从而创建消防给水系统。

13.1　导入 CAD 图纸

（1）在主页中单击"模型"→"打开"按钮 📂 打开...，打开"打开"对话框，选取第 13 章链接模型的"餐厅一层消防给水系统 .rvt"文件，单击"打开"按钮，打开文件。

（2）在"项目浏览器"中双击"机械"→"HVAC"→"楼层平面"节点下的"1F"，将视图切换到 1F 楼层平面视图。

（3）单击"插入"选项卡，单击"导入"面板中的"导入 CAD"按钮 📄，打开"导入 CAD 格式"对话框，选择"一层消防给水平面图"，设置"定位"为"自动 - 原点到原点"，"放置于"为"1F"，勾选"定向到视图"复选框，设置"导入单位"为"毫米"，其他采用默认设置，单击"打开"按钮，导入 CAD 图纸。

（4）单击"修改"选项卡，单击"修改"面板中的"对齐"按钮 🗐，在建筑模型中单击①轴线，然后单击链接的 CAD 图纸中的①轴线，将①轴线对齐；接着在建筑模型中单击 A 轴线，然后单击链接的 CAD 图纸中的 A 轴线，将 A 轴线对齐。此时，CAD 文件与建筑模型重合，如图 13-1 所示。

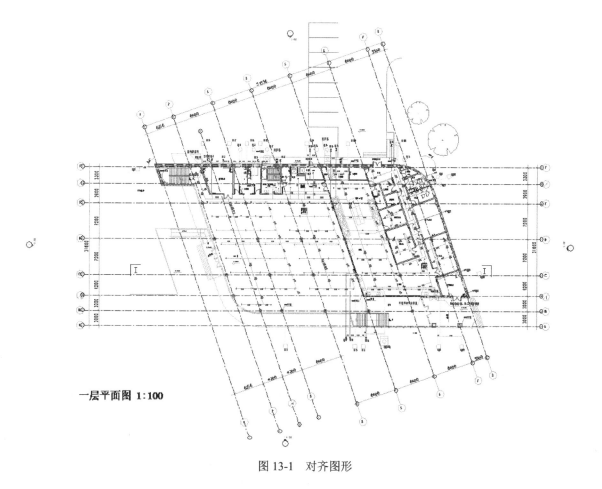

一层平面图 1:100

图 13-1　对齐图形

（5）单击"修改"选项卡，单击"修改"面板中的"锁定"按钮 🔟，选择 CAD 图纸，将其锁定。

13.2　布置管道

（1）单击"系统"选项卡，单击"卫浴和管道"面板中的"管道"按钮，打开"修改|放置管道"选项卡，如图 13-2 所示。

图 13-2　"修改|放置 管道"选项卡

（2）在"属性"选项板中单击"编辑类型"按钮，打开"类型属性"对话框，单击"布管系统配置"栏中的"编辑"按钮，打开"布管系统配置"对话框，设置"管段"为"钢，碳钢 -Schedule 80"，"最小尺寸"为"25.000"，"最大尺寸"为"300.000mm"，其他采用默认设置，如图 13-3 所示。连续单击"确定"按钮。

（3）在"属性"选项板中设置"系统类型"为"湿式消防系统"，其他采用默认设置，如图 13-4 所示。

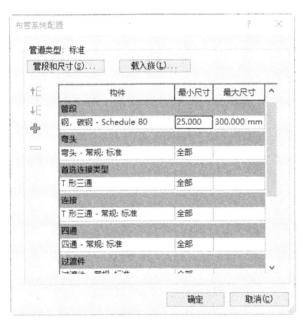

图 13-3　"布管系统配置"对话框

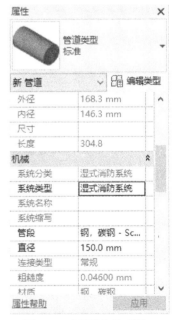

图 13-4　"属性"选项板

（4）在选项栏中设置"直径"为"150mm"，"中间高程"为"0"，根据 CAD 图纸绘制水平干管，如图 13-5 所示。

（5）在选项栏中设置"直径"为"150mm"，"中间高程"为"3900mm"，捕捉上一步绘制的管道端点，根据 CAD 图纸绘制直径为 150mm 的配水干管，系统自动生成立管，如图 13-6 所示。

（6）在选项栏中设置"直径"为"100mm"，"中间高程"为"3300mm"，在 3D 视图中捕捉根据 CAD 图纸绘制直径为 100mm 的配水管，系统自动生成立管，如图 13-7 所示。

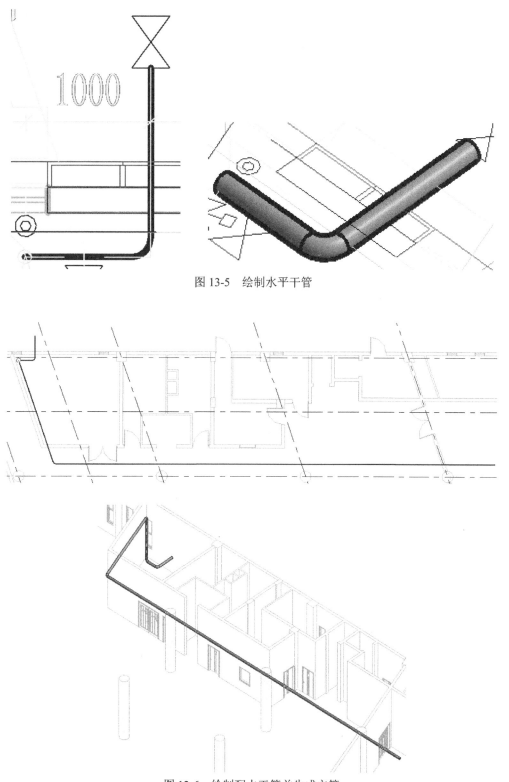

图 13-5 绘制水平干管

图 13-6 绘制配水干管并生成立管

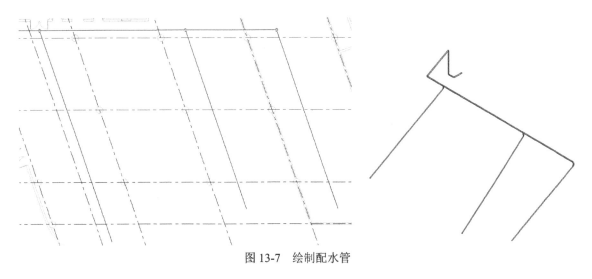

图 13-7　绘制配水管

（7）选取最后一根支管的弯头，单击"T形三通"按钮 **+**，将弯头更改为 T 形三通，如图 13-8 所示。

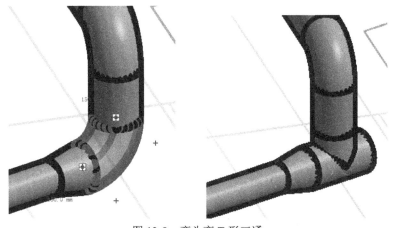

图 13-8　弯头变 T 形三通

图 13-9　绘制配水管

（8）采用相同的方法，根据 CAD 图纸继续绘制配水管，如图 13-9 所示。选择所有配水管，修改高程为"3500mm"，注意弯头与 T 形三通的转换。

（9）在选项栏中设置"直径"为"25mm"，"中间高程"为"3500mm"，根据 CAD 图纸绘制各配水支管，如图 13-10 所示。

（10）从图 13-9 所示中可以看出北的分支管没有与干管连接上。将北立面符号移动到干管附近，并将视图切换至北 - 机械立面视图，如图 13-11 所示。

（11）继续单击"管道"按钮，捕捉 25mm 水平支管的端点绘制连接干管的立管，如图 13-12 所示。系统自动在接头处生成三通。

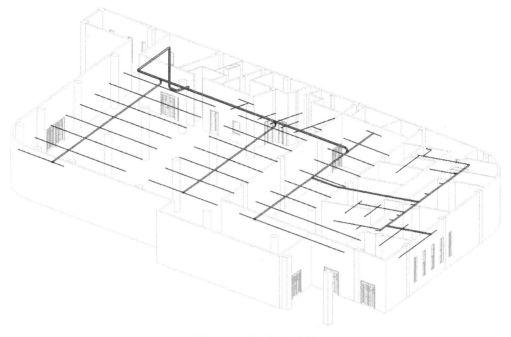

图 13-10 绘制配水支管

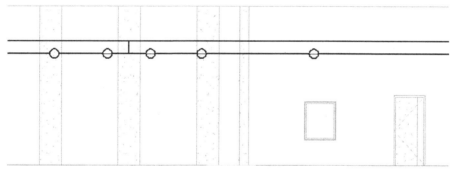

图 13-11 北立面视图

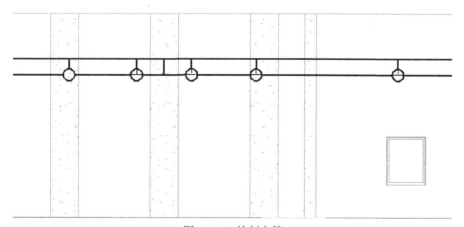

图 13-12 绘制立管

（12）采用相同的方法，绘制其他支管及分支管，如图 13-13 所示。

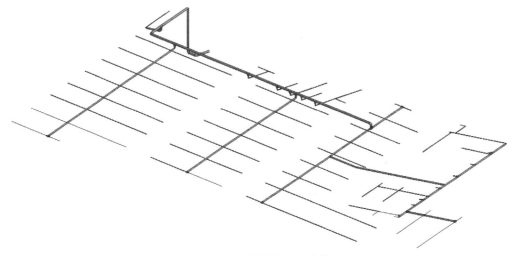

图 13-13　绘制支管及分支管

（13）将视图切换至东 - 机械立面视图，捕捉最末端的支管，向下绘制直径为 25mm 的试水管，长度为 2000mm（即距离地面 1500mm），如图 13-14 所示。

13.3　布置设备及附件

（1）单击"系统"选项卡，单击"卫浴和管道"面板中的"管路附件"按钮，在"属性"选项板中选择"闸阀 -Z41 型 - 明杆楔式单闸板 - 法兰式 Z41T-10-150mm"类型，移动光标到主干管上，当闸阀与管道平行并高亮显示管道主线时，如图 13-15 所示。单击将闸阀放置在主干管上，如图 13-16 所示。

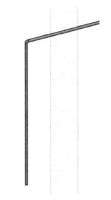

图 13-14　绘制试水管

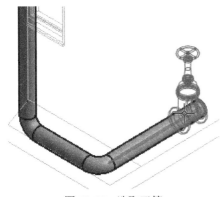

图 13-15　选取干管

图 13-16　放置闸阀

（2）单击"系统"选项卡，单击"卫浴和管道"面板中的"管路附件"按钮，打开"修改 | 放置 管道附件"选项卡，单击"模式"面板中的"载入"按钮，打开"载入族"对话框，选择"China"→"消防"→"给水和灭火"→"阀门"文件夹中的"湿式报警阀 - ZSFZ 型 - 100 -

200mm - 法兰式 .rfa"族文件，如图 13-17 所示。单击"打开"按钮，载入文件。

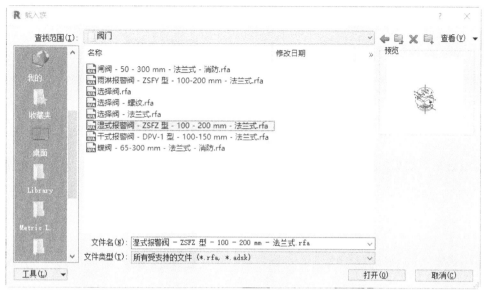

图 13-17 "载入族"对话框

（3）在"属性"选项板中选择"湿式报警阀 - ZSFZ 型 - 100 - 200 mm - 法兰式 150mm"，移动光标到立管上，当湿式报警阀与管道平行并高亮显示管道主线时，如图 13-18 所示。单击将湿式报警阀放置在立管上，如图 13-19 所示。

图 13-18 选取立管

图 13-19 放置湿式报警阀

（4）选取上一步放置的湿式报警阀，在"属性"选项板中更改"标高中的高程"为"1200.0"，单击"旋转"按钮，可以调整方向，如图 13-20 所示。

（5）单击"系统"选项卡，单击"卫浴和管道"面板中的"管路附件"按钮，打开"修改 | 放置 管道附件"选项卡，单击"模式"面板中的"载入"按钮，打开"载入族"对话框，选择"China"→"消防"→"给水和灭火"→"阀门"文件夹中的"闸阀 - 50 - 300 mm - 法兰式 - 消防 .rfa"族文件，如图 13-21 所示。单击"打开"按钮，载入文件。

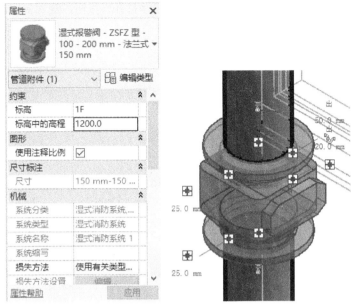

图 13-20　调整湿式报警阀

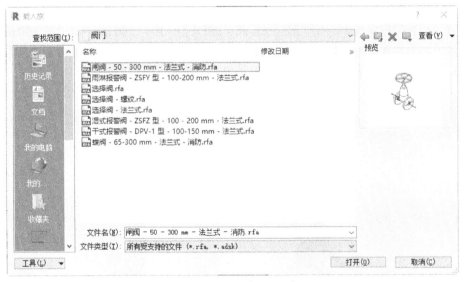

图 13-21　"载入族"对话框

（6）在"属性"选项板中选择"闸阀 - 50 - 300mm - 法兰式 - 消防 150mm"，移动光标到立管上，当闸阀与管道平行并高亮显示管道主线时，单击将闸阀放置在湿式报警阀的下方，如图 13-22 所示。

（7）选取上一步放置的闸阀，单击"旋转"按钮█，调整方向使其与湿式报警阀方向一致，如图 13-23 所示。

（8）单击"系统"选项卡，单击"卫浴和管道"面板中的"管路附件"按钮█，打开"修改 | 放置 管道附件"选项卡，单击"模式"面板中的"载入"按钮█，打开"载入族"对话框，选择"China"→"消防"→"给水和灭火"→"附件"文件夹中的"水流指示器 - 100 - 150mm - 法兰式 .rfa"族文件，如图 13-24 所示。单击"打开"按钮，载入文件。

图 13-22　放置闸阀

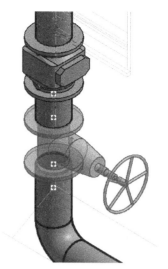

图 13-23　调整闸阀

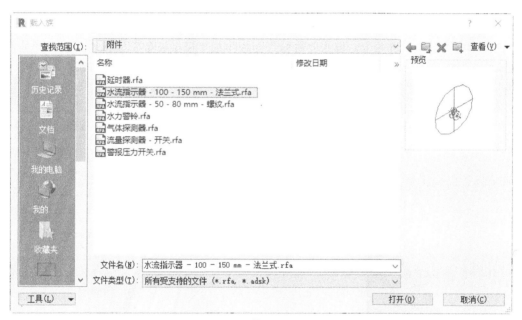

图 13-24　"载入族"对话框

（9）在"属性"选项板中选择"水流指示器 - 100 - 150mm - 法兰式 150mm"，将水流指示器放置在水平配水管上，如图 13-25 所示。

（10）单击"系统"选项卡，单击"卫浴和管道"面板中的"管路附件"按钮，打开"修改 | 放置 管道附件"选项卡，单击"模式"面板中的"载入"按钮，打开"载入族"对话框，选择源文件中的"喷淋系统 - 信号阀 .rfa"族文件，如图 13-26 所示。单击"打开"按钮，载入文件。

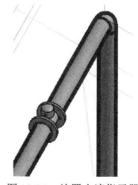

图 13-25　放置水流指示器

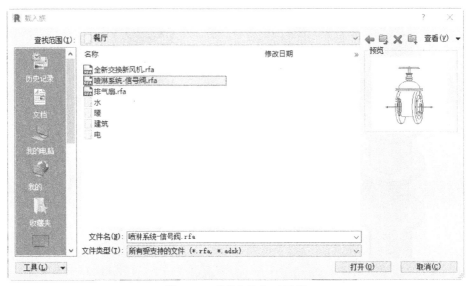

图 13-26 "载入族"对话框

（11）根据 CAD 图纸将信号阀放置于水流指示器的前方，如图 13-27 所示。

（12）单击"系统"选项卡，单击"机械"面板中的"机械设备"按钮，打开"修改 | 放置 机械设备"选项卡，单击"模式"面板中的"载入"按钮，打开"载入族"对话框，选择"China"→"消防"→"给水和灭火"→"附件"文件夹中的"水力警铃 .rfa"族文件，单击"打开"按钮，载入文件。

（13）在"属性"选项板中设置标高中的高程为"1800"，根据 CAD 图纸，选取墙体放置水力警铃，如图 13-28 所示。

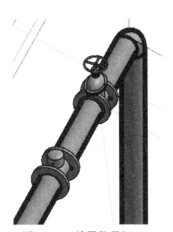

图 13-27　放置信号阀

图 13-28　放置水力警铃

（14）单击"系统"选项卡，单击"卫浴和管道"面板中的"管路附件"按钮，打开"修改 | 放置 管道附件"选项卡，单击"模式"面板中的"载入"按钮，打开"载入族"对话框，选择源文件中的"压力表 .rfa"族文件，单击"打开"按钮，载入文件。

（15）将压力表放置在试水管路上，如图 13-29 所示。

（16）在"属性"选项板中选择"闸阀 - 50 - 300mm - 法兰式 - 消防 50mm"，将闸阀放置在压力表下方，如图 13-30 所示。

图 13-29　放置压力表

图 13-30　放置闸阀

（17）单击"系统"选项卡，单击"卫浴和管道"面板中的"喷头"按钮，弹出图 13-31 所示的提示对话框，询问是否载入喷头，单击"是"按钮，打开"载入族"对话框，选择"China"→"消防"→"给水和灭火"→"喷淋头"文件夹中的"喷淋头 - ZST 型 - 闭式 – 下垂型 .rfa"族文件，如图 13-32 所示。单击"打开"按钮，载入文件。

图 13-31　提示对话框

（18）在"属性"选项板中选择"喷淋头 - ZST 型 - 闭式 – 下垂型 ZSTX-20-68 ℃"，设置"标高中的高程"为"3400.0"，如图 13-33 所示。

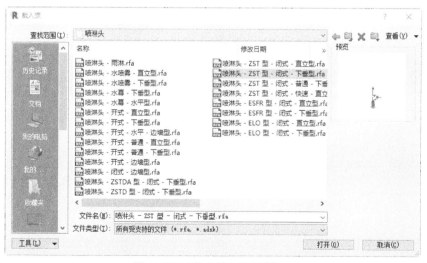

图 13-32　"载入族"对话框

图 13-33　"属性"选项板

（19）根据 CAD 图纸，在左侧的分支管处放置喷头，将视图切换至北 - 机械立面视图，观察喷头与管道之间的位置，如图 13-34 所示。

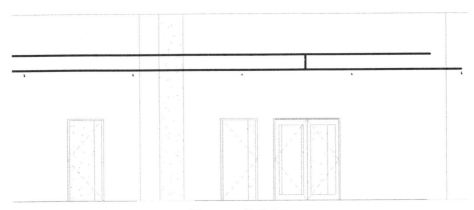

图 13-34　放置喷头

（20）选取喷头，单击喷头上方的"创建管道"图标，绘制连接喷头与分支管的短立管，如图 13-35 所示。

（21）在三维视图中，选取喷头，单击"布局"面板中的"连接到"按钮，然后选取分支管，系统自动创建连接喷头和分支管的短立管，如图 13-36 所示。

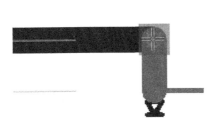

图 13-35　绘制短立管

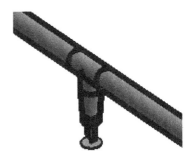

图 13-36　创建短立管

（22）采用上述方法，根据 CAD 图纸，放置其他分支管上的喷头，并创建喷头与分支管之间的短立管，如图 13-37 所示。

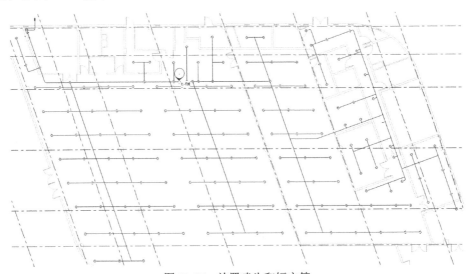

图 13-37　放置喷头和短立管

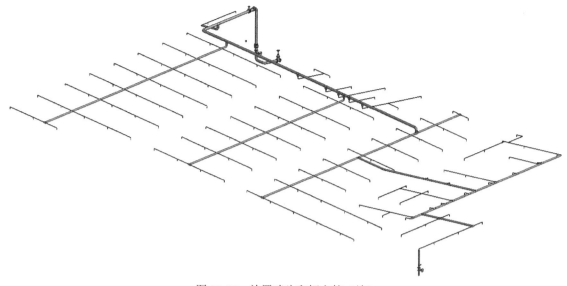

图 13-37　放置喷头和短立管（续）

（23）在三维视图中，单击"系统"选项卡，单击"卫浴和管道"面板中的"管道"按钮，捕捉报警阀 20mm 的出水口，绘制直径为 20mm 管道，如图 13-38 所示。

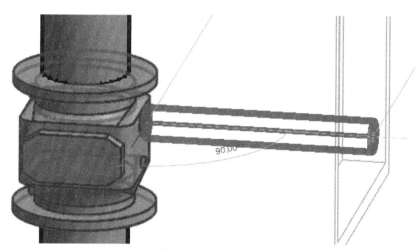

图 13-38　绘制管道

（24）选取水力警铃的 20mm 进水口上"创建管道"图标，沿墙绘制管道，继续绘制管道与报警阀组的管道相连，如图 13-39 所示。

注意

（1）湿式报警阀、延迟器和水力警铃的安装位置周围，应留有充分的维修空间，以保证在最短的停机时间内修复，报警阀距地面的高度为 1.2m。

（2）水力警铃是湿式报警阀的一个主要部件。水力警铃应设在有人值班的地点附近。其与报警阀的连接管道的管径为 20mm，总长不宜大于 20m，安装高度不宜超过 2m，并应设排水设施。

（3）湿式报警阀、延迟器和水力警铃应能使用通用工具进行安装和现场维修。

　　用户可以根据源文件中的 CAD 图纸绘制二层、三层的消防给水系统，这里就不再介绍绘制过程了。

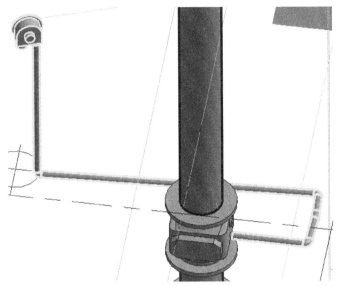

图 13-39　绘制水力警铃与报警阀组的连接管道

第 **14** 章
创建照明系统

知识导引

　　本章以餐厅一层为例，介绍创建照明系统的操作方法。首先在建筑模型的基础上导入 CAD 图纸，然后以 CAD 图纸为参考布置照明设备等，从而创建照明系统。

14.1 绘图前准备

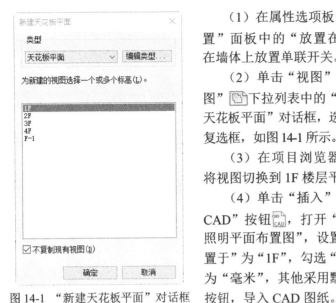

图 14-1 "新建天花板平面"对话框

（1）在属性选项板中设置标高中的高程为 1500，单击"放置"面板中的"放置在垂直面上"按钮![icon]，根据 CAD 图纸，在墙体上放置单联开关。

（2）单击"视图"选项卡，单击"创建"面板中"平面视图"![icon]下拉列表中的"天花板投影平面"按钮![icon]，打开"新建天花板平面"对话框，选择"1F"标高，勾选"不复制现有视图"复选框，如图 14-1 所示。单击"确定"按钮，创建 1F 天花板平面。

（3）在项目浏览器中双击"楼层平面"节点下的"1F"，将视图切换到 1F 楼层平面视图。

（4）单击"插入"选项卡，单击"导入"面板中的"链接 CAD"按钮![icon]，打开"链接 CAD 格式"对话框，选择"一层照明平面布置图"，设置"定位"为"自动 - 原点到原点"，"放置于"为"1F"，勾选"定向到视图"复选框，设置"导入单位"为"毫米"，其他采用默认设置，如图 14-2 所示。单击"打开"按钮，导入 CAD 图纸。

（5）单击"修改"选项卡，单击"修改"面板中的"对齐"按钮![icon]，在建筑模型中单击①轴线，然后单击链接的 CAD 图纸中的①轴线，将①轴线对齐；接着在建筑模型中单击 A 轴线，然后单击链接的 CAD 图纸中的 A 轴线，将 A 轴线对齐，此时，CAD 文件与建筑模型重合，如图 14-3 所示。

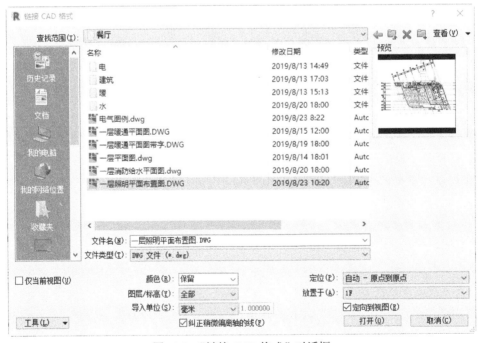

图 14-2 "链接 CAD 格式"对话框

（6）单击"修改"选项卡，单击"修改"面板中的"锁定"按钮![icon]，选择 CAD 图纸，将其锁定。

（7）选取 CAD 图纸，单击"修改 | 一层照明平面布置图"选项卡，单击"导入实例"面板中

的"删除图层"按钮 ，打开"选择要删除的图层/标高"对话框，勾选"A-LINE"和"FUR"复选框，如图 14-4 所示。单击"确定"按钮，删除不需要的图层，如图 14-5 所示。

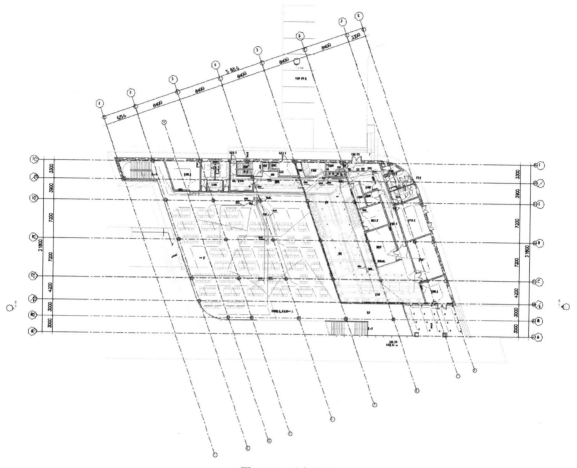

图 14-3 对齐图形

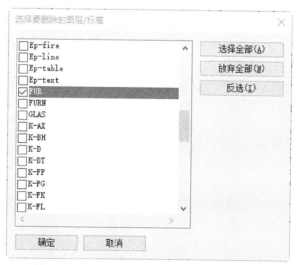

图 14-4 "选择要删除的图层/标高"对话框

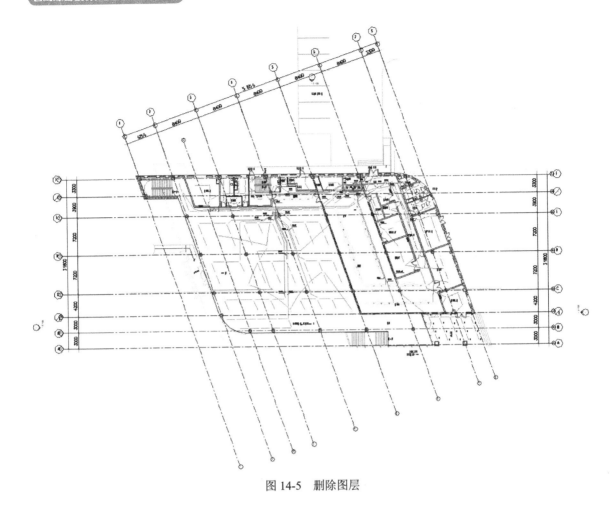

图 14-5　删除图层

14.2　布置照明设备

（1）将视图切换到 1F 天花板平面视图，在"属性"选项板中设置范围：底部标高为"1F"，在控制栏中设置详细程度为"中等"。

（2）单击"系统"选项卡，单击"电气"面板中的"照明设备"按钮，打开"修改|放置 管道附件"选项卡，单击"模式"面板中的"载入"按钮，打开"载入族"对话框，选择"China"→"MEP"→"照明"→"室内灯"→"导轨和支架式灯具"文件夹中的"双管吸顶式灯具 -T8.rfa"族文件，如图 14-6 所示。单击"打开"按钮，载入文件。

（3）单击"放置"面板中的"放置在面上"按钮，在"属性"选项板中单击"编辑类型"按钮，打开"类型属性"对话框，更改"长度"为"1200.0"，如图 14-7 所示。单击"确定"按钮。

（4）根据 CAD 图纸，布置双管吸顶式灯具，如图 14-8 所示。

（5）单击"系统"选项卡，单击"电气"面板中的"照明设备"按钮，打开"修改|放置 管道附件"选项卡，单击"模式"面板中的"载入"按钮，打开"载入族"对话框，选择源文件中的"格栅三管荧光灯（T5 光带灯盘）.rfa"族文件，单击"打开"按钮，载入文件。

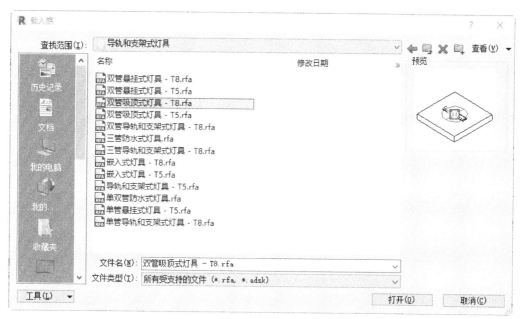

图 14-6　"载入族"对话框

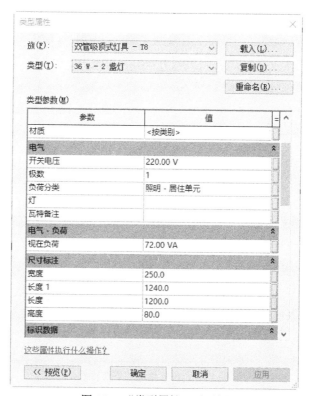

图 14-7　"类型属性"对话框

（6）单击"放置"面板中的"放置在面上"按钮，根据 CAD 图纸，布置格栅三管荧光灯，如图 14-9 所示。

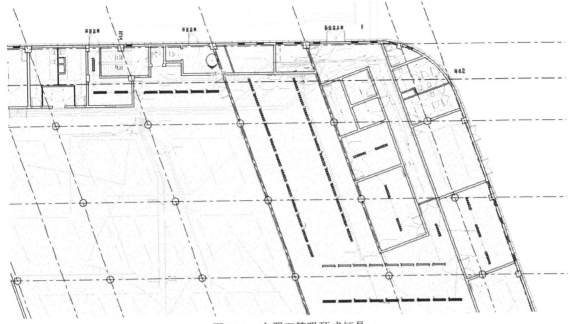

图 14-8　布置双管吸顶式灯具

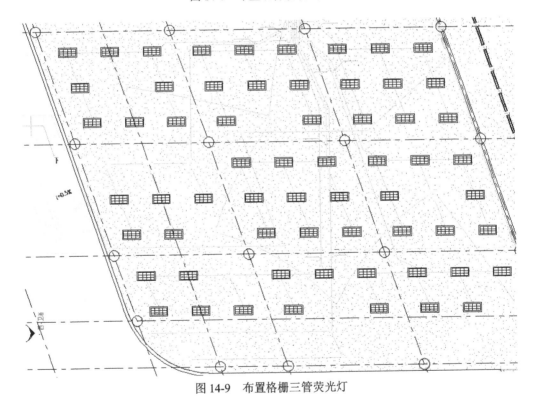

图 14-9　布置格栅三管荧光灯

（7）单击"系统"选项卡，单击"电气"面板中的"照明设备"按钮 🖉，打开"修改|放置
管道附件"选项卡，单击"模式"面板中的"载入"按钮 🔽，打开"载入族"对话框，选择源文
件中的"防水防尘灯 .rfa"族文件，单击"打开"按钮，载入文件。

（8）单击"放置"面板中的"放置在面上"按钮 🖆，根据 CAD 图纸，布置防水防尘灯，如

图 14-10 所示。

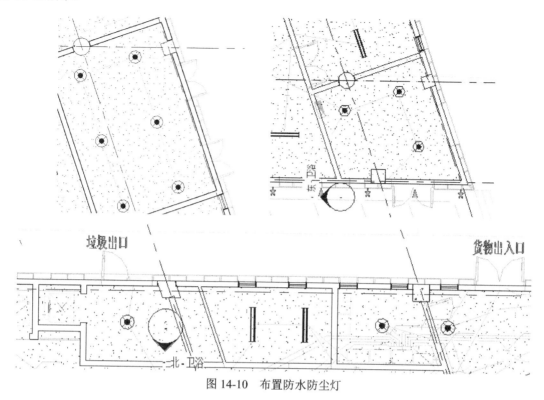

图 14-10 布置防水防尘灯

（9）单击"系统"选项卡，单击"电气"面板中的"照明设备"按钮，打开"修改 | 放置 管道附件"选项卡，单击"模式"面板中的"载入"按钮，打开"载入族"对话框，选择"China"→"MEP"→"照明"→"室内灯"→"筒灯"文件夹中的"筒灯 - 嵌入式 - 1 盏灯 .rfa"族文件，如图 14-11 所示。单击"打开"按钮，载入文件。

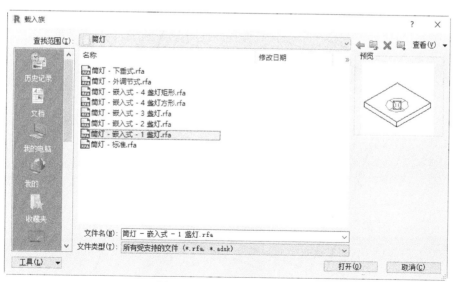

图 14-11 "载入族"对话框

（10）单击"放置"面板中的"放置在面上"按钮，在"属性"选项板中选择"筒灯 - 嵌入

式 - 1 盏灯 35W"类型，根据 CAD 图纸，布置筒灯，如图 14-12 所示。

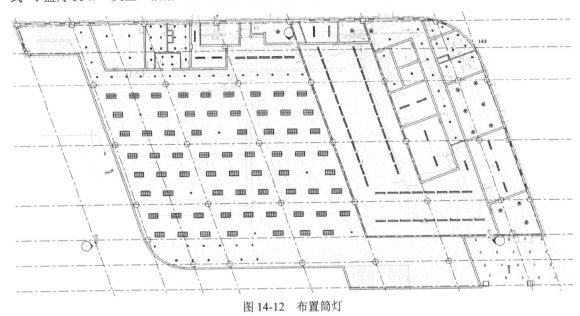

图 14-12　布置筒灯

（11）单击"系统"选项卡，单击"电气"面板中的"照明设备"按钮，打开"修改 | 放置管道附件"选项卡，单击"模式"面板中的"载入"按钮，打开"载入族"对话框，选择源文件中"双管格栅荧光灯 _ 嵌入 .rfa"族文件，单击"打开"按钮，载入文件。

（12）在"属性"选项板中输入"标高中的高程"为"3400.0"，根据 CAD 图纸，布置双管格栅荧光灯，如图 14-13 所示。

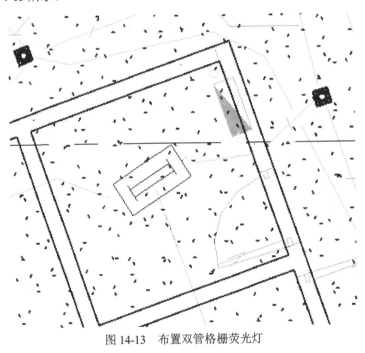

图 14-13　布置双管格栅荧光灯

（13）单击"系统"选项卡，单击"电气"面板中的"照明设备"按钮，打开"修改 | 放

置 管道附件"选项卡，单击"模式"面板中的"载入"按钮 ，打开"载入族"对话框，选择
"China"→"MEP"→"照明"→"特殊灯具"文件中的"应急疏散指示灯 - 嵌入式矩形 .rfa"族文件，
如图 14-14 所示。单击"打开"按钮，载入文件。

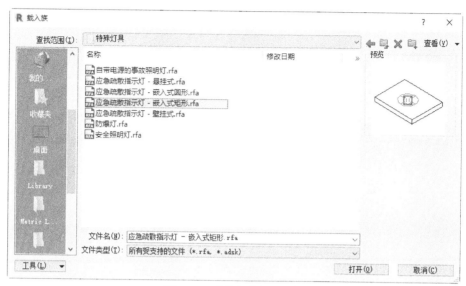

图 14-14　"载入族"对话框

（14）单击"放置"面板中的"放置在垂直面上"按钮 ，在"属性"选项板中选择"应急疏
散指示灯 - 嵌入式矩形 左"类型，设置"标高中的高程"为"900.0"，根据 CAD 图纸，沿墙体布
置应急疏散指示灯，如图 14-15 所示。

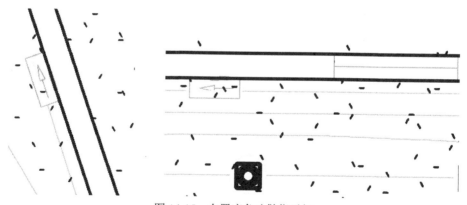

图 14-15　布置应急疏散指示灯

（15）采用相同的方法安装其他应急疏散指示灯，沿着墙体往左侧疏散楼梯的应急疏散指示灯
选择"左"类型，沿着墙体往右侧疏散楼梯或安全出口的应急疏散指示灯选择"右"类型，安装于
门上方的应急疏散指示灯设置"高度"为"2200"，"类型"为"文字"。

14.3　布置电气设备

（1）单击"系统"选项卡，单击"电气"面板中的"电气设备"按钮 ，弹出提示对话框，提

337

示是否载入电气设备族，单击"是"按钮，打开"载入族"对话框，选择"China"→"MEP"→"供配电"→"配电设备"→"箱柜"文件夹中的"照明配电箱 - 暗装 .rfa"族文件，如图 14-16 所示。单击"打开"按钮，载入文件。

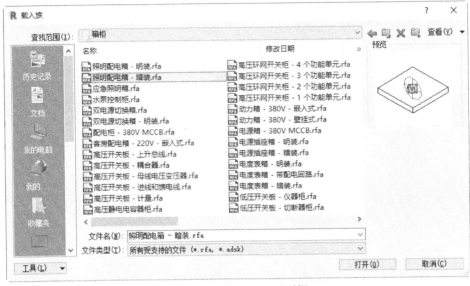

图 14-16 "载入族"对话框

（2）在"属性"选项板中单击"编辑类型"按钮 ，打开"类型属性"对话框，新建"600×200×120"类型，设置"宽度"为"600.0"，"高度"为"200.0"，"深度"为"120.0"，其他采用默认设置，如图 14-17 所示。单击"确定"按钮。

图 14-17 "类型属性"对话框

（3）在"属性"选项板中设置"标高中的高程"为"1500.0"，单击"放置"面板中的"放置在垂直面上"按钮 🗔，根据 CAD 图纸，在墙体上放置照明配电箱，如图 14-18 所示。

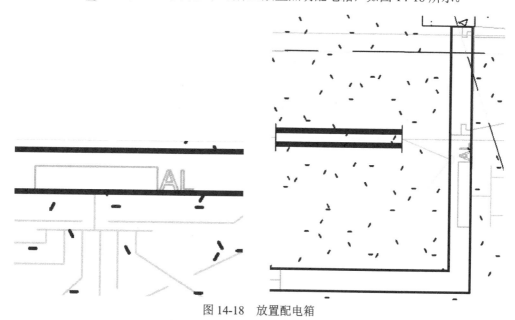

图 14-18　放置配电箱

（4）继续单击"载入族"按钮 🗔，打开"载入族"对话框，选择"China"→"MEP"→"供配电"→"配电设备"→"箱柜"文件夹中的"配电柜 - 380V MCCB.rfa"族文件，单击"打开"按钮，载入文件。

（5）采用默认设置，将配电柜放置在强电间内的适当位置，如图 14-19 所示。

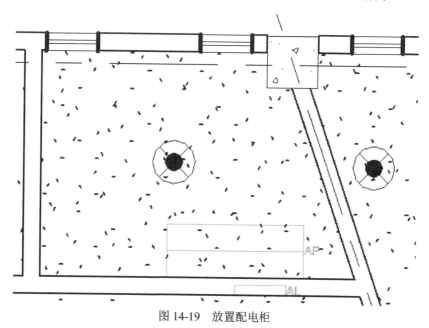

图 14-19　放置配电柜

（6）单击"系统"选项卡，单击"电气"面板中"设备" 🗔 下拉列表中的"照明"按钮 🗔，弹出提示对话框，提示是否载入灯具族，单击"是"按钮，打开"载入族"对话框，选择"China"→

"MEP" → "供配电" → "终端" → "开关" 文件夹中的 "单联开关 - 暗装 .rfa" 族文件，如图 14-20 所示。单击 "打开" 按钮，载入文件。

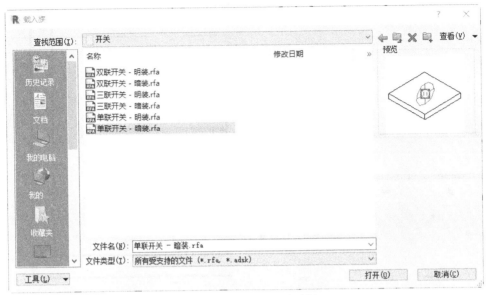

图 14-20 "载入族" 对话框

（7）在 "属性" 选项板中设置 "标高中的高程" 为 "1500.0"，单击 "放置" 面板中的 "放置在垂直面上" 按钮，根据 CAD 图纸，在墙体上放置单联开关。

（8）采用相同的方法，布置双联，三联暗装开关，如图 14-21 所示。

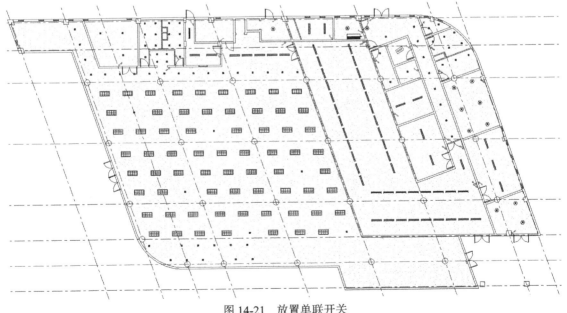

图 14-21 放置单联开关

（9）单击 "系统" 选项卡，单击 "电气" 面板中 "设备" 下拉列表中的 "电气装置" 按钮，弹出提示对话框，提示是否载入电气设备族，单击 "是" 按钮，打开 "载入族" 对话框，选择

"China"→"MEP"→"供配电"→"配电设备"→"接线盒和灯头盒"文件夹中的"86 系列铁制接线盒 .rfa"族文件，如图 14-22 所示。单击"打开"按钮，载入文件。

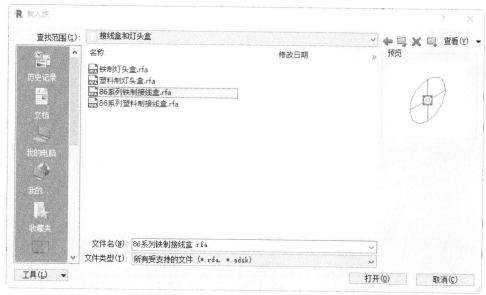

图 14-22　"载入族"对话框

（10）在"属性"选项板中设置"标高中的高程"为"3500.0"，根据 CAD 图纸，在墙体上放置接线盒。

14.4　布置线路

（1）单击"系统"选项卡，单击"电气"面板中"导线"下拉列表中的"带倒角导线"按钮 ，打开"修改 | 放置 导线"选项卡，在"属性"选项板中选择"BV"导线类型。

（2）根据 CAD 图纸，绘制空调机房中连接开关和灯具的导线，如图 14-23 所示。

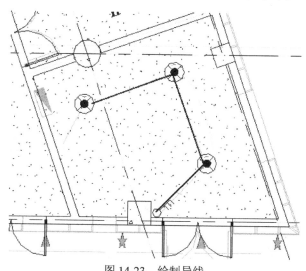

图 14-23　绘制导线

（3）按住 Ctrl 键，选取主食库房间内的开关和荧光灯，单击"创建系统"面板中的"电力"按钮⑪，生成图 14-24 所示的临时配线，单击图中的"从此临时配线生成圆弧配线"图标，或者单击"修改 | 电路"选项卡，单击"转换为导线"面板中的"弧形导线"按钮，生成弧形导线，如图 14-25 所示。

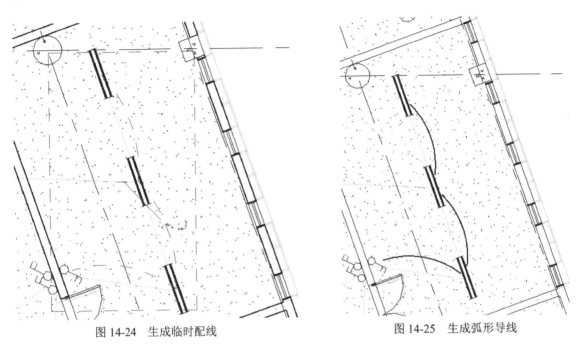

图 14-24　生成临时配线　　　　　　　　　图 14-25　生成弧形导线

（4）采用相同方法，根据 CAD 图纸，创建各个房间中开关与灯具之间的导线，如图 14-26 所示。

图 14-26　创建各房间中的导线

（5）采用相同的方法，根据 CAD 图纸，创建各房间到配电箱之间的导线，如图 14-27 所示。

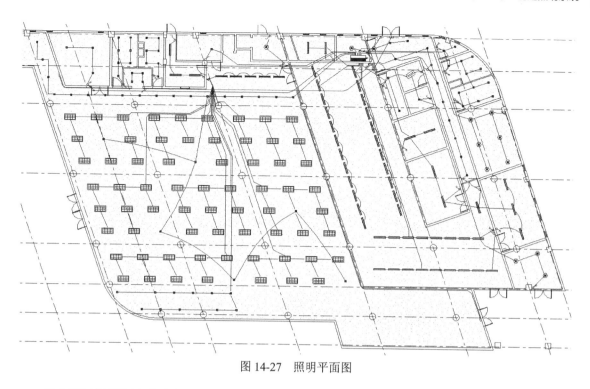

图 14-27　照明平面图

用户可以根据源文件中的 CAD 图纸绘制二层、三层的照明系统，这里就不再介绍绘制过程了。